超值版

2013
Excel
从新手到高手

龙马高新教育 编著

U0313549

人民邮电出版社

北 京

图书在版编目（ＣＩＰ）数据

Excel 2013从新手到高手：超值版 / 龙马高新教育
编著. -- 北京：人民邮电出版社，2015.10（2016.1重印）
ISBN 978-7-115-40355-1

Ⅰ．①E… Ⅱ．①龙… Ⅲ．①表处理软件 Ⅳ．
①TP391.13

中国版本图书馆CIP数据核字(2015)第207445号

内 容 提 要

本书以零基础讲解为宗旨，用实例引导读者学习，深入浅出地介绍了 Excel 2013 的相关知识和应用方法。

全书分为 7 篇，共 26 章。第 1 篇【新手入门篇】介绍了 Excel 2013，Excel 工作簿与工作表的基本操作，行、列和单元格的基本操作，输入和编辑数据及查阅与打印报表等；第 2 篇【工作表装饰篇】介绍了工作表的美化，使用图表及使用插图与艺术字等；第 3 篇【公式与函数篇】介绍了公式的应用，函数，数组公式，循环引用及公式调试等；第 4 篇【数据分析篇】介绍了数据的简单分析，数据的条件格式与有效性验证，使用数据透视表及使用数据分析工具等；第 5 篇【VBA 与宏的应用篇】介绍了 VBA 与宏及 VBA 应用等；第 6 篇【案例实战篇】介绍了 Excel 在行政管理中的应用、Excel 在人力资源管理中的应用，及 Excel 在财务管理中的应用等；第 7 篇【高手秘籍篇】介绍了 Excel 2013 与其他 Office 组件的协同应用，Excel 2013 的共享与安全及跨平台移动办公的应用等。

在本书附赠的 DVD 多媒体教学光盘中，包含了 15 小时与图书内容同步的教学录像，以及所有案例的配套素材和结果文件。此外，还赠送了 Office 2013 软件安装教学录像、Excel 2013 快捷键查询手册、700 个 Word 常用文书模板、532 个 Excel 常用表格模板、200 个 PowerPoint 精美通用模板、网络搜索与下载技巧手册、16 小时 Windows 8 教学录像、9 小时 Photoshop CS6 教学录像等超值资源，供读者扩展学习。除光盘外，本书还赠送了纸质《Excel 常用函数随身查》，便于读者随时翻查。

本书不仅适合 Excel 2013 的初、中级用户学习使用，也可以作为各类院校相关专业学生和电脑培训班学员的教材或辅导用书。

◆ 编 著 龙马高新教育
  责任编辑 张 翼
  责任印制 杨林杰

◆ 人民邮电出版社出版发行   北京市丰台区成寿寺路 11 号
  邮编 100164   电子邮件 315@ptpress.com.cn
  网址 http://www.ptpress.com.cn
  三河市海波印务有限公司印刷

◆ 开本：787×1092 1/16
  印张：22.5
  字数：525 千字   2015 年 10 月第 1 版
  印数：2 501-3 100 册   2016 年 1 月河北第 2 次印刷

定价：49.80 元（附光盘）

读者服务热线：(010)81055410   印装质量热线：(010)81055316
反盗版热线：(010)81055315
广告经营许可证：京崇工商广字第 0021 号

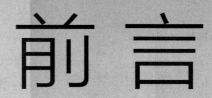

前　言

电脑是现代信息社会的重要工具，掌握丰富的电脑知识、正确熟练地操作电脑已成为信息时代对每个人的要求。为满足广大读者的学习需要，我们针对不同学习对象的接受能力，总结了多位电脑高手、高级设计师及电脑教育专家的经验，精心编写了这套"从新手到高手"丛书。本套图书面市后深受读者喜爱，为此，我们特别推出了畅销书《Excel 2013 从新手到高手》的单色超值版，以便满足更多读者的学习需求。

丛书主要内容

本套丛书涉及读者在日常工作和学习中各个常见的电脑应用领域，在介绍软硬件的基础知识及具体操作时均以读者经常使用的版本为主，在必要的地方也兼顾了其他版本，以满足不同领域读者的需求。本套丛书主要包括以下品种。

《学电脑从新手到高手》	《电脑办公从新手到高手》
《Office 2013 从新手到高手》	《Word/Excel/PowerPoint 2013 三合一从新手到高手》
《Word/Excel/PowerPoint 2007 三合一从新手到高手》	《Word/Excel/PowerPoint 2010 三合一从新手到高手》
《PowerPoint 2013 从新手到高手》	《PowerPoint 2010 从新手到高手》
《Excel 2013 从新手到高手》	《Office VBA 应用从新手到高手》
《Dreamweaver CC 从新手到高手》	《Photoshop CC 从新手到高手》
《AutoCAD 2014 从新手到高手》	《Photoshop CS6 从新手到高手》
《Windows 7 + Office 2013 从新手到高手》	《SPSS 统计分析从新手到高手》
《黑客攻防从新手到高手》	《老年人学电脑从新手到高手》
《淘宝网开店、管理、营销实战从新手到高手》	《中文版 Matlab 2014 从新手到高手》
《HTML+CSS+JavaScript 网页制作从新手到高手》	《Project 2013 从新手到高手》
《Windows 10 从新手到高手》	《AutoCAD 2016 从新手到高手》
《Office 2016 从新手到高手》	《电脑办公（Windows 10 + Office 2016）从新手到高手》
《Word/Excel/PPT 2016 从新手到高手》	《电脑办公（Windows 7 + Office 2016）从新手到高手》
《Excel 2016 从新手到高手》	《PowerPoint 2016 从新手到高手》
《AutoCAD + 3ds Max+ Photoshop 建筑设计从新手到高手》	

本书特色

✦ 零基础、入门级的讲解

无论读者是否从事相关行业，是否使用过 Excel 2013，都能从本书中找到最佳的起点。本书入门级的讲解，可以帮助读者快速地进入高手的行列。

✦ 名师教学，举一反三

本书特聘经验丰富的一线教学名师编写，帮助读者快速理解所学知识并实现触类旁通。

✦ 实例为主，图文并茂

在介绍的过程中，每一个知识点均配有实例辅助讲解，每一个操作步骤均配有对应的插图加深认识。这种图文并茂的方法，能够使读者在学习过程中直观、清晰地看到操作过程和效果，便于深刻理解和掌握相关知识。

✚ 高手指导，扩展学习

本书在每章的最后以"高手私房菜"的形式为读者提炼了各种高级操作技巧，同时在全书最后的"高手秘籍篇"中，还总结了大量实用的操作方法，以便读者学习到更多的内容。

✚ 精心排版，超大容量

本书采用单双栏混排的形式，大大扩充了信息容量，在 300 多页的篇幅中容纳了传统图书 700 多页的内容。这样，就能在有限的篇幅中为读者奉送更多的知识和实战案例。

✚ 书盘互动，手册辅助

本书配套多媒体教学光盘中的内容与书中的知识点紧密结合并互相补充。在多媒体光盘中，我们仿真工作和学习场景，帮助读者体验实际应用环境，并借此掌握日常所需的技能和各种问题的处理方法，达到学以致用的目的。而赠送的纸质手册，更是大大增强了本书的实用性。

◎ 光盘特点

✚ 15 小时全程同步教学录像

教学录像涵盖本书的所有知识点，详细讲解每个实例的操作过程和关键点，读者可以轻松掌握书中所有的操作方法和技巧，而扩展的讲解部分则可使读者获得更多的知识。

✚ 超多、超值资源大放送

除了与图书内容同步的教学录像外，光盘中还奉送了大量超值学习资源，包括 Office 2013 软件安装教学录像、Excel 2013 快捷键查询手册、700 个 Word 常用文书模板、532 个 Excel 常用表格模板、200 个 PowerPoint 精美通用模板、网络搜索与下载技巧手册、16 小时 Windows 8 教学录像、9 小时 Photoshop CS6 教学录像，以及本书配套教学用 PPT 文件等，以方便读者扩展学习。

✿ 配套光盘运行方法

❶ 将光盘印有文字的一面朝上放入 DVD 光驱中，几秒钟后光盘会自动运行。

❷ 在 Windows 7 操作系统中，系统会弹出【自动播放】对话框，单击【运行 MyBook. exe】选项即可运行光盘系统。或者单击【打开文件夹以查看文件】选项打开光盘文件夹，双击光盘文件夹中的 MyBook.exe 文件，也可以运行光盘系统。

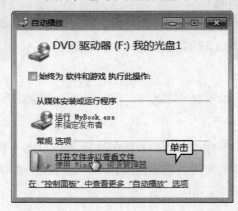

在 Windows 8 操作系统中，桌面右上角会显示快捷操作界面，单击该界面后，在其列表中选择【运行 MyBook.exe】选项即可运行光盘系统。或者单击【打开文件夹以查看文件】选项打开光盘文件夹，双击光盘文件夹中的 MyBook.exe 文件，也可以运行光盘系统。

❸ 光盘运行后会首先播放片头动画，之后便可进入光盘的主界面。

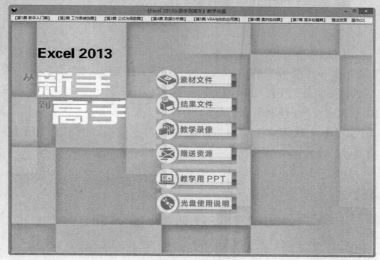

❹ 单击【教学录像】按钮，在弹出的菜单中依次选择相应的篇、章、录像名称，即可播放相应录像。

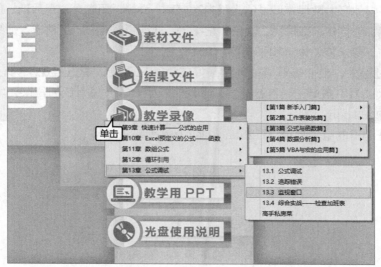

❺ 单击【赠送资源】按钮，在弹出的菜单中选择赠送资源名称，即可打开相应的赠送资源文件夹。

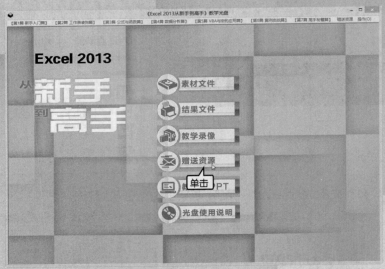

❻ 单击【素材文件】、【结果文件】或【教学用 PPT】按钮，即可打开相对应的文件夹。

❼ 单击【光盘使用说明】按钮，即可打开"光盘使用说明 .pdf"文档，该说明文档详细介绍了光盘在电脑上的运行环境和运行方法等。

❽ 选择【操作】▶【退出本程序】菜单项，或者单击光盘主界面右上角的【关闭】按钮 ━ × ━ ，即可退出本光盘系统。

网站支持

更多学习资料，请访问 www.51pcbook.cn。

创作团队

本书由龙马高新教育策划编著，孔长征任主编，李震、赵源源任副主编，参与本书编写、资料整理、多媒体开发及程序调试的人员有孔万里、乔娜、周奎奎、祖兵新、董晶晶、王果、陈小杰、左琨、邓艳丽、崔姝怡、侯蕾、左花苹、刘锦源、普宁、王常吉、师鸣若、钟宏伟、陈川、刘子威、徐永俊、朱涛和张允等。

在编写过程中，我们竭尽所能地将最好的讲解呈现给读者，但也难免有疏漏和不妥之处，敬请广大读者不吝指正。若您在学习过程中产生疑问，或有任何建议，可发送电子邮件至 march98@163.com。

本书责任编辑的电子邮箱为：zhangyi@ptpress.com.cn。

龙马高新教育

目录

第1篇 新手入门篇

千里之行，始于足下。在使用 Excel 2013 制作报表之前，首先需要了解 Excel 2013 的基本操作。

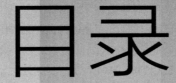 本章视频教学录像：40 分钟

工欲善其事，必先利其器。本章介绍 Excel 2013 的入门知识，包括软件的安装与卸载、账户配置、操作界面，以及基本操作等。

🍲 **高手私房菜**

第 2 章　Excel 工作簿与工作表的基本操作 19

🎬 本章视频教学录像：30 分钟

如同账簿由多个账表组成一样，Excel 工作簿也可以包含多个工作表，并通过工作表存储不同的数据内容。

高手私房菜

本章视频教学录像：20分钟

单元格是工作表的最基本组成部分，多个单元格组成了行和列。

高手私房菜

本章视频教学录像：36分钟

制作电子表格离不开数据，本章介绍在 Excel 2013 中输入和编辑数据的方法和技巧。

🍴 高手私房菜

第 5 章   查阅与打印报表 55

🎬 本章视频教学录像：46 分钟

如何查阅并打印报表数据？本章将介绍在 Excel 2013 中查阅与打印报表的方法，用户可以灵活运用，根据需要打印报表。

🍲 高手私房菜

第 2 篇 工作表装饰篇

适当地修饰和美化工作表，不仅可以让其看起来更美观大方、赏心悦目，还便于用户阅读报表内容。

🎬 本章视频教学录像：50 分钟

报表的处理对象虽然是一堆枯燥的数据，但是通过巧妙地美化装饰，也可以给人带来轻松的阅读感受。

🍲 高手私房菜

第 7 章 使数据一目了然——使用图表 89

🎬 本章视频教学录像：42 分钟

图表是一种形象直观的表达形式，使用图表显示数据，可以使结果一目了然，让读者快速抓到报表的核心信息。

高手私房菜

第8章 图文并茂——使用插图与艺术字 105

本章视频教学录像：31分钟

Excel 具有十分强大的绘图功能，除了可以在工作表中绘制图表外，还可以在工作表中插入和绘制各种漂亮的图形，如插入图片、自选图形、艺术字、SmartArt 图形等，以使用户的工作表更加美观、有趣。

高手私房菜

第3篇 公式与函数篇

Excel 具备强大的数据分析与处理功能，公式与函数起到了非常重要的作用。Excel 2013 提供了更强大的计算功能，用户可以运用公式和函数实现对数据的计算和分析。

📽 本章视频教学录像：45 分钟

公式是 Excel 工作表进行计算的等式，也是工作表最常用的功能，实现了对数值的加、减、乘、除等运算。

高手私房菜

第10章　Excel预定义的公式——函数...........................133

本章视频教学录像：58分钟

Excel函数是Excel中预定义的公式，用户可以直接用它们对工作表内的数值进行一系列的运算，大大地提高了工作效率。

第11章 数组公式 151

本章视频教学录像：19分钟

Excel 公式在以数组为参数时就被称为数组公式，可以使用数组公式执行某些复杂的操作。

第12章 循环引用 157

本章视频教学录像：20分钟

循环引用是一种直接或间接引用自身单元格值的引用，恰当地使用循环引用，可以使一些复杂的运算变得简单。

第13章 公式调试 163

本章视频教学录像：19分钟

在使用 Excel 计算数据的过程中，经常会遇到错误提示。这时候使用公式调试，就可以方便地检查并修正错误。

🍲 高手私房菜

第4篇 数据分析篇

掌握处理和分析数据的方法，能够熟练应对 Excel 中的大量数据，提取出符合需要的数据内容。

  📽 本章视频教学录像：45分钟

使用排序功能，可以让数据的大小一目了然；使用筛选功能，可以轻松地挑选出所有符合要求的数据；使用分类汇总功能，可以将大量的数据根据不同的类别汇总计算；使用合并计算功能，可以将不同位置的数据统计合并。

🛎 高手私房菜

第 15 章 数据的条件格式与有效性验证 189

📽 本章视频教学录像：30 分钟

设置条件格式，可以将符合要求的数据以特定的属性显示出来，便于查看；使用有效性验证功能，可以避免输入错误的数据。

高手私房菜

第16章　更专业的数据分析——使用数据透视表和数据透视图

本章视频教学录像：26分钟

数据透视表和数据透视图可以清晰地展现数据的汇总情况，简化人为的分析、整理、筛选和分类汇总等过程，对数据的分析和决策起到至关重要的作用。

高手私房菜

第17章　使用数据分析工具

本章视频教学录像：33分钟

Excel 2013 提供了多种数据分析工具，便于用户灵活地对数据进行深层次的分析，为决策提供更为科学的依据。

🍲 **高手私房菜**

第 5 篇 VBA 与宏的应用篇

使用 VBA 和宏能够实现任务执行的自动化，避免一系列费时而重复的操作，节省时间。

📺 本章视频教学录像：26 分钟

VBA 是一种功能强大而通用的语言，使用 VBA 和宏可以快速批处理某些繁琐的操作。

🍲 高手私房菜

第 19 章 VBA 的应用..................................239

🎬 本章视频教学录像：22 分钟

窗体是 VBA 应用中十分重要的对象，是用户和数据库之间的主要接口，为用户提供了查阅、新建、编辑和删除数据的界面。

第 6 篇 案例实战篇

实践出真知，学以致用才是目的。Excel 在各种工作中都扮演着重要的角色，本篇主要涉及 Excel 在行政管理、人力资源、财务管理中的实际应用。

🎬 本章视频教学录像：38 分钟

行政管理工作中经常会遇到日程安排、会议议程记录、客户接洽记录、办公采购等工作，使用 Excel 可以有条不紊地记录这些工作内容，提高工作效率。

🎬 本章视频教学录像：35 分钟

Excel 是人力资源（HR）必备的工作技能之一，可以将企业日常管理效率提高到新的层次。本章结合实际案例，详细地讲述了 Excel 在人力资源中的应用方法和技巧。

本章视频教学录像：34 分钟

使用 Excel 可以快速、高效、灵活地完成大量财务数据的分析、整理工作，使财务报表变得简单、自动化。

第 7 篇　高手秘籍篇

本篇是通向 Excel 高手大门的快速通道。

本章视频教学录像：20 分钟

Office 组件之间的协同应用，可以为用户省去众多繁琐的操作，使工作事半功倍。本章为用户介绍了 Excel 与 Word、PowerPoint、Access 之间的协同应用。

高手私房菜

本章视频教学录像：15 分钟

网络中有很多 Excel 插件，可以使 Excel 功能变得更加强大，也可以使 Excel 的操作更加方便简捷。

高手私房菜

本章视频教学录像：18 分钟

共享 Excel 数据对于快捷、高效办公很重要，但数据的安全更加重要。本章将介绍如何在安全的环境下共享 Excel 2013 文件。

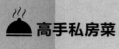

高手私房菜

第26章　Office 的跨平台应用——移动办公 323

📽 本章视频教学录像：20 分钟

智能移动设备结合 Excel 2013 的 SkyDrive 平台，可以实现随时随地移动办公。

高手私房菜

光盘赠送资源

赠送资源1　　Office 2013软件安装教学录像

赠送资源2　　Excel 2013快捷键查询手册

赠送资源3　　700个Word常用文书模板

赠送资源4　　532个Excel常用表格模板

赠送资源5　　200个PowerPoint精美通用模板

赠送资源6　　网络搜索与下载技巧手册

赠送资源7　　16小时Windows 8教学录像

赠送资源8　　9小时Photoshop CS6教学录像

第1篇
新手入门篇

第

1 章

Excel 2013 入门

本章视频教学录像：40 分钟

高手指引

　　Excel 2013 是微软公司推出的 Office 2013 办公系列软件的一个重要组件，主要用于电子表格的处理，可以高效地完成各种表格和图的设计，进行复杂的数据计算和分析。

重点导读

- ✚ 了解 Excel 2013 及其安装
- ✚ 掌握 Excel 2013 账户设置及界面
- ✚ 了解 Excel 各版本界面对比
- ✚ 掌握 Excel 2013 的基本操作
- ✚ 掌握自定义 Excel 2013 的方法

1.1 认识 Excel 2013

本节视频教学录像：2 分钟

Excel 2013 是 Microsoft Office 办公软件中的电子表格程序。可以使用 Excel 创建工作簿，也可以使用 Excel 跟踪数据、生成数据分析模型、编写公式以对数据进行计算、透视数据以及使用专业图表显示数据等。

1. 数据的记录与整理

利用 Excel 2013 可以将数据以表格的形式记录下来并加以整理。

记录数据

2. 数据计算

Excel 2013 内置了 300 多个函数，分为多个类别，用户可以利用不同的函数组合，完成大多数的常规计算任务。

数据计算

3. 数据分析

Excel 2013 提供的排序、筛选、分类汇总等数据分析功能，可以合理地对表格中的数据进行归类，便于用户获取信息。

数据分析

4. 图表制作

Excel 2013 中的图表图形功能可以帮助用户迅速创建满足各种需求的图表，直观形象地传达信息。

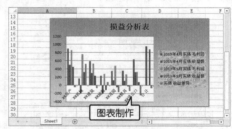
图表制作

5. 其他功能

Excel 2013 不仅可以与其他 Office 组件无缝连接，方便用户协同办公，还可以使用 Excel 内置的 VBA 编程语言定制 Excel 的功能。

1.2 Excel 2013 的安装与卸载

本节视频教学录像：6 分钟

使用 Excel 2013 之前，首先要将软件安装到计算机中，如果不想使用此软件，可以将软件从计算机中清除，即卸载 Excel 2013。本节主要介绍 Excel 2013 的安装与卸载。

 1.2.1 电脑配置要求

要安装 Excel 2013，计算机硬件和软件的配置要达到以下要求。

	最低配置	推荐配置
CPU	1 GHz 或更高主频的 x86/x64 处理器，具有 SSE2 指令集	3GHz 的处理器
内存	1 GB RAM（32 位）/2 GB RAM（64 位）	4GB RAM（32 位）内存
操作系统	32 位或 64 位 Windows 7 或更高版本；Windows Server 2008 R2 或更高版本，带有 .Net 3.5 或更高版本	Windows 8 操作系统
硬盘可用空间	3.5 GB 可用磁盘空间	50GB 可用磁盘空间

 ### 1.2.2 安装 Excel 2013

电脑配置达到要求后就可以安装与卸载 Excel 软件。安装 Excel 2013，首先要启动 Office 2013 的安装程序，按照安装向导的提示来完成软件的安装。

❶ 将光盘放入计算机的光驱中，系统会自动弹出安装提示窗口，在弹出的对话框中阅读软件许可证条款，选中【我接受此协议的条款】复选框后，单击【继续】按钮。

❷ 在弹出的对话框中选择安装类型，这里单击【立即安装】按钮。

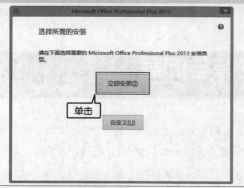

> **提示** 默认情况下系统会自动安装 Excel 2013，也可以单击【自定义】按钮选择要安装的组件。

❸ 系统开始进行安装。

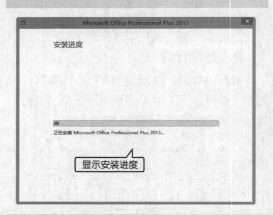

❹ 安装完成之后，单击【关闭】按钮，即可完成安装。

> **提示** 软件安装完成后，还需要激活 Office 2013 才能正常使用。

1.2.3 卸载 Excel 2013

不需要 Excel 2013 时，可以将其卸载。卸载 Excel 2013 的方法有两种：第 1 种是卸载所有的 Office 2013 组件，第 2 种是仅卸载 Excel 2013 组件。

1. 卸载 Office 2013

卸载所有的 Office 2013 组件的同时也将 Excel 2013 卸载。

❶ 按【Win+X】组合键，在弹出的菜单中选项【控制面板】选项，打开【控制面板】窗口，以"小图标"的方式查看，单击【程序和功能】选项。

❷ 弹出【程序和功能】对话框，选择【Microsoft Office Professional Plus 2013】选项，单击【卸载】按钮。

❸ 弹出【Microsoft Office Professional Plus 2013】对话框，并显示【安装】提示框，提示"确定要从计算机上删除 Microsoft Office Professional Plus 2013？"。单击【是】按钮，即可开始卸载 Office 2013。

2. 卸载 Excel 2013 组件

卸载 Excel 2013 组件的具体操作步骤如下。

❶ 完成上述的第 1 步操作后，在弹出的【程序和功能】对话框中，选择【Microsoft Office Professional Plus 2013】选项，单击【更改】按钮。

❷ 在弹出的【Microsoft Office Professional Plus 2013】对话框中单击选中【添加或删除功能】单选项，单击【继续】按钮。

❸ 单击【Microsoft Excel】组件前的 按钮，在弹出的下拉列表中选择【不可用】选项，单击【继续】按钮，在打开的对话框中等待配置完成，即可完成 Excel 2013 组件的卸载。

1.2.4 注意事项

在安装和卸载 Office 2013 及其组件时，需要注意以下几点。

(1) Office 2013 支持 Windows 7、Windows 8 和 Windows 10 操作系统，不支持 Windows XP 和 Windows Vista 操作系统。

(2) 在安装 Office 2013 的过程中，不能同时安装其他软件。

(3) 安装过程中，选择安装常用的组件即可，否则将占用大量的磁盘空间。

(4) 安装 Office 2013 后，需要激活才能使用。

(5) 卸载 Office 2013 时，要卸载彻底，否则会占用大量的空间。

1.3 Excel 2013 的账户配置

本节视频教学录像：4 分钟

Office 2013 具有账户登录功能，使用 Office 2013 登录 Microsoft 账户之前，首先需要注册 Microsoft 账户。

1.3.1 登录 Microsoft 账户

登录 Excel 2013 不仅可以随时随地处理工作，还可以联机保存 Office 文件，但前提是需要拥有一个 Microsoft 账户。

❶ 打开 Excel 2013 软件，单击软件界面右上角的【登录】链接。

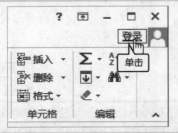

❷ 弹出【登录】界面，在文本框中输入电子邮件地址，单击【下一步】按钮。

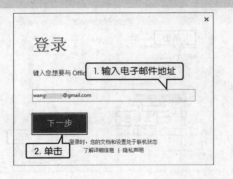

❸ 在打开的界面输入账户密码，单击【登录】按钮。

> **提示** 如果没有 Microsoft 账户，可单击【立即注册】链接，注册账号。

❹ 登录后即可在界面右上角显示用户名称。

1.3.2 设置账户主题和背景

Office 2013 提供了多种 Office 背景和 3 种 Office 主题供用户选择,设置 Office 背景和主题的具体操作步骤如下。

❶ 单击【文件】选项卡下的【帐户】选项,弹出【帐户】主界面。

❷ 单击【Office 背景】后的下拉按钮，在弹出的下拉列表中选择【云】选项。

❸ 单击【Office 主题】后的下拉按钮，在弹出的下拉列表中选择 office 主题,这里选择【深灰色】选项。

❹ 设置完成后,返回文档界面,即可看到设置背景和主题后效果。

1.4 触摸式的 Excel 2013 界面

本节视频教学录像:4 分钟

Excel 2013 可以在触摸式的平板电脑或超级本中使用。

 1.4.1 全新的 Ribbon 用户界面

Excel 2013 的 Ribbon 界面比之前版本界面更为美观。

Excel 2013 的 Ribbon 界面将动态增加的工具栏按钮固定在屏幕顶部的一部分区域上,保持了用户可用区域最大化。在新增加功能时,不增加这个区域的面积,而是增加选项卡,这种设计使用户界面具备更多的灵活性。

1.4.2 在 PC 机中的使用

Excel 2013 在 PC 机中的使用与之前的 Excel 版本类似，即在功能区选择要执行的命令，在工作区执行操作和显示结果。

1. 功能区

功能区是菜单和工具命令的主要显现区域，几乎涵盖了所有的按钮、库和对话框。功能区首先将控件对象分为多个选项卡，然后在选项卡中将控件细化为不同的组。

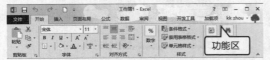

 提示 在 PC 中使用 Excel 2013 时，可以通过拖曳鼠标光标来选择选项卡，并在工作组中单击相应的命令按钮来执行命令。

2. 工作区

工作区是 Excel 2013 工作的主要区域，主要由单元格组成，用来实现数据的输入、编辑以及执行其他数据操作，在工作区可以使用水平滚动条和垂直滚动条等辅助工具来显示隐藏内容。

1.4.3 在平板电脑和超级本中的使用

用户把办公文件存放在 OneDrive 中，就可以随时随地通过平板电脑或超极本查看或编辑办公文件。完成后，再将这些编辑后的文件通过网络同步，就能实现随时随地办公。

平板电脑中使用的是触屏操作，为了在操作时防止手指触摸产生错点，在触屏操作中 Excel 2013 的按键设计得较大一些。单击功能区的按钮即可执行相关操作。除此之外，在 Windows（如 Surface）平板电脑设备上还可以使用手写笔、鼠标或键盘等操作。

Excel 2013 在超级本中的使用与在台式电脑或 PC 机中的使用类似，这里不再赘述。

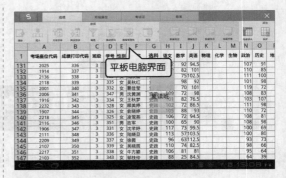

1.5 Excel 各版本操作界面对比

 本节视频教学录像：4 分钟

Excel 软件从 2003 版到 2013 版，功能在不断完善，安全性也在不断提高。

1.5.1 与 Excel 2003 的界面对比

和 Excel 2003 相比，Excel 2013 的功能更全面，界面更美观。下图分别为 Excel 2003 和 Excel 2013 的界面图。

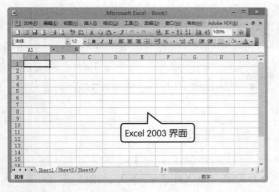

Excel 2003 界面

Excel 2013 界面

1. 相同点

(1) 功能命令几乎相同。

(2) 标题栏与状态栏位置相同。

2. 不同点

(1) Excel 2003 命令包含在菜单选项中，Excel 2013 命令包含在功能区选项板中。

(2) Excel 2013 新增快速访问工具栏，可以添加常用的工具按钮。

(3) Excel 2013 可以自定义操作界面。

(4) 默认状态下，新建的 Excel 2013 包含 1 个工作表，而 Excel 2003 包含 3 个。

(5) Excel 2013 新增加云功能。

(6) Excel 2013 新增加触屏模式。

(7) Excel 2013 中【文件】选项卡单独列出来，操作更方便。

1.5.2 与 Excel 2007 的界面对比

Excel 2013 相比 Excel 2007 而言，最明显的区别在于将 Office 按钮◉修改为【文件】选项卡，下图分别为 Excel 2007 和 Excel 2013 的界面图。

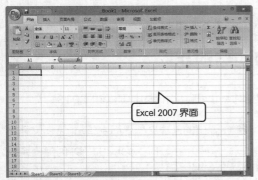

Excel 2007 界面

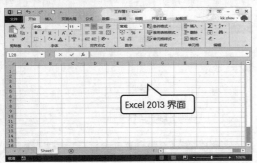

Excel 2013 界面

1. 相同点

(1) 功能区命令大致相同。

(2) 标题栏与状态栏位置相同。

(3) 界面组成相同。

(4) 文件后缀名类型相同。

2. 不同点

(1) Excel 2013 中使用【文件】选项卡，代替 Excel 2007 中有 Office 按钮◉。

(2) Excel 2013 新增登录区域，可以登录 Office 账号。

(3) Excel 2013 采用全新的操作界面。

(4) Excel 2013 新增加云功能。

(5) Excel 2013 新增加触屏模式。

(6) Excel 2007 新建工作簿时，默认包含 3 个工作表，而 Excel 2013 默认为 1 个。

1.5.3 与 Excel 2010 的界面对比

Excel 2013 设计了 Metro 风格的 Office 启动界面，颜色鲜艳。最主要的特点是 Excel 2013 完美地嵌入在 Windows 8 系统中，使其可以在平板电脑中办公，实现完美的触觉效果。下图分别为 Excel 2010 和 Excel 2013 的界面图。

Excel 2010 界面

Excel 2013 界面

1. 相同点

(1) 均包含【文件】选项卡。

(2) 功能区包含命令大致相同。

(3) 文件后缀名类型相同。

(4) 界面组成元素相同。

2. 不同点

(1) Excel 2013 界面更加柔和。

(2) Excel 2013 新增登录区域，可以登录 Office 账号。

(3) Excel 2013 采用全新的操作界面。

(4) Excel 2013 新增加触屏模式。

(5) Excel 2010 新建工作簿时，默认包含 3 个工作表，而 Excel 2013 默认为 1 个。

1.6 Excel 2013 的基本操作

本节视频教学录像：9 分钟

在学习 Excel 2013 之前，首先要了解 Office 2013 的基本操作。

1.6.1 Excel 2013 的启动与退出

使用 Excel 2013 创建工作簿之前，首先需要掌握如何启动和退出 Excel 2013。

1. 启动 Excel 2013

启动 Excel 2013 的具体步骤如下。

❶ 在键盘上按【Win】键，进入【开始】界面，单击【Excel 2013】程序图标。

单击

❷ 在弹出的创建文档界面中单击【空白文档】选项，随即会打开 Excel 2013 并创建一个新的空白文档。

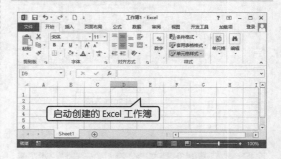

启动创建的 Excel 工作簿

2. 退出 Excel 2013

退出 Excel 2013 文档有以下几种方法。

(1) 单击窗口右上角的【关闭】按钮 ✕ 。

(2) 单击【文件】选项卡下的【关闭】选项。

(3) 在文档标题栏上单击鼠标右键，在弹出的控制菜单中选择【关闭】命令。

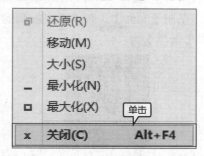

(4) 直接按【Alt+F4】组合键。

1.6.2 Excel 2013 工作表的保存和导出

工作表的保存和导出是非常重要的，因为在对 Excel 2013 进行操作时，文件是以临时文件的形式保存在电脑中的。如果意外退出 Excel 2013，会造成工作成果的丢失。只有保存或导出文件后，才能确保文件不会丢失。

1. 保存新建文档

保存新建文档的具体操作步骤如下。

❶ 新建并编辑 Excel 工作簿后，单击【文件】选项卡，在左侧的列表中单击【保存】选项。

❷ 此时为第一次保存文档，系统会显示【另存为】区域，在【另存为】界面中选择【计算机】，并单击【浏览】按钮。

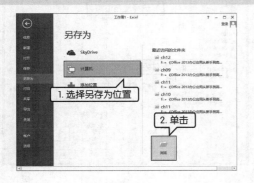

❸ 打开【另存为】对话框，选择文件保存的位置，在【文件名】文本框中输入要保存的文件名称，这里输入"成绩统计表 .xlsx"。在【保存类型】下拉列表框中选择【Excel 工作簿（*.xlsx）】选项，单击【保存】按钮。

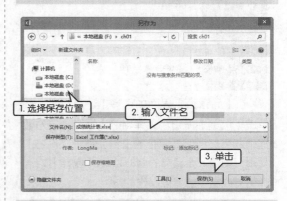

❹ 即可完成保存 Excel 文件的操作。此时标题栏中的原标题"工作簿 1.xlsx"将更改为"成绩统计表 .xlsx"。

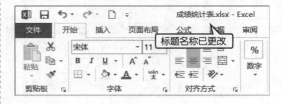

11

2. 保存已有文件

对已存在的文件有3种方法可以保存更新。

（1）单击【文件】选项卡，在左侧的列表中单击【保存】选项。

（2）单击快速访问工具栏中的【保存】图标■。

（3）使用【Ctrl+S】组合键可以实现快速保存。

3. 另存 Excel 文件

如需要将文件另存至其他位置或以其他的名称另存，可以使用【另存为】命令。将文件另存的具体操作步骤如下。

❶ 在已修改的 Excel 文件中，单击【文件】选项卡，在左侧的列表中单击【另存为】选项。

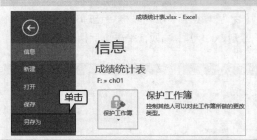

❷ 在【另存为】界面中选择【计算机】，并单击【浏览】按钮。在弹出的【另存为】对话框中选择文档所要保存的位置，在【文件名】文本框中输入要另存的名称，单击【保存】按钮，即可完成文档的另存操作。

4. 导出 Excel 文件

还可以将 Excel 文件导出为其他格式。将文件导出 PDF 文档的具体操作步骤如下。

❶ 在打开的 Excel 文件中，单击【文件】选项卡，在左侧的列表中单击【导出】选项。在【导出】区域单击【创建 PDF/XPS 文档】项，并单击右侧的【创建 PDF/XPS】按钮。

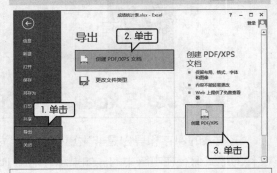

> **提示** 除此之外，还可以将 Excel 导出为模板格式、电子表格格式、文本文件格式以及 CSV 格式等。在【导出】区域单击【更改文件类型】选项，即可在右侧的【更改文件类型】列表中选择导出类型。

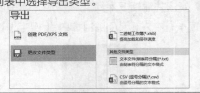

❷ 弹出【发布为 PDF 或 XPS】对话框，在【文件名】文本框中输入要保存的文档名称，在【保存类型】下拉列表框中选择【PDF（*.pdf）】选项。单击【发布】按钮，即可将 Excel 文件导出为 PDF 文件。

1.6.3 功能区操作

隐藏功能区可以获得更大的编辑和查看空间，可以隐藏整个功能区或者折叠功能区仅显示选项卡。

❶ 单击 Excel 2013 界面功能区任意选项卡下最右侧的【折叠功能区】按钮 ∧ 。

❷ 即可折叠功能区，仅显示选项卡。

折叠后的功能区

❸ 单击界面右上方的【功能区显示选项】按钮 ⊡ ，在弹出的列表中选择【显示选项卡和命令】选项。

提示 选择【自动隐藏功能区】选项可隐藏整个功能区。

❹ 此时即可显示整个功能区。

显示功能区

1.6.4 通用的命令操作

在 Excel 2013 中，包含很多常用的命令操作，如复制、剪切、粘贴、撤消、恢复、查找和替换等。

1. 复制命令

选择要复制的文本，单击【开始】选项卡下【剪贴板】组中的【复制】按钮 复制，或按【Ctrl+C】组合键都可以复制选择的文本。在【复制】下拉列表中选择【复制为图片】选项，可将选择的内容复制为图片格式。

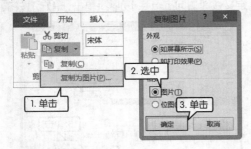

2. 剪切命令

选择要剪切的文本，单击【开始】选项卡下【剪贴板】组中的【剪切】按钮 剪切，或按【Ctrl+X】组合键都可以剪切选择的文本。

3. 粘贴命令

复制或剪切文本后，将鼠标光标定位至要粘贴文本的位置，单击【开始】选项卡下【剪贴板】组中的【粘贴】按钮 粘贴 的下拉按钮，在弹出的下拉列表中，选择相应的粘贴选项，或按【Ctrl+V】组合键粘贴文本。

4. 撤消命令

当执行的命令有错误时，可以单击快速访问工具栏中的【撤消】按钮 ↶，或按【Ctrl+Z】组合键撤消上一步的操作。

5. 恢复命令

执行撤消命令后，可以单击快速访问工具栏中的【恢复】按钮 ↻，或按【Ctrl+Y】组合键恢复撤消的操作。

6. 查找命令

需要查找文档中的内容时，单击【开始】选项卡下【编辑】组中的【替换和替换】按钮 ，在弹出的下拉列表中选择【查找】选项，或按【Ctrl+F】组合键，都可以打开【查找和替换】对话框。

7. 替换命令

需要替换某些内容或格式时，可以使用替换命令。单击【开始】选项卡下【编辑】组中的【替换和替换】按钮 ，在弹出的下拉列表中选择【替换】选项，即可打开【查找和替换】对话框，在【查找内容】和【替换为】文本框中输入要查找和替换为的内容，单击【替换】按钮即可。单击【选项】按钮，可以选择查找范围。

1.7 自定义 Excel 2013

📽 本节视频教学录像：5 分钟

用户可以根据需要自定义 Excel 2013 的工作界面。

1.7.1 自定义快速访问工具栏

通过自定义快速访问工具栏，可以在快速访问工具栏中添加或删除按钮，便于用户进行快捷操作。

❶ 单击快速访问工具栏中的【自定义快速访问工具栏】按钮 ⇂，在弹出的【自定义快速访问工具栏】下拉列表中选择要显示的按钮，即可将其添加至快速访问工具栏。如果【自定义快速访问工具栏】下拉列表中没有需要的按钮选项，选择【其他命令】选项。

> 📝 **提示** 选择【在功能区下方显示】选项可将快速访问工具栏显示在功能区下方。

❷ 弹出【Excel 选项】对话框，选择【快速访问工具栏】选项卡，在【从下列位置选择命令】下拉列表框中选择【常用命令】选项，在下方的选择要添加的按钮，这里选择【另存为】选项，单击【添加】按钮，即可将其添加至【自定义快速访问工具栏】列表，单击【确定】按钮。

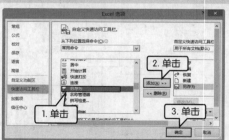

❸ 即可看到快速访问工具栏中添加的【另存为】按钮 。

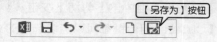

1.7.2 自定义默认工作簿

用户可以根据需要自定义默认工作簿，如设置默认的字体、字号、视图和工作表数等，具体操作步骤如下。

❶ 单击【文件】选项卡，在左侧的列表中单击【选项】选项。

❷ 打开【Excel 选项】对话框，在左侧列表中选择【常规】选项，在【新建工作簿时】组中单击【使用此字体作为默认字体】列表框右侧的下拉按钮，在弹出的下拉列表中选择【楷体】选项。

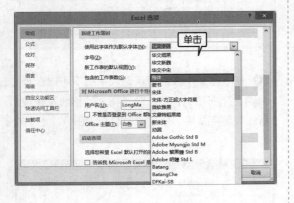

❸ 使用相同的方法设置【字号】为"14"，【新工作表的默认视图】为"页面视图"，【包含的工作表数】为"3"，单击【确定】按钮。

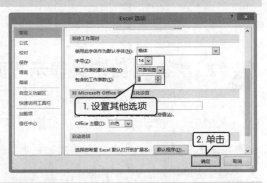

❹ 在弹出的【Microsoft Excel】提示框中，单击【确定】按钮。

❺ 重新启动 Excel 工作簿，即可看到设置后的效果。

1.7.3 自定义状态栏

状态栏位于 Excel 界面下方，用于显示当前数据的编辑状态、选定数据统计区、页面显示方式以及调整页面显示比例等。

在状态栏上单击鼠标右键，在弹出的快捷菜单中选择相应的菜单项，即可在状态栏显示相关的信息。再次单击相应的选项，可隐藏相应信息的显示。

如开启大写、签名时，其后方的【关】将更改为【开】。

1.7.4 自定义显示界面

自定义显示界面包括工作簿和工作表的显示设置。如设置最近使用的工作簿数量、编辑栏、函数提示、滚动条以及行和列标题等。

❶ 单击【文件】选项卡，在左侧的列表中单击【选项】选项。

❷ 打开【Excel 选项】对话框，在左侧列表中选择【高级】选项，在【显示】组中设置【显示此数目的"最近使用的工作簿"】为"3"，并根据需要设置其他选项。

❸ 在【此工作簿的显示选项】组下可以设置是否显示水平、垂直滚动条，工作表标签等。根据需要选中或撤销选中选项前的复选框即可。

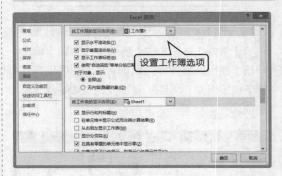

❹ 在【此工作表的显示选项】组下可以设置是否显示行和列标题、分页符、网格线及颜色等。设置完成后，单击【确定】按钮。

1.8 综合实战——使用帮助系统

本节视频教学录像：4 分钟

Office 2013 有非常强大的帮助系统，可以帮助用户解决应用中遇到的问题，是自学 Office 2013 的好帮手。来自 Office.com 的帮助是网络在线支持站点，从中可以获得 Office 的最新信息，搜索本地帮助无法解决的问题，还可以参加在线培训课程。Office 2013 的帮助系统分为脱机帮助系统和联机帮助系统。使用 Excel 2013 帮助系统的具体操作步骤如下。

1. 脱机帮助

合理利用帮助系统，可以极大地方便用户进行日常操作。

❶ 单击软件界面右上角的【帮助】按钮 ? 或按【F1】键，弹出【Excel 帮助】对话框，单击【Excel 帮助】右侧的下拉按钮，选择【来自您计算机的 Excel 帮助】选项。

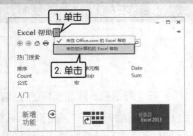

❷ 在搜索框中输入要搜索的内容，如输入"页眉"，单击【搜索】按钮，即可显示脱机帮助内容。单击相应的选项即可显示相关内容。

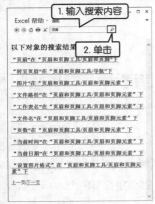

2. 联机帮助

在连接网络的情况下，使用联机帮助可以搜索更多资源。

❶ 单击软件界面右上角的【帮助】按钮 ? 或按【F1】键，弹出【Excel 帮助】对话框。单击其右侧的下拉按钮，在弹出的下拉列表中选择【来自 Office.com 的 Excel 帮助】选项，进入联机帮助界面。

❷ 单击【改变文字大小】按钮，可将【帮助】对话框中的文字大小改变。

 提示

单击【后退】按钮，可后退到上一个页面；
单击【前进】按钮，可前进到下一个页面；
单击【主页】按钮，可快速返回帮助主页；
单击【打印】按钮，可将搜索结果打印出来。

❸ 在搜索框中输入要搜索的内容，如输入"插入页脚"字样，单击【搜索】按钮 🔍 ，即可显示搜索到的结果。单击结果中要查看的链接，则会弹出网页进行帮助介绍。

❹ 单击帮助信息中的其中一项，即可在弹出的浏览页面查看需要讲解的信息。拖曳页面右侧的滑动块，则在下方显示插入页脚的具体步骤。

高手私房菜

📽 本节视频教学录像：2 分钟

技巧：修复损坏的 Excel 2013 工作簿

修复损坏的 Excel 2013 工作簿的具体操作步骤如下。

❶ 启动 Excel 2013，创建一个空白工作簿，选择【文件】选项卡，在列表中选择【打开】选项，在右侧的【打开】区域选择【计算机】，并单击【浏览】按钮。

❷ 弹出【打开】对话框，选择损坏的工作簿，单击【打开】按钮后方的下拉按钮 ▾ ，在弹出的下拉列表中选择【打开并修复】选项。

❸ 弹出【Microsoft Excel】对话框，单击【修复】按钮，即可将损坏的 Excel 工作簿修复并打开。

📖 **提示** 按【Ctrl+O】组合键或单击快速访问工具栏中的【打开】按钮均可显示【打开】区域。

第 2 章

Excel 工作簿与工作表的基本操作

本章视频教学录像：30 分钟

高手指引

　　Excel 2013 功能强大，但所有的操作都建立在基本的表格操作之上。充分理解工作簿与工作表的知识，可以为后续的学习奠定良好的基础。

重点导读

+ 掌握新建和保存工作簿的方法
+ 掌握打开与关闭工作簿的方法
+ 掌握工作表的基本操作

2.1 新建工作簿

本节视频教学录像：5 分钟

在使用 Excel 2013 处理数据前，必须创建工作簿来保存要编辑的数据。新建工作簿的方法有以下几种。

2.1.1 创建空白工作簿

创建空白工作簿的具体操作步骤如下。

❶ 按【Windows】键，进入【开始】界面，单击 Excel 2013 图标，打开 Excel 2013 的初始界面。

❷ 在 Excel 开始界面，单击【空白工作簿】按钮。

提示 在桌面上单击鼠标右键，在弹出的快捷菜单中选择【新建】▶【Microsoft Excel 工作表】选项，也可在桌面上新建一个 Excel 工作表，双击新建的工作表图标可打开该工作表。

❸ 即可创建一个名称为"工作簿 1"的空白工作簿。

2.1.2 基于现有工作簿创建工作簿

使用现有工作簿创建工作簿，可以创建一个和原始工作簿内容完全一致的新工作簿，具体的操作步骤如下。

❶ 单击【文件】选项卡，在弹出的下拉列表中选择【打开】选项，在【打开】区域选择【计算机】选项，然后单击右下角的【浏览】按钮。

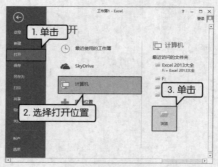

❷ 在弹出的【打开】对话框中选择要新建的工作簿名称，此处选择 " 从新手到高手排版任务分配表 .xls " 文件，单击右下角的【打开】按钮，在弹出的快捷菜单中选择【以副本方式打开】选项。

❸ 即可创建一个名为 " 副本 (1) 从新手到高手排版任务分配表 .xls " 的工作簿。

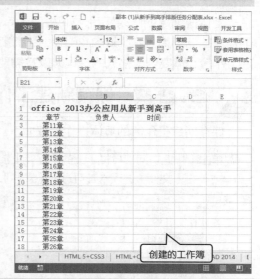

2.1.3 使用模板创建工作簿

本机上有系统已经预设好的模板工作簿，用户在使用的过程中，只需在指定位置填写相关的文字即可。例如，对于希望能自己制作一个大学预算工作表的用户来说，通过 Excel 模板就可以轻松实现，具体的操作步骤如下。

❶ 单击【文件】选项卡，在弹出的下拉列表中选择【新建】选项，然后单击【新建】区域的【每月大学预算】按钮。

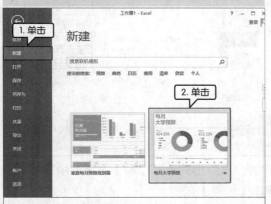

提示 在【搜索联机模板】文本框中输入需要的模板类别，单击【搜索】按钮 可快速搜索模板。

❷ 在弹出的 " 每月大学预算 " 预览界面中单击【创建】按钮，即可下载该模板。

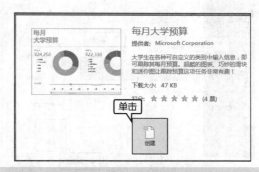

❸ 下载完成后，系统会自动打开该模板，此时用户只需在表格中输入相应的数据即可。

2.2 保存工作簿

本节视频教学录像：3 分钟

工作簿创建或修改好后，如果不保存，就不能被再次使用。因此，我们应养成随时保存工作簿的好习惯。在 Excel 2013 中，需要保存的工作簿有：未命名的新建工作簿、修改后的工作簿、需要更改格式的工作簿以及需要更改存放路径的工作簿等。

2.2.1 保存新建工作簿

保存新建工作簿的具体操作步骤如下。

❶ 单击【快速访问工具栏】上的【保存】按钮⊟或单击【文件】选项卡都可进入【文件】列表。

❷ 在【文件】列表中，选择【保存】选项，在【另存为】区域单击【计算机】按钮，然后单击右下角的【浏览】按钮。

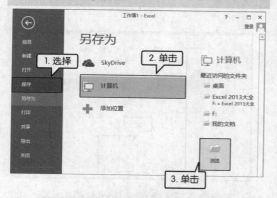

❸ 在弹出的【另存为】对话框中可设置保存的路径、名称和格式等内容。设置完成后，单击【保存】按钮。

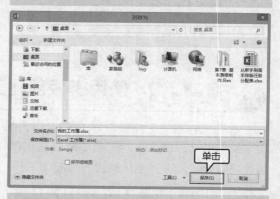

❹ 即可实现新建工作簿的保存工作，此时工作簿名称会变为设置的名称。

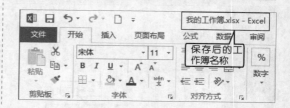

2.2.2 另存工作簿

如果要保存修改后的工作簿，可以另存工作簿。在弹出的【另存为】对话框中重新设置工作簿的名称、存储路径及类型等内容，然后单击【保存】按钮。

2.3 打开和关闭工作簿

本节视频教学录像：2 分钟

Excel 2013 软件为用户提供了多种打开和关闭工作簿的方法，下面我们就来介绍几种常用的打开和关闭方法。

1. 打开工作簿

一般情况下，我们只需要在将要打开的工作簿图标上双击即可打开文档。

另外，也可以通过单击鼠标右键，在弹出快捷菜单中单击【打开】命令或选择【打开方式】➤【继续使用 Microsoft Office Excel】命令。

在打开的任意文档中，单击【文件】选项卡，在其下拉列表中选择【打开】选项，在右侧的【最近使用的文档】区域选择将要打开的文件名称，即可快速打开最近使用过的文档。

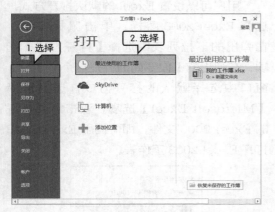

2. 关闭工作簿

单击工作表右上角的【关闭】按钮 × 即可退出 Excel 2013。

单击【文件】选项卡，在弹出的列表中选择【关闭】选项，可以关闭工作簿。

单击窗口左上角的 按钮，在弹出的快捷菜单中选择【关闭】菜单命令或直接双击 按钮。

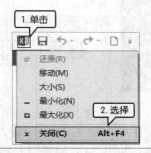

> **提示** 单击 Excel 窗口，直接按【Alt+F4】组合键也可关闭工作簿。需要注意的是，使用【Alt+F4】组合键退出的是 Excel 2013 软件。

2.4 工作簿的版本转换

本节视频教学录像：5分钟

Excel 2013 软件为用户提供了多种工作簿的版本及他们之间的转换方法，下面我们就来介绍几种常用的操作方法。

2.4.1 鉴别 Excel 版本

目前，常用的 Excel 版本主要有 2003、2010 和 2013。那么应如何识别文件使用的 Excel 版本类型呢？下面给出两种鉴别的方法：一种是查看文件扩展名，另一种是查看图标样式。具体对比情况见下表。

版本	扩展名	图标
Excel 2003	.xls	Excel 2003图标.xls Microsoft Excel 97-2003 13.5 KB
Excel 2010	.xlsx	Excel 2010图标.xlsx Microsoft Excel 工作表 8.63 KB
Excel 2013	.xlsx	Excel 2013图标.xlsx Microsoft Excel 工作 6.17 KB

2.4.2 打开其他版本的 Excel 文件

使用 Excel 2013 打开其他版本的 Excel 文件的方法有以下几种。

1. 打开 2003 工作簿

❶ 启动 Excel 2013，单击【文件】选项卡，从弹出的下拉列表中选择【打开】选项，在【打开】区域单击【计算机】按钮，然后单击右下角的【浏览】按钮。

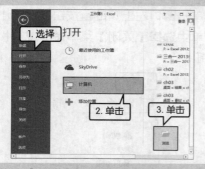

❷ 弹出【打开】对话框，在左侧的列表中选择文档所在的路径，在【文件名】右侧选择要打开文件的类型，单击【打开】按钮。

❸ 即可将 2003 格式的文件在 Excel 2013 工作簿中打开，并在标题栏中显示出【兼容模式】字样。

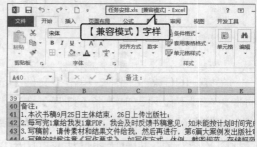

2. 设置默认打开方式

用户可以设置 Excel 的默认打开方式，选择 Excel 2003 图标，单击鼠标右键，在弹出的下拉列表中选择【打开方式】选项，在弹出的【你要如何打开这个文件？】窗口中选择默认的打开方式，这里选择【Microsoft Excel】选项。双击需要打开的 Excel 2003 文件，即可使用 Excel 2013 打开 Excel 2003 工作表。

2.4.3　另存为其他格式

使用 Excel 2013 创建好文档后，为了使其他版本的办公软件也能打开这个工作表，需要把该工作表保存为 2003 格式。这里以将 Excel 2013 格式文件保存为 2003 格式文件的方法为例，详细介绍另存为其他格式的具体操作步骤。

❶ 打开随书光盘中的"素材 \ch02\ 另存文件.xlsx"文件，单击【文件】选项卡，从弹出的下拉列表中选择【另存为】选项，单击【另存为】区域右下角的【浏览】按钮。

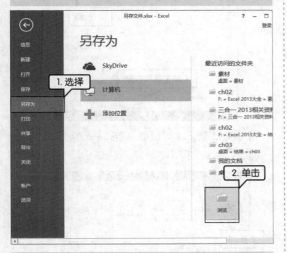

❷ 弹出【另存为】对话框。在【保存类型】下拉列表中选择【Excel97-2003 工作簿（*.xls）】选项。

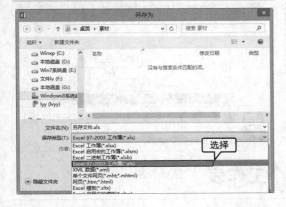

❸ 设置完毕后，单击【保存】按钮，即可将该文件保存为 2003 格式文件，可以看到"另存文件"的扩展名为".xls"。

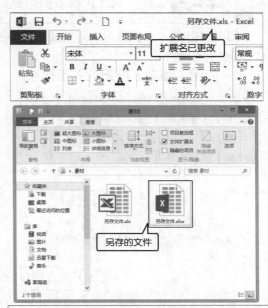

> **提示**　另存为的其他格式不仅包括 Excel 不同版本的格式，也包括 HTML、JPG、PDF 等常用格式文件。

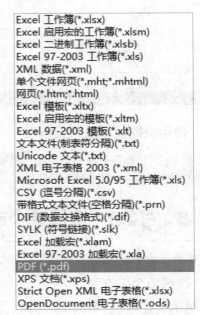

25

2.5 工作表的基本操作

本节视频教学录像：9分钟

创建新的工作簿时，Excel 2013 默认的只有 1 个工作表。本节将介绍工作表的基本操作。

2.5.1 工作表的创建

如果编辑 Excel 表格时，需要使用更多的工作表，则可插入新的工作表。插入工作表的具体操作步骤如下。

1. 使用【插入】按钮插入工作表

❶ 在 Excel 2013 文档窗口中单击【开始】选项卡下【单元格】组中【插入】按钮下方的下拉按钮，在弹出的下拉列表中选择【插入工作表】选项。

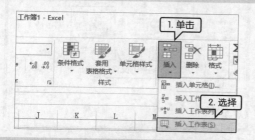

❷ 即可插入"Sheet2"工作表，如图所示。

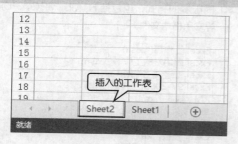

2. 使用快捷菜单插入工作表

❶ 在 Sheet1 工作表标签上单击鼠标右键，在弹出的快捷菜单中选择【插入】菜单项。

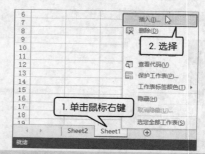

❷ 弹出【插入】对话框，选择【工作表】图标，单击【确定】按钮。

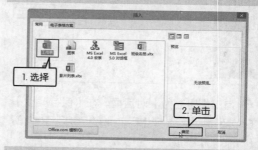

❸ 即可在当前工作表的前面插入新工作表。

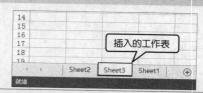

> **提示** 单击工作表名称后面的【新工作表】按钮 ⊕，可快速添加工作表。

2.5.2 选择单个或多个工作表

在操作 Excel 表格之前必须先选择它。

1. 选择单个工作表

用鼠标选定 Excel 表格是最常用、最快速的方法，只需在 Excel 表格最下方的工作表标签上单击即可选定该工作表。

2. 选定连续的 Excel 工作表

在 Excel 表格下方的第 1 个工作表标签上单击，选定该 Excel 工作表。按住【Shift】键的同时选定最后一个表格的标签，即可选定连续的 Excel 表格。

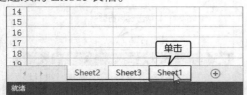

3. 选择不连续的工作表

要选定不连续的 Excel 表格，按住【Ctrl】键的同时选择相应的 Excel 表格即可。

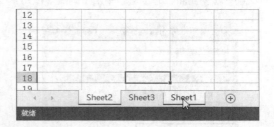

 2.5.3 工作表的移动或复制

移动与复制工作表的具体操作步骤如下。

1. 移动工作表

可以将工作表移动到同一个工作簿的指定位置，也可以移动到不同工作簿的指定位置。

（1）在同一工作簿内移动

❶ 在要移动的工作表标签上单击鼠标右键，在弹出的快捷菜单中选择【移动或复制】菜单项。

❷ 在弹出的【移动或复制工作表】对话框中选择要移动的位置，单击【确定】按钮。

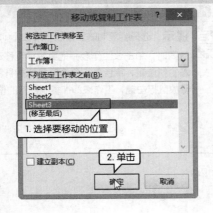

❸ 即可将当前工作表移动到指定的位置。

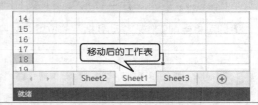

> **提示** 选择要移动的工作表标签，按住鼠标左键不放，拖曳鼠标，可看到随鼠标指针移动时，伴随一个黑色倒三角。移动黑色倒三角到目标位置，释放鼠标左键，工作表即可被移动到新的位置。

（2）在不同工作簿内移动

不但可以在同一个 Excel 工作簿中移动工作表，还可以在不同的工作簿中移动。若要在不同的工作簿中移动工作表，则要求这些工作簿必须是打开的。具体操作步骤如下。

❶ 在要移动的工作表标签上单击鼠标右键，在弹出的快捷菜单中选择【移动或复制】选项。

❷ 弹出【移动或复制工作表】对话框，在【将选定工作表移至工作簿】下拉列表中选择要移动的目标位置，在【下列选定工作表之前】列表框中选择要插入的位置，单击【确定】按钮。

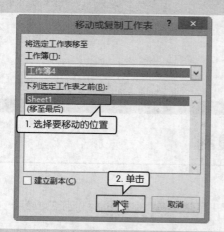

❸ 即可将当前工作表移动到指定的位置。

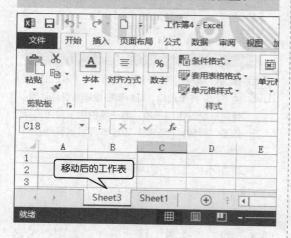

2. 复制工作表

用户可以在一个或多个 Excel 工作簿中复制工作表。

❶ 选择要复制的工作表，在工作表标签上单击鼠标右键，在弹出的快捷菜单中选择【移动或复制】选项。

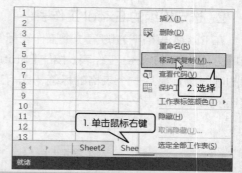

❷ 在弹出的【移动或复制工作表】对话框中选择要复制的目标工作簿和插入的位置，单击选中【建立副本】复选框，再单击【确定】按钮。

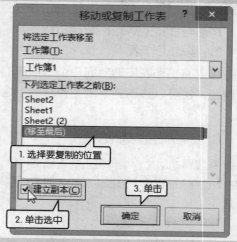

❸ 即可完成复制工作表的操作，如图所示。

 提示 选择要复制的工作表，按住【Ctrl】键的同时，单击该工作表并拖曳鼠标至移动工作表的新位置，黑色倒三角会随鼠标指针移动，释放鼠标左键，工作表即被复制到新的位置。

2.5.4 删除工作表

可以删除多余的 Excel 工作表，以节省存储空间。

❶ 选择要删除的工作表，单击【开始】选项卡【单元格】选项组中的【删除】按钮下方的下拉按钮，在弹出的下拉菜单中选择【删除工作表】选项。

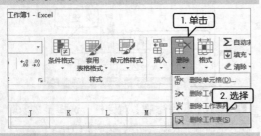

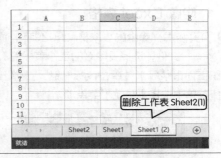

❷ 删除后的效果如图所示。

 提示 在要删除的工作表的标签上单击鼠标右键，在弹出的快捷菜单中选择【删除】选项，也可以将工作表删除。选择【删除】选项，工作表即被永久删除，该命令的效果不能被撤消。

2.5.5 重命名工作表

每个工作表都有自己的名称，默认情况下以 Sheet1、Sheet2、Sheet3……命名工作表。这种命名方式不便于管理工作表，为此可以对工作表重命名，以便更好地管理工作表。

重命名工作表的方法有以下两种。

1. 在标签上直接重命名

❶ 双击要重命名的工作表的标签 Sheet1（此时该标签以阴影显示），进入可编辑状态。

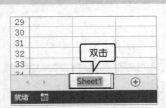

❷ 输入新的标签名后，按【Enter】键，即可完成对该工作表标签进行的重命名操作。

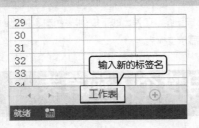

2. 使用快捷菜单重命名

在要重命名的工作表标签上单击鼠标右键，在弹出的快捷菜单中选择【重命名】菜单项，然后在标签上输入新的标签名，按【Enter】键，即可完成工作表的重命名。

3. 使用快捷键 F2 重命名

在要重命名的工作表标签上单击，然后按【F2】键，再在标签上输入新的标签名，按【Enter】键，也可完成工作表的重命名。

2.5.6 显示和隐藏工作表

工作簿中如果含有较多的工作表，可以把暂时不需要编辑或查看的工作表隐藏起来，使用时再取消隐藏。

1. 隐藏 Excel 表格

❶ 打开随书光盘中的"素材 \ch02\ 职工通讯录 .xlsx"文件，选择要隐藏的工作表标签（如"职工通讯录"）并单击鼠标右键，在弹出的快捷菜单中选择【隐藏】菜单项。

❷ 当前所选工作表即被隐藏起来。

2. 显示工作表

❶ 在任意一个工作表标签上单击鼠标右键，在弹出的快捷菜单中选择【取消隐藏】菜单项。

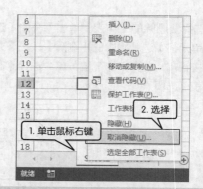

❷ 弹出【取消隐藏】对话框，选择要恢复隐藏的工作表名称，单击【确定】按钮。

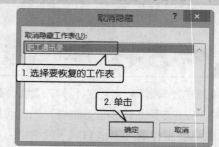

❸ 隐藏的工作表即被显示出来。

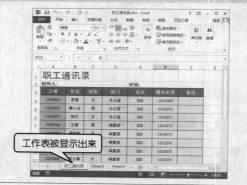

> **提示** 单击【开始】选项卡下【单元格】组中的【格式】按钮，在弹出的下拉列表中选择【可见性】▶【隐藏与取消隐藏】▶【取消隐藏工作表】命令，也可以显示工作表。

2.6 综合实战——创建月度个人预算表

本节视频教学录像：4 分钟

　　通知是在学校、单位、公共场所经常可以看到的一种知照性公文。公司内部通知是一项仅限于公司内部人员知道或遵守的，为实现某一项活动或决策而制定的说明性文件，常用的通知还有：会议通知、比赛通知、放假通知和任免通知等。

【案例效果展示】

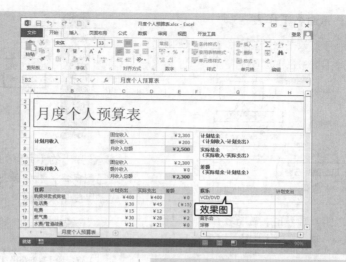

效果图

【案例涉及知识点】

- ◈ 创建工作表
- ◈ 重命名工作表
- ◈ 保存文本

【操作步骤】

第 1 步：创建工作表

使用联机模板创建工作表的具体操作步骤如下。

❶ 启动 Excel 2013，进入 Excel 初始界面，单击【建议的搜索】中的【个人】选项。

❷ 在弹出的列表区选择【月度个人预算】选项。

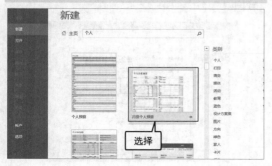

❸ 弹出【月度个人预算】预览界面。单击【创建】按钮，即可进入工作表的下载状态。

❹ 下载完成后，即可创建一个名为"月度个人预算 1"的工作表。

创建的工作表

❺ 在表格相应的区域输入数据即可完成"月度个人预算表"的创建。

输入相关数据

第 2 步：重命名工作表

❶ 在工作标签上单击鼠标右键，在弹出的快捷菜单中选择【重命名】选项。

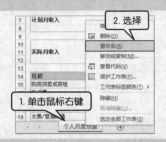

❷ 该标签以阴影显示时，在标签中输入"月度个人预算表"字样，单击表格中的其他区域，完成重命名。

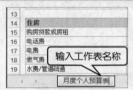

第 3 步：保存工作表

❶ 单击工作表左上方的【保存】按钮，弹出【文件】选项列表，选择【保存】选项，在【另存为】区域单击【计算机】按钮，然后单击右下角的【浏览】按钮。

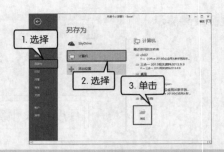

❷ 在弹出的【另存为】对话框中设置保存的路径和名称，然后单击【保存】按钮，即可完成"月度个人预算表"的保存。

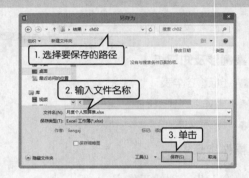

至此，一份完整的"月度个人预算表"制作完成，此时可以看到工作表的名称已经变为"月度个人预算表 .xlsx"。

 ## 高手私房菜

📹 本节视频教学录像：2 分钟

技巧：如何让表格快速自动保存

用户在创建表格的过程中，有可能因为失误忘记保存而丢失表格内容。如果能合理地使用表格的自动保存功能，就可以减少这方面的损失。设置自动保存的具体操作步骤如下。

❶ 在 Excel 工作表中，单击【文件】选项卡，在弹出的列表中选择【选项】选项。

❷ 弹出【Word 选项】对话框，选择【保存】选项，在【保存自动恢复信息时间间隔】文本框中输入自动保存的时间，此处设置为"10 分钟"。

第

3

章

行、列和单元格的基本操作

本章视频教学录像：20 分钟

高手指引

单元格是 Excel 的基本组成元素，行和列都是由一个个单元格组成的。在使用 Excel 制作电子表格之前，首先需要掌握操作单元格的方法，本章主要介绍行、列以及单元格的基本操作。

重点导读

+ 掌握行与列的基本操作
+ 掌握行高与列宽的设置方法
+ 掌握单元格的基本操作
+ 掌握移动和复制单元格区域的方法

3.1 行与列的基本操作

本节视频教学录像：6 分钟

在使用 Excel 2013 处理数据之前，必须创建工作簿来保存要编辑的数据。新建工作簿的方法有以下几种。

3.1.1 选择行与列

选择行和列的具体操作步骤如下。

❶ 打开随书光盘中的"素材 \ch03\ 职工通讯录 .xlsx"文件，将鼠标放在第 3 行的行标签上，当出现向右的箭头 时，单击鼠标，即可选中第 3 行。

❷ 将鼠标放在 D 列的列标签上，当出现向下的箭头 ↓ 时，单击鼠标，即可选中 D 列。

> **提示** 在选择多行或多列时，如果按【Shift】键再进行选择，那么就可选中连续的多行或多列；如果按【Ctrl】键再选，可选中不连续的行或列。

3.1.2 插入行与列

本小节介绍如何在单元格中插入行和列。

1. 插入行

在工作表中插入新行，当前行则向下移动。

❶ 打开随书光盘中的"素材 \ch03\ 职工通讯录 .xlsx"文件，选中第 4 行，然后单击鼠标右键，在弹出的快捷菜单中选择【插入】菜单项。

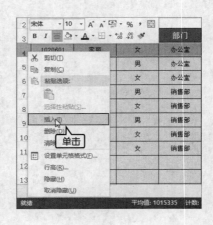

> **提示** 选择第 4 行后单击【开始】选项卡下【单元格】组中的【插入】按钮，在其下拉列表中选择【插入工作表行】选项，也可以插入行。

❷ 插入后的效果如图所示，原第 4 行向下移动一行。

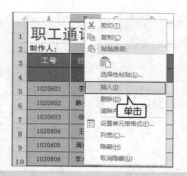

❷ 插入后的效果如图所示，原 B 列的【姓名】向右移动一列到 C 列。

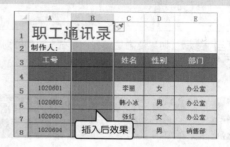

> **提示** 如果需要插入多行，选择的行数则要与需插入的行数相同。

2. 插入列

❶ 将鼠标指向 B 列，在 B 列上单击鼠标右键，在弹出的快捷菜单中选择【插入】菜单项。

3.1.3 删除行与列

工作表中多余的行或列，可以将其删除。

删除行或列的方法有以下两种。

（1）选择要删除的行或列并单击鼠标右键，在弹出的快捷菜单中选择【删除】菜单项。

（2）选择要删除的行或列中的一个单元格，单击鼠标右键，在弹出的快捷菜单中选择【删除】菜单项，在弹出的【删除】对话框中选中【整行】或【整列】单选项，然后单击【确定】按钮即可。

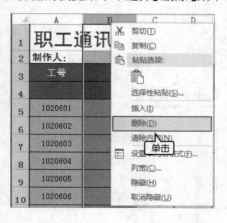

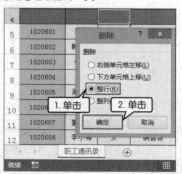

3.1.4 隐藏行与列

在工作簿中如果含有较多的工作表，可以把暂时不需要编辑或查看的工作表隐藏起来，使用时再取消隐藏。

❶ 选中第 4 行，然后单击鼠标右键，在弹出的快捷菜单中选择【隐藏】菜单项。

提示 如果要隐藏某列，则右击该列的列标签，在弹出的快捷菜单中选择【隐藏】菜单项。

❷ 当前所选行即被隐藏起来。

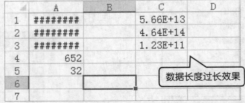

隐藏后效果

提示 如果要取消隐藏，则在隐藏的行或列标签上右击，从弹出的快捷菜单中选择【取消隐藏】菜单项。

3.2 行高与列宽的设置

本节视频教学录像：3 分钟

在 Excel 工作表中，当单元格的宽度或高度不足时，会导致数据显示不完整，这时就需要调整列宽和行高。

3.2.1 更改列宽

当数据长度超过单元格宽度时，会在单元格里以科学计数法表示或被填充成"######"的形式。当列被加宽后，数据才会显示出来。

	A	B	C	D
1	########		5.66E+13	
2	########		4.64E+14	
3	########		1.23E+11	
4	652			
5	32			
6				
7				

数据长度过长效果

更改列宽的具体操作步骤如下。

❶ 在打开的 Excel 工作表中，选择需要调整列宽的 B 列和 C 列，单击鼠标右键，在弹出的快捷菜单中选择【列宽】菜单项。

提示 选择要调整的列后，单击【开始】选项卡下【单元格】组中的【格式】按钮，在其下拉列表中选择【列宽】选项，也可以打开【列宽】对话框。

❷ 弹出【列宽】对话框，在【列宽】文本框中输入"15"，然后单击【确定】按钮。

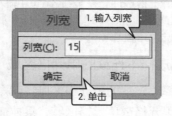

❸ 可以看到 B 列和 C 列的列宽均被设置为"15"。

 3.2.2　更改行高

在输入数据时，Excel 能根据输入字体的大小自动地调整行的高度，使其能容纳行中最大的字体。用户也可以根据自己的需要来设置行高。

调整行高的具体操作步骤如下。

❶ 在打开的 Excel 工作表中，选择需要调整高度的第 2 行、第 3 行和第 4 行，单击鼠标右键，在弹出的快捷菜单中选择【行高】菜单项。

❷ 弹出【行高】对话框，在【行高】文本框中输入"25"，然后单击【确定】按钮。

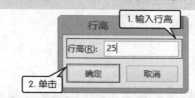

❸ 可以看到第 2 行、第 3 行和第 4 行的行高均被设置为"25"。

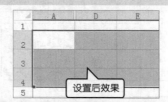

3.3　单元格的基本操作

本节视频教学录像：6 分钟

单元格是 Excel 的基本元素，要学好 Excel，首先就需要掌握单元格的操作方法。

 3.3.1　选择单元格

对单元格进行编辑操作，首先要选择单元格或单元格区域。注意，启动 Excel 并创建新的工作簿时，单元格 A1 处于自动选定状态。

1. 选择一个单元格

单击某一单元格，若单元格的边框线变成青粗线，则此单元格处于选定状态。当前单元格的地址显示在名称框中，在工作表格区内，鼠标指针会呈白色"十"字形状。

选择单元格

提示 在名称框中输入目标单元格的地址，如"B7"，按【Enter】键即可选定第 B 列和第 7 行交汇处的单元格。此外，使用键盘上的上、下、左、右 4 个方向键，也可以选定单元格。

2. 选择连续的单元格区域

在 Excel 工作表中，若要对多个单元格进行相同的操作，可以先选择单元格区域。

❶ 单击该区域左上角的单元格 A2，按住【Shift】键的同时单击该区域右下角的单元格 C6。

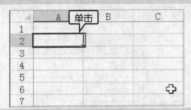

单击

❷ 此时即可选定单元格区域 A2:C6，结果如图所示。

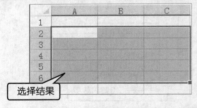

选择结果

提示 将鼠标指针移到该区域左上角的单元格 A2 上，按住鼠标左键不放，向该区域右下角的单元格 C6 拖曳，或在名称框中输入单元格区域名称"A2:C6"，按【Enter】键，均可选定单元格区域 A2:C6。

3. 选择不连续的单元格区域

选择不连续的单元格区域也就是选择不相邻的单元格或单元格区域，具体操作步骤如下。

❶ 选择第 1 个单元格区域（例如，单元格区域 A2:C3）后。按住【Ctrl】键不放，拖动鼠标选择第 2 个单元格区域（例如，单元格区域 C6:E8）。

按【Ctrl】键选择

❷ 使用同样的方法可以选择多个不连续的单元格区域。

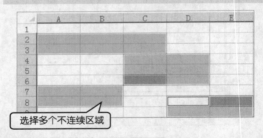

选择多个不连续区域

3.3.2 插入与删除单元格

在工作表中，可以在活动单元格的上方或左侧插入空白单元格，不需要的单元格也可以将其删除。

1. 插入单元格

插入单元格的具体操作步骤如下。

❶ 在打开的随书光盘"素材 \ch03\ 职工通讯录 .xlsx"工作表中，选中 B3 单元格，然后单击【开始】选项卡下【单元格】选项组中的【插入】按钮，在弹出的下拉列表中选择【插入单元格】选项。

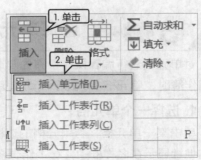

❷ 弹出【插入】对话框，单击选中【活动单元格右移】单选项，然后单击【确定】按钮。

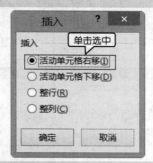

❸ 可以看到"姓名"向右移动一个单元格。

2. 删除单元格

删除单元格的具体操作步骤如下。

❶ 选中将要删除的 B3 单元格，然后单击【开始】选项卡下【单元格】选项组中的【删除】按钮，在弹出的下拉列表中选择【删除单元格】选项。

❷ 弹出【删除】对话框，单击选中【右侧单元格左移】单选项，然后单击【确定】按钮。

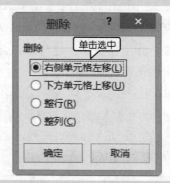

❸ 可以看到"姓名"单元格恢复成原有格式。

3	工号	姓名	性别	部门
4	1020601	李丽	女	办公室
5	删除后效果		男	办公室
6	1020603	张红	女	办公室
7	1020604	王建	男	销售部
8	1020605	周丽丽	女	销售部

 提示　选择将要插入或删除单元格的位置，单击鼠标右键，在弹出的快捷菜单中选择【插入】或【删除】菜单项，弹出【插入 / 删除】对话框，也可插入或删除单元格。

3·3·3 合并与拆分单元格

合并与拆分单元格是最常用的调整单元格的方法。

1. 合并单元格

合并单元格是指在 Excel 工作表中，将两个或多个选定的相邻单元格合并成一个单元格。方法有以下两种。

❶ 在打开的"素材 \ch03\ 职工通讯录 .xlsx"工作表中，选择单元格区域 A1:G1，单击【开始】选项卡下【对齐方式】选项组中【合并后居中】按钮 右侧的下拉按钮，在弹出的列表中选择【合并后居中】选项。

❷ 该表格标题行即合并且居中显示。

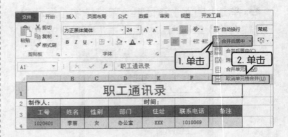

提示 单元格合并后，将使用原始区域左上角的单元格地址来表示合并后的单元格地址。

2. 拆分单元格

在 Excel 工作表中，还可以将合并后的单元格拆分成多个单元格。

❶ 选择合并后的单元格，单击【开始】选项卡下【对齐方式】选项组中【合并后居中】按钮 目合并后居中 右侧的下拉按钮，在弹出的列表中选择【取消单元格合并】选项。

❷ 该表格标题行标题即被取消合并，恢复成合并前的单元格。

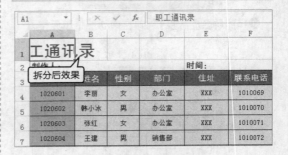

提示 在合并后的单元格上单击鼠标右键，在弹出的快捷菜单中选择【设置单元格格式】选项，弹出【设置单元格格式】对话框，在【对齐】选项卡下撤消选中【合并单元格】复选框，然后单击【确定】按钮，也可拆分合并后的单元格。

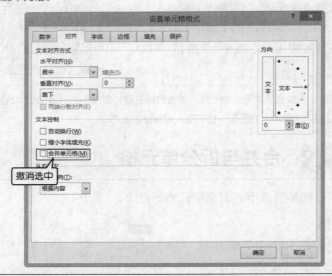

3.4 综合实战——修改"员工信息表"

本节视频教学录像：4 分钟

"员工信息表"是企业管理的重要文档，通过它可以方便地查询员工的姓名、性别、籍贯、学历、联系方式及家庭状况等信息。一份布局合理的员工信息表，不仅需要美观，还需要能够方便地查看员工信息记录。

【案例效果展示】

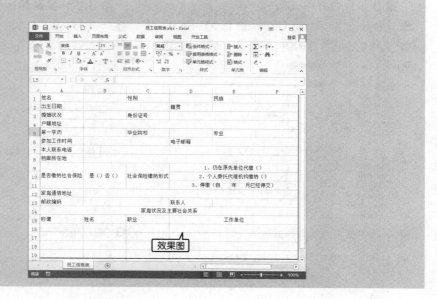

效果图

【案例涉及知识点】

- 修改列宽和行高
- 合并单元格
- 复制和移动单元格

【操作步骤】

第 1 步：修改列宽和行高

修改列宽和行高的具体操作步骤如下。

❶ 打开随书光盘中的"素材\ch03\员工信息表.xlsx"文件，选择 A 列至 F 列。单击鼠标右键，在弹出的快捷菜单中选择【列宽】菜单项。

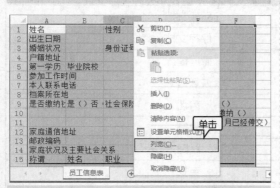

❷ 弹出【列宽】对话框，在【列宽】文本框中输入"15"，单击【确定】按钮。

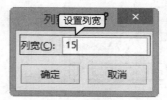

设置列宽

列宽(C): 15

确定　　取消

❸ 列宽设置完成后效果如图所示。

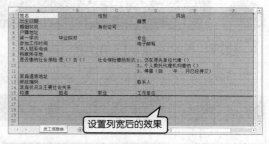

设置列宽后的效果

❹ 使用同样的方式设置工作表的行高为"20"。

设置行高后的效果

第 2 步：合并单元格

❶ 选择单元格区域 B2:C2，单击【对齐方式】选项组中的【合并后居中】按钮，效果如图所示。

❷ 使用同样的方法合并其他单元格。

第 3 步：复制和移动单元格区域

❶ 选择单元格区域 B5:D5，单击鼠标右键，在弹出的快捷菜单中选择【剪切】菜单项，单击 C5 单元格，然后单击【剪贴板】组中的【粘贴】按钮。

❷ 效果如图所示。

至此，一份基本规范的"员工信息表"修改完成，再次单击【保存】按钮日即可。

高手私房菜

本节视频教学录像：1 分钟

技巧：Excel 2013 常用的快捷键

在制作工作簿的过程中，如果能够熟练地使用快捷键，可以达到事半功倍的效果。

名称	作用
【Ctrl+N】	新建文档
【Ctrl+S】	保存文档
【Ctrl+Z】	撤消键入
【Ctrl+Y】	恢复键入
【Ctrl+X】	剪切
【Ctrl+C】	复制
【Ctrl+V】	粘贴
【Ctrl+F】	查找
【F7】	拼写检查
【Tab】	可转到正右方的一个单元格

第**4**章

输入和编辑数据

本章视频教学录像：36 分钟

本章导读

　　Excel 有着强大的数据处理功能。本章首先使用户对数据类型有初步的认识，然后详细介绍数据的输入方法和编辑方法。

重点导读

+ 了解数据的类型
+ 掌握数据的输入方法
+ 掌握数据的编辑方法

4.1 数据类型的认识

本节视频教学录像：4 分钟

单元格中的数据有 4 种类型，分别是文本、数字、逻辑值和出错值。

1. 文本

单元格中的文本包括任何字母、数字和键盘符号的组合，每个单元格最多可包含 32000 个字符。如果单元格列宽容不下文本字符串，可占用相邻的单元格或换行显示。以及通过单元格的列高加大显示。

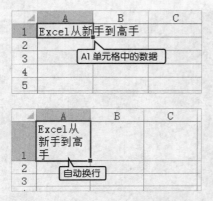

如果相邻单元格中已有数据就会截断显示。

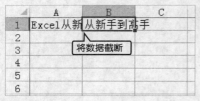

2. 数字

进行数字计算是 Excel 最基本的功能。数字可用科学计数法等表示。

若单元格容不下一个格式化的数字，可用科学计数法显示该数据，如图所示。

日期和时间也是数字，它们有特定的格式。

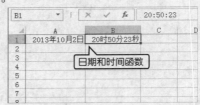

3. 逻辑值

在单元格中可以输入逻辑值 True 和 False。逻辑值常用于书写条件公式，一些公式也返回逻辑值，如下图所示。

4. 出错值

在使用公式时，单元格中可显示出错结果。例如，在公式中让一个数除以 0，单元格中就会显示出错值 "#DIV/0！"，如下图所示。

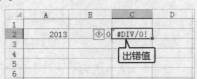

4.2 输入数据

本节视频教学录像：7 分钟

对于单元格中输入的数据，Excel 会自动地根据数据的特征进行处理并显示出来。本节介绍 Excel 如何自动地处理这些数据以及输入的技巧。

4.2.1 输入文本

单元格中的文本包括汉字、英文字母、数字和符号等。每个单元格最多可包含 32 767 个字符。

单元格中的文本包括汉字、英文字母、数字和符号等。每个单元格最多可包含 32 767 个字符。例如，在单元格中输入"5 个小孩"，Excel 会将它显示为文本形式；若将"5"和"小孩"分别输入到不同的单元格中，Excel 则会把"小孩"作为文本处理，而将"5"作为数值处理。

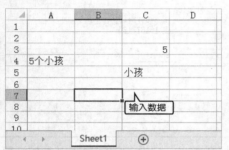

要在单元格中输入文本，应先选择该单元格，输入文本后按【Enter】键，Excel 会自动识别文本类型，并将文本对齐方式默认设置为"左对齐"。

如果单元格列宽容纳不下文本字符串，则可占用相邻的单元格，若相邻的单元格中已有数据，就截断显示。

> **提示** 被截断不显示的部分仍然存在，只需改变列宽即可显示出来。

如果在单元格中输入的是多行数据，在换行处按下【Alt+Enter】组合键，可以实现换行。换行后在一个单元格中将显示多行文本，行的高度也会自动增大。

4.2.2 输入数值

数值型数据是 Excel 中使用最多的数据类型。

在输入数值时，数值将显示在活动单元格和编辑栏中。单击编辑栏左侧的【取消】按钮⊠，可将输入但未确认的内容取消。如果要确认输入的内容，则可按【Enter】键或单击编辑栏左侧的【输入】按钮✓。

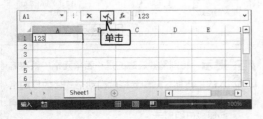

> **提示** 数值型数据可以是整数、小数或科学记数（如 6.09E+13）。在数值中可以出现的数学符号包括负号（-）、百分号（%）、指数符号（E）和美元符号（$）等。

在单元格中输入数值型数据后按【Enter】键，Excel 会自动将数值的对齐方式设置为"右对齐"。

在单元格中输入数值型数据的规则如下。

（1）输入分数时，为了与日期型数据区分，需要在分数之前加一个零和一个空格。例如，在 A3 中输入 "1/4"，则显示 "1 月 4 日"；在 B3 中输入 "0 1/4"，则显示 "1/4"，值为 0.25。

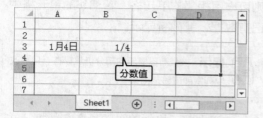

（2）如果输入以数字 0 开头的数字串，Excel 将自动省略 0。如果要保持输入的内容不变，可以先输入 " ' "，再输入数字或字符。

（3）若单元格容纳不下较长的数字，则会用科学计数法显示该数据。

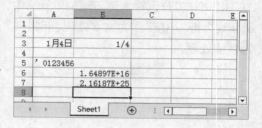

4.2.3 输入时间和日期

在工作表中输入日期或时间时，需要用特定的格式定义。日期和时间也可以参加运算。Excel 内置了一些日期与时间的格式。当输入的数据与这些格式相匹配时，Excel 会自动将它们识别为日期或时间数据。

1. 输入日期

在输入日期时，可以用左斜线或短线分隔日期的年、月、日。例如，可以输入 "2013/9/20" 或者 "2013-9-20"；如果要输入当前的日期，按下【Ctrl +；】组合键即可。

2. 输入时间

在输入时间时，小时、分、秒之间用冒号（：）作为分隔符。如果按 12 小时制输入时间，需要在时间的后面空一格再输入字母 am（上午）或 pm（下午）。例如，输入 "10：00 pm"，按下【Enter】键的时间结果是 10：00 PM。如果要输入当前的时间，

按下【Ctrl + Shift +；】组合键即可。

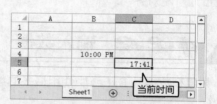

日期和时间型数据在单元格中靠右对齐。如果 Excel 不能识别输入的日期或时间格式，输入的数据将被视为文本并在单元格中靠左对齐。

> **提示** 特别需要注意的是：若单元格中首次输入的是日期，则单元格就自动格式化为日期格式，以后如果输入一个普通数值，系统仍然会换算成日期显示。

4.3 快速填充表格数据

本节视频教学录像：6 分钟

为了提高向工作表中输入数据的效率，降低输入错误率，Excel具有快速输入数据的功能。

 4.3.1　填充相同的数据

使用填充柄可以在表格中输入相同的数据，相当于复制数据，具体的操作步骤如下。

❶ 选定 A1 单元格，输入"地球"，将鼠标指针指向该单元格右下角的填充柄。

❷ 然后拖曳鼠标至 A6 单元格，结果如图所示。

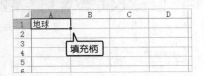

 4.3.2　填充有序的数据

使用填充柄还可以填充序列数据，例如，等差或等比序列。首先选取序列的第 1 个单元格并输入数据，再在序列的第 2 个单元格中输入数据，之后利用填充柄填充，前两个单元格内容的差就是步长。下面举例说明。

❶ 分别在 A1 和 A2 单元格中输入"20130801"和"20130802"，选中 A1、A2 单元格，将鼠标指针指向该单元格右下角的填充柄。

> 📝 **提示** 对序列"一月、二月、三月……"和序列"星期一、星期二、星期三……"等进行自动填充的方法是输入第 1 个单元格内容，然后选定该单元格，使用填充柄填充。对序列"一月、三月、五月……"和序列"8:30、9:00、9:30……"等进行自动填充，可输入第 1 个和第 2 个单元格内容，然后选定两个单元格，使用填充柄填充。

❷ 待鼠标指针变为＋时，拖曳鼠标至 A6 单元格，即可完成等差序列的填充，如图所示。

 4.3.3　多个单元格数据的填充

填充相同数据或是有序的数据均是填充一行或一列，同样可以使用填充功能快速填充多个单元格中的数据，具体的操作方法如下。

❶ 在 Excel 表格中输入如图所示数据，选中单元格区域 A1:B2，将鼠标指针指向该单元格区域右下角的填充柄。

❷ 待鼠标指针变为"+"时，拖曳鼠标至 B6 单元格，即可完成在工作表列中多个单元格数据的填充，如图所示。

❸ 选中单元格区域 B1:C2，将鼠标指针指向该单元格区域右下角的填充柄。

❹ 待鼠标指针变为"+"时，拖曳鼠标至 F2 单元格，即可完成在工作表行中多个单元格数据的填充，如图所示。

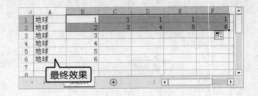

4·3·4 自定义序列的填充

在 Excel 2013 中填充等差数列时，系统默认增长值为"1"，这时我们可以自定义序列的填充值。

❶ 选中工作表中所填充的等差数列所在的单元格区域。

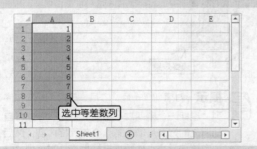

❷ 单击【开始】选项卡下【编辑】组中的【填充】按钮，在弹出的下拉列表中选择【序列】选项。

❸ 弹出【序列】对话框，单击【类型】区域中的【等比数列】选项，在【步长值】文本框中输入数字"2"，单击【确定】按钮。

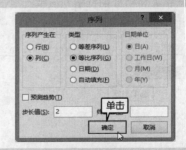

❹ 所选中的等差数列就会转换为以步长值为"2倍"的等比数列，如图所示。

4.4 编辑数据

本节视频教学录像：9 分钟

在表格中输入数据错误或者格式不正确时，就需要对数据进行编辑，数据有多种格式，接下来介绍数据的编辑。

4.4.1 修改数据

当数据输入错误时，左键单击需要修改数据的单元格，然后输入要修改的数据，则该单元格将自动更改数据。

❶ 右键单击需要修改数据的单元格，在弹出的快捷菜单中选择【清除数据】选项。

❷ 数据清除之后，在原单元格中重新输入数据即可。

提示

选中单元格，单击键盘上的【Backspace】或【Delete】键也可将数据清除。

4.4.2 移动复制单元格数据

在编辑 Excel 工作表时，若数据输错了位置，不必重新输入，可将其移动到正确的单元格或单元格区域；若单元格区域数据与其他区域数据相同，为了避免重复输入、提高效率，可采用复制的方法来编辑工作表。

1. 移动单元格数据

❶ 在单元格中输入如图所示数据，选中单元格区域 A1:A4，将鼠标光标移至选中的单元格区域边框处，鼠标光标变为 时，单击按住不放。

❷ 移动鼠标至合适的位置，松开鼠标左键，数据即可移动。

提示 按【Ctrl+X】组合键将要移动的单元格或单元格区域剪切到剪贴板中，然后通过粘贴（按【Ctrl+V】组合键）的方式也可将目标区域进行移动。

2. 复制单元格数据

❶ 如图所示，选择单元格区域 A1:A4，并按【Ctrl+C】组合键进行复制。

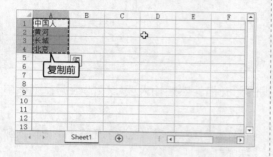

❷ 选择目标位置（如选定目标区域的第 1 个单元格 C2），按【Ctrl+V】（粘贴）组合键，单元格区域即被复制到单元格区域 C2:C11 中。

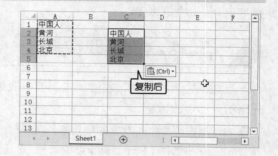

4·4·3 查找与替换数据

使用查找和替换功能，可以在工作表中快速地定位要找的信息，并且可以有选择地用其他值代替。在 Excel 中，用户可以在一个工作表或多个工作表中进行查找与替换。

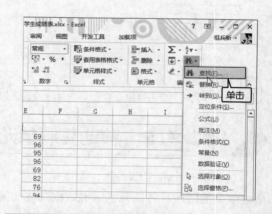

 提示 在进行查找、替换操作之前，应该先选定一个搜索区域。如果只选定一个单元格，则仅在当前工作表内进行搜索；如果选定一个单元格区域，则只在该区域内进行搜索；如果选定多个工作表，则在多个工作表中进行搜索。

1. 查找数据

❶ 打开随书光盘中的"素材 \ch04\ 学生成绩表 .xlsx"文件，在【开始】选项卡中，单击【编辑】选项组中的【查找和选择】按钮 🔍·，在弹出的下拉列表中选择【查找】菜单项。

❷ 弹出【查找和替换】对话框。在【查找内容】文本框中输入要查找的内容，单击【查找下一个】按钮，查找下一个符合条件的单元格，而且这个单元格会自动被选中。

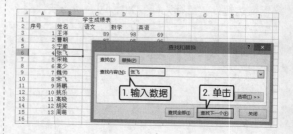

❸ 单击【查找和替换】对话框中的【选项】按钮，可以设置查找的格式、范围、方式（按行或按列）等。

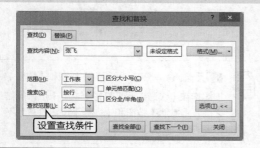

 提示
【查找】的快捷键是【Ctrl+F】。

2. 替换数据

❶ 在【开始】选项卡中，单击【编辑】选项组中的【查找和选择】按钮，在弹出的下拉菜单中选择【替换】菜单项。

❷ 弹出【查找和替换】对话框。在【查找内容】文本框中输入要查找的内容，在【替换为】文本框中输入要替换的内容，单击【查找下一个】按钮，查找到相应的内容后，单击【替换】按钮，将替换成指定的内容。再单击【查找下一个】按钮，可以继续查找并替换。

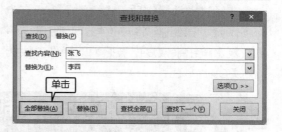

❸ 单击【全部替换】按钮，则替换整个工作表中所有符合条件的单元格数据。当全部替换完成，会弹出如图所示的提示框。

 提示　在进行查找和替换时，如果不能确定完整的搜索信息，可以使用通配符"？"和"*"来代替不能确定的部分信息。"？"代表一个字符，"*"代表一个或多个字符。

4·4·4　撤消与恢复数据

撤消可以是取消刚刚完成的一步或多步操作；恢复是取消刚刚完成的一步或多步已经撤消的操作；重复是再进行一次上一步的操作。

1. 撤消

在进行输入、删除和更改等单元格操作时，Excel 2013会自动记录下最新的操作和刚执行过的命令。所以当不小心错误地编辑了表格中的数据时，可以利用【撤消】按钮恢复上一步的操作，快捷键为【Ctrl+Z】。

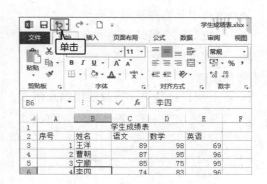

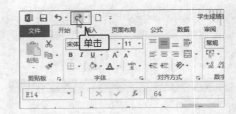

提示 Excel 中的多级撤消功能可用于撤消最近的 16 步编辑操作。但有些操作，比如，存盘设置选项或删除文件则是不可撤消的。因此，在执行文件的删除操作时要小心，以免破坏辛苦工作的成果。

2. 恢复

在经过撤消操作后，【撤消】按钮右边的【恢复】按钮将被置亮，表明可以用【恢复】按钮来恢复已被撤消的操作，快捷键为【Ctrl+Y】。

提示 默认情况下，【撤消】按钮和【恢复】按钮均在【快速访问工具栏】中。未进行操作之前，【撤消】按钮和【恢复】按钮是灰色不可用的。

4.5 综合实战——制作家庭账本

本节视频教学录像：7 分钟

家庭账本在我们的日常生活中起着十分重要的作用，它可以帮助我们有效地掌握个人及家庭的收支情况，合理规划消费和投资，培养良好的消费习惯，记录生活以及社会变化，同时还起到了备忘录的作用。制作家庭账本的方法有很多，家庭账本的种类也很多。

【案例效果展示】

最终效果

【案例涉及知识点】

- 合并单元格并使用填充柄
- 设置单元格格式和对齐方式
- 更改工作表标签

【操作步骤】

第 1 步：合并单元格及使用填充柄

❶ 打开随书光盘中的"素材 \ch04\ 家庭账本 .xlsx"文件，在 A1 单元格中输入"2013 年 8 月份家庭月度开支"。

❷ 选择单元格区域 A1:F2，并单击【开始】选项卡下【对齐方式】组中的【合并并居中】按钮。

❸ 在工作区中输入相应的数据，使用填充柄快速填充"收入日期"和"支出日期"。如图所示。

填充日期

第 2 步：设置单元格格式和对齐方式

❶ 选择单元格区域 B5:B7，单击鼠标右键，在弹出快捷菜单中选择【设置单元格格式】选项。

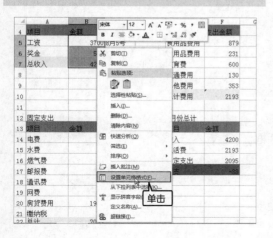

单击

❷ 弹出【设置单元格格式】对话框，在【数字】选项卡下的【分类】区域中选择【货币】选项，并设置小数位数为"2"，单击【确定】按钮。

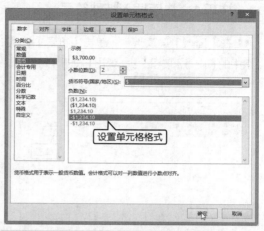

设置单元格格式

❸ 单击【开始】选项卡下【对齐方式】组中的【右对齐】按钮，设置的结果如图所示。

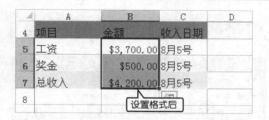

设置格式后

❹ 使用同样的方法，设置其他金额单元格，最终效果如图所示。

最终效果

高手私房菜

本节视频教学录像：3分钟

技巧1：快速插入特殊符号

❶ 在【插入】选项卡中，单击【符号】选项组中的【符号】按钮 Ω，弹出【符号】对话框。

❸ 在【字体】下拉列表中选择【Wingdings】，即可显示特殊的符号，选择符号后单击【插入】按钮。

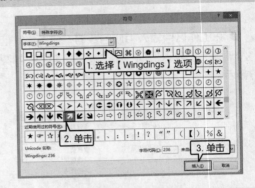

❷ 即可弹出【符号】对话框。

❹ 即可在鼠标光标所在的位置插入选择的图形。

技巧2：快捷键在数据填充中的应用

【Ctrl+R】组合键：向右填充数据。

【Ctrl+D】组合键：向下填充数据。

【Ctrl+E】组合键：快速填充数据。

【Ctrl+S】组合键：弹出【序列】填充对话框。

【Ctrl+Shift+=】组合键：插入单元格。

【Ctrl+ − 】组合键：删除单元格。

【Shift+F11】组合键：插入工作表。

第

5

章

查阅与打印报表

本章视频教学录像：46 分钟

高手指引

通过打印可以将电子表格以纸质的形式呈现，便于阅读和归档。Excel 2013 具有全新的设计，选择不同的打印和页面设置可出现不同的打印效果，良好的页面设置将为用户打造满意的打印效果。

重点导读

+ 掌握不同视图的切换查看
+ 掌握在多窗口中查看
+ 掌握对比查看数据和查看其他区域数据的方法
+ 掌握批注的使用方法和 Excel 的文本服务
+ 掌握添加打印机和页面的设置

5.1 不同视图的切换查看

本节视频教学录像：4 分钟

在 Excel 2013 中，可以以各种视图方式查看工作表。

1. 普通查看

普通视图是默认的显示方式，即对工作表的视图不做任何修改。可以使用右侧的垂直滚动条和下方的水平滚动条来浏览当前窗口显示不完全的数据。

❶ 打开随书光盘中的"素材 \ch05\ 现金流量分析表 .xlsx"工作簿，在当前的窗口中即可浏览数据，单击右侧的垂直滚动条并向下拖动，即可浏览下面的数据。

❷ 单击下方的水平滚动条并向右拖动，即可浏览右侧的数据。

2. 按页面查看

可以使用页面布局视图查看工作表，显示的页面布局即打印出来的工作表形式，可以在打印前查看每页数据的起始位置和结束位置。

❶ 选择【视图】选项卡下【工作簿视图】选项组中的【页面布局】按钮，即可将工作表设置为页面布局形式。

❷ 将鼠标指针移到页面的中缝处，指针变成 形状时单击，即可隐藏空白区域，只显示有数据的部分。

❸ 如果要调整每页显示的数据量，可以调整页面的大小。选择【视图】选项卡下【工作簿视图】选项组中的【分页预览】按钮，视图即可切换为"分页预览"视图。

❹ 将鼠标指针放至蓝色的虚线处，指针变为 ↔ 形状时单击并拖动，可以调整每页的范围。

❺ 再次切换到页面布局视图，即可显示新的分页情况。

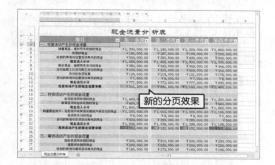

5.2 在多窗口中查看

本节视频教学录像：2 分钟

多窗口查看是指将工作表窗口拆分为不同窗格，这些窗格可以单独滚动，具体的操作步骤如下。

❶ 打开随书光盘中的 "素材 \ch05\ 现金流量分析表 .xlsx" 工作簿。选择一个单元格，单击【视图】选项卡下【窗口】选项组中的【拆分】按钮 拆分 ，即可在选择的单元格左上角处将工作表拆分为 4 个窗口。

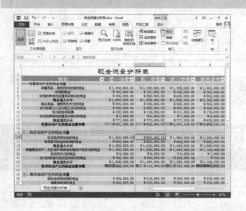

❷ 窗口中有两个水平滚动条和两个垂直滚动条，拖动即可改变各个窗格的显示范围。

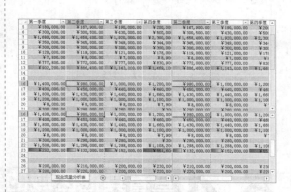

提示 如果要取消拆分单元格,可再次单击【拆分】按钮 拆分 。

5.3 对比查看数据

本节视频教学录像：4 分钟

如果需要对比不同区域的数据，可以使用以下方法来查看。这里我们通过新建一个同样的工作簿窗口，再将两个窗口并排进行查看、比较以及查找需要的数据。

❶ 打开随书光盘中的"素材\ch05\现金流量分析表.xlsx"工作簿。单击【视图】选项卡下【窗口】选项组中的【新建窗口】按钮，即可新建一个名为"现金流量分析表.xlsx:2"的同样的窗口，源窗口名称则自动更改为"现金流量分析表.xlsx:1"。

❷ 单击【视图】选项卡下【窗口】选项组中的【并排查看】按钮，即可将两个窗口进行并排放置。

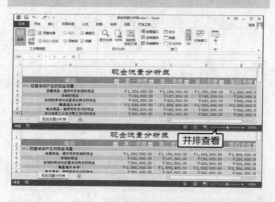

❸ 单击【窗口】选项卡下【窗口】选项组中的【同步滚动】按钮，此时如果拖动其中一个窗口的滚动条，另一个也随之同步滚动。

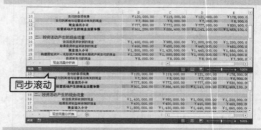

❹ 单击【窗口】选项卡下【窗口】选项组中的【全部重排】按钮，在弹出的【重排窗口】对话框中单击选中【垂直并排】单选项，单击【确定】按钮。

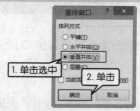

❺ 窗口即可垂直并排查看。

 提示 单击【关闭】按钮 ×，即可恢复到普通视图状态。

5.4 查看其他区域的数据

本节视频教学录像：5 分钟

如果工作表中的数据过多，而当前屏幕中只能显示出一部分数据，若要浏览其他区域的数据，除了使用普通视图中的滚动条，还可以使用以下方式来查看。

1. 冻结查看

"冻结查看"指将指定区域冻结、固定，滚动条只对其他区域的数据起作用，这里我们来设置冻结让标题始终可见。

❶ 打开随书光盘中的"素材\ch05\现金流量分析表.xlsx"工作簿。单击【视图】选项卡下【窗口】选项组中的【冻结窗格】按钮，在弹出的列表中选择【冻结首行】选项。

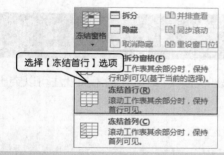

选择【冻结首行】选项

首行一直显示

② 在首行下方会显示一条黑线，并固定首行，向下拖动垂直滚动条，首行一直会显示在当前窗口中。

> **提示** 在【冻结窗格】下拉列表中选择【取消冻结窗格】选项，即可恢复到普通状态。

③ 在【冻结窗格】下拉列表中选择【冻结首列】选项，在首列右侧会显示一条黑线，并固定首列。

冻结首列

④ 取消冻结窗格，再选择 B2 单元格，在【冻结窗格】下拉列表中选择【冻结拆分窗格】选项，即可冻结 B2 单元格上面的行和左侧的列。

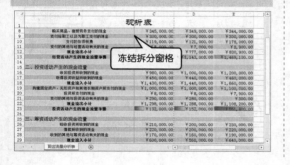

冻结拆分窗格

2．缩放查看

"缩放查看"指将所有区域或选定区域缩小或放大，以便显示需要的数据信息。

① 打开随书光盘中的"素材 \ch05\ 现金流量分析表 .xlsx"工作簿。单击【视图】选项卡下【显示比例】选项组中的【显示比例】按钮，弹出【显示比例】对话框。

单击

② 单击选中【75%】单选按钮，当前区域即可缩至原来大小的 75%。

区域缩至原来大小的 75%

③ 在工作表中选择一部分区域，在【显示比例】对话框中单击选中【恰好容纳选定区域】单选项，则选择的区域最大化地显示到当前窗口中。

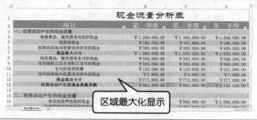

区域最大化显示

> **提示** 单击【显示比例】选项组中的【100%】按钮，即可恢复到普通状态；选定一部分区域，单击【显示比例】选项组中的【缩放到选定区域】按钮，会达到和第**③**步一样的效果。

59

5.5 使用批注

本节视频教学录像：7分钟

批注是附加在单元格中与其他单元格内容进行区分的注释。给单元格添加批注可以突出单元格中的数据，使该单元格中的信息更容易记忆。

5.5.1 添加批注

在单元格中添加批注的具体操作步骤如下。

❶ 打开"素材 \ch05\ 书籍整理表 .xlsx"文件，选择需要添加批注的单元格。单击【审阅】选项卡下【批注】选项组中的【新建批注】按钮 ；也可以右击该单元格，在弹出的快捷菜单中选择【插入批注】菜单项，如图所示。

❷ 在弹出的【批注】文本框中输入注释文本，如"畅销书！"，结果如图所示。

> 📋 **提示** 已添加批注的单元格的右上角会出现一个红色的三角符号，当鼠标指针移到该单元格时将显示批注的内容。

5.5.2 编辑批注

在包含有批注的单元格中，如果批注不合适，我们可以重新对批注进行编辑，具体的操作步骤如下。

❶ 单击【审阅】选项卡下【批注】选项组中的【编辑批注】按钮 ；也可以选择单元格并单击鼠标右键，在弹出的快捷菜单中选择【编辑批注】菜单项。

❷ 结束编辑之后，单击批注框外的其他单元格即可。

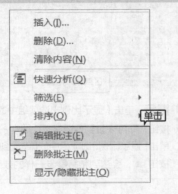

> 📋 **提示** 选择批注文本框，当鼠标变为 形状时拖曳鼠标，选择批注文本框，当鼠标变为 形状时，拖曳鼠标，即可调整批注的大小。

5·5·3 更改批注默认名称

更改批注默认名称的具体操作步骤如下。

❶ 将鼠标定位在批注框中，选择"默认名称"。

选择默认名称

liangxj:
销量最好！

❷ 更改默认名称为"宋丝丝"字样，效果如图所示。

更改后的名称

宋丝丝:
销量最好！

5·5·4 显示 / 隐藏批注

显示 / 隐藏批注的具体操作步骤如下。

❶ 将鼠标定位在单元格 C3 中，然后单击【审阅】选项卡下【批注】选项组中的【显示 / 隐藏批注】按钮，即可隐藏批注。

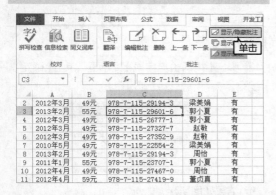

❷ 单击【审阅】选项卡下【批注】选项组中的【显示所有批注】按钮，即可显示批注。

显示所有批注

宋丝丝:
销量最好

提示 选择 C3 单元格，单击鼠标右键，在弹出的快捷菜单中选择【隐藏批注】或【显示 / 隐藏批注】菜单项，也可显示或隐藏批注。

5·5·5 审阅批注

在 Excel 2013 中审阅批注的具体操作步骤如下。

❶ 单击【审阅】选项卡下【更改】选项组中的【修订】按钮，在弹出的下拉列表中选择【突出显示修订】选项。

单击

❷ 在弹出的对话框中设置【突出显示修订】对话框，单击【确定】按钮，即可实现在 Excel 中显示所有的修订项。

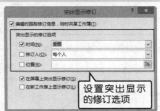

设置突出显示的修订选项

5.5.6 删除批注

将鼠标定位在单元格 C3 中，然后单击【审阅】选项卡下【批注】选项组中的【删除】按钮💬或单击鼠标右键，在弹出的快捷菜单中选择【删除批注】菜单项，都可删除批注。

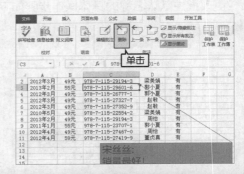

5.6 使用 Excel 文本服务

📽 本节视频教学录像：5 分钟

软件 Excel 2013 提供了强大的文本服务功能，包括拼写检查、中文简繁体转换和多国语言翻译等。这些功能不仅为用户大大减少了工作表制作过程中的任务量，并且使 Excel 工作表具有更多的形式。

5.6.1 拼写检查

使用拼写检查功能，可以减少文档中的单词拼写错误。

❶ 打开随书光盘中的"素材 \ch05\ 拼写检查 .xlsx"工作簿，单击【审阅】选项卡【校对】组中的【拼写检查】按钮。

❷ 弹出【拼写检查】对话框，在下方的【建议】列表中选择正确的拼写方式，单击【更改】按钮。

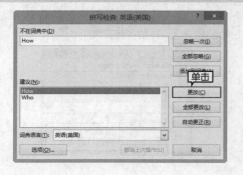

❸ 弹出【拼写检查完成】提示框，单击【确定】按钮。

❹ 结果如图所示。

📝 **提示** 在【拼写检查】对话框中如果不需要更改则单击【忽略一次】或【全部忽略】按钮；如果需要检查的拼写不在【建议】列表中，则单击【添加到词典】按钮，添加该拼写的正确写法，已备不时之需。

5.6.2 自动拼写和语法检查

Excel 2013 提供了文本翻译的功能，使用户在使用工作簿的过程中更加方便快捷。

❶ 新建 Excel 工作簿，在 A1 单元格中输入一句话，然后单击【审阅】选项卡下【语言】选项组中的【翻译】按钮。

❷ 在工作簿的右侧将弹出【信息检索】窗格，从中可以看到翻译的内容，将鼠标光标定位到需要插入翻译内容的位置，然后单击【插入】按钮，在弹出的下拉列表中选择【插入】选项。

❸ 即可将该句子的翻译内容插入到工作表中，结果如图所示。

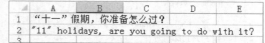

> **提示** 在【信息检索】窗格【翻译】区域，单击【翻译为】文本框右侧的下拉按钮，在弹出的列表中可以选择需要的语言类型。

5.7 添加打印机

本节视频教学录像：2 分钟

目前，打印机接口有 SCSI 接口、EPP 接口和 USB 接口 3 种。一般电脑使用的是 EPP 和 USB 两种。如果是 USB 接口的打印机，首先需要将其提供的 USB 数据线与电脑 USB 接口相连接，再接通电源。下面以安装"EPSON 230"打印机为例，具体操作步骤如下。

❶ 将打印机通过 USB 接口连接电脑。双击"EPSON 230"打印机驱动程序，然后在弹出的【安装爱普生打印机工具】对话框中，单击【确定】按钮。

> **提示** 在打印机自带光盘中包含驱动程序，也可以在官网中下载。

❷ 打开【许可协议】界面，单击【接受】按钮。

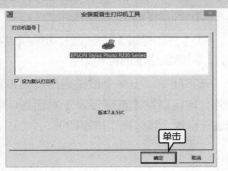

63

❸ 即可开始安装驱动程序。

❹ 驱动安装完成，打开打印机开关。

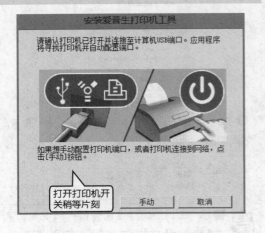

提示 如果要手动设置打印机端口或者将打印机连接到网点，则可以单击【手动】按钮手动配置，否则将自动安装。

❺ 稍等片刻，将会自动设置端口，设置完成后，提示"打印机驱动程序安装和端口设置成功"，单击【确定】按钮。

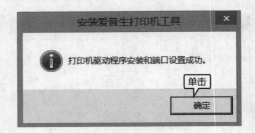

❻ 即可在任务栏看到安装后的打印机图标。

5.8 设置打印页面

 本节视频教学录像：5 分钟

设置打印页面是对已经编辑好的文档进行版面设置，以使其达到满意的输出打印效果。合理的版面设置不仅可以提高版面的品味，而且可以节约办公费用的开支。

1. 页面设置

在对页面进行设置时，可以对工作表的比例、打印方向等进行设置。

（1）【页边距】按钮：可以设置整个文档或当前页面边距的大小。

（2）【纸张方向】按钮：可以切换页面的纵向布局和横向布局。

（3）【纸张大小】按钮：可以选择

当前页的页面大小。

（4）【打印区域】按钮：可以标记要打印的特定工作表区域。

（5）【分隔符】按钮：在所选内容的左上角插入分页符。

（6）【背景】按钮：可以选择一幅图像作为工作表的背景。

（7）【打印标题】按钮：可以指定在每个打印页重复出现的行和列。

除了使用以上 7 个按钮进行页面设置操作外，还可以在【页面设置】对话框中对页面进行设置，具体操作步骤如下。

❶ 在【页面布局】选项卡中，单击【页面设置】选项组右下角的【页面设置】按钮 。

❷ 弹出【页面设置】对话框，选择【页面】选项卡，然后进行相应的页面设置，单击【确定】按扭即可。

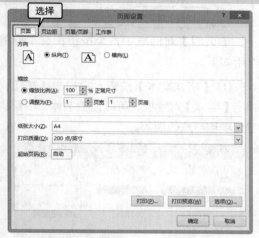

2. 设置页边距

页边距是指纸张上打印内容的边界与纸张边沿间的距离。

(1) 在【页面设置】对话框中，选择【页边距】选项卡。

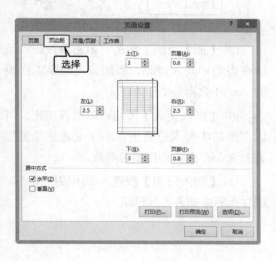

> **提示** 各项设置的作用如下。
> (1)【上】、【下】、【左】和【右】等微调框：用来设置上、下、左、右的页边距。
> (2)【页眉】、【页脚】微调框：用来设置页眉和页脚的位置。
> (3)【居中方式】区域：用来设置文档内容是否在页边距内居中以及如何居中，包括两个复选框。
> ①【水平】复选框：设置数据打印在水平方向的中间位置。
> ②【垂直】复选框：设置数据打印在顶端和底端的中间位置。

(2) 在【页面布局】选项卡中，单击【页面设置】选项组中的【页边距】按钮 ，在弹出的下拉菜单中选择一种内置的布局方式，也可以快速地设置页边距。

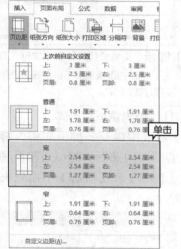

3. 设置页眉页脚

页眉位于页面的顶端，用于标明名称和报表标题。页脚位于页面的底部，用于标明页号、打印日期和时间等。

设置页眉和页脚的具体操作步骤如下。

❶ 单击【页面布局】选项卡下【页面设置】选项组右下角的【页面设置】按钮 。

❷ 弹出【页面设置】对话框,选择【页眉/页脚】选项卡，从中可以添加、删除、更改和编辑页眉/页脚。

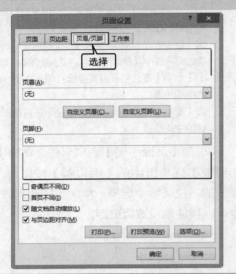

> **提示** 页眉和页脚并不是实际工作表的一部分，设置的页眉页脚不显示在普通视图中，但可以打印出来。

(1) 使用内置页眉页脚

Excel 提供有多种页眉和页脚的格式。如果要使用内部提供的页眉和页脚格式，可以在【页眉】和【页脚】下拉列表中选择需要的格式。

(2) 自定义页眉页脚

如果现有的页眉和页脚格式不能满足需要，可以自定义页眉和页脚，进行个性化设置。

在【页面设置】对话框中选择【页眉/页脚】选项卡，单击【自定义页眉】按钮，弹出【页眉】对话框。

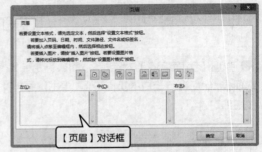

【页眉】对话框中各个按钮和文本框的作用如下。

(1)【格式文本】按钮 A：单击该按钮，弹出【字体】对话框，可以设置字体、字号、下划线和特殊效果等。

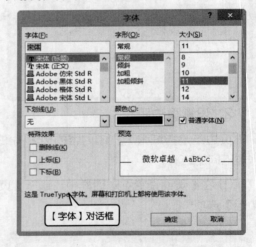

(2)【插入页码】按钮：单击该按钮，可以在页眉中插入页码，添加或者删除工作表时 Excel 会自动更新页码。

(3)【插入页数】按钮：单击该按钮，可以在页眉中插入总页数，添加或者删除工作表时 Excel 会自动更新总页数。

(4)【插入日期】按钮：单击该按钮，可以在页眉中插入当前日期。

【页眉】对话框

（5）【插入时间】按钮：单击该按钮，可以在页眉中插入当前时间。

（6）【插入文件路径】按钮：单击该按钮，可以在页眉中插入当前工作簿的绝对路径。

（7）【插入文件名】按钮：单击该按钮，可以在页眉中插入当前工作簿的名称。

（8）【插入数据表名称】按钮：单击该按钮，可以在页眉中插入当前工作表的名称。

（9）【插入图片】按钮：单击该按钮，弹出【插入图片】对话框，从中可以选择需要插入到页眉中的图片。

【插入图片】对话框

（10）【设置图片格式】按钮：只有插入了图片，此按钮才可用。单击此按钮，弹出【设置图片格式】对话框，从中可以设置图片的大小、转角、比例、剪切设置、颜色、亮度、对比度等。

【设置图片格式】对话框

（11）【左】文本框：输入或插入的页眉注释将出现在页眉的左上角。

（12）【中】文本框：输入或插入的页眉注释将出现在页眉的正上方。

（13）【右】文本框：输入或插入的页眉注释将出现在页眉的右上角。

在【页面设置】对话框中单击【自定义页脚】按钮，弹出【页脚】对话框。

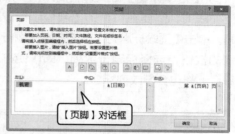

【页脚】对话框

该对话框中各个选项的作用可以参考【页眉】对话框中各个选项的作用。

4．设置打印区域

默认状态下，Excel 会自动选择有文字的行和列的区域作为打印区域。如果希望打印某个区域内的数据，可以在【打印区域】文本框中输入要打印区域的单元格区域名称，或者用鼠标选择要打印的单元格区域。

设置打印区域的具体操作步骤如下。

❶ 单击【页面布局】选项卡下【页面设置】选项组右下角的【页面设置】按钮，弹出【页面设置】对话框，选择【工作表】选项卡。

❷ 设置相关的选项，然后单击【确定】按钮即可。

【工作表】选项卡中各个按钮和文本框的作用如下。

（1）【打印区域】文本框：用于选定工作表中要打印的区域。

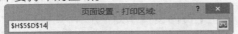

（2）【打印标题】区域：当使用内容较多的工作表时，需要在每页的上部显示行或列标题。单击【顶端标题行】或【左端标题行】右侧的按钮，选择标题行或列，即可使打印的每页上都包含行或列标题。

（3）【打印】区域：包括【网格线】、【单色打印】、【草稿品质】、【行号列标】等复选框，以及【批注】和【错误单元格打印为】两个下拉列表。

提示 【网格线】复选框：设置是否显示描绘单元格的网格线。

【单色打印】复选框：指定在打印过程中忽略工作表的颜色。如果是彩色打印机，选中该复选框可以减少打印的时间。

【草稿品质】复选框：快速的打印方式，打印过程中不打印网格线、图形和边界，同时也会降低打印的质量。

【行号列标】复选框：设置是否打印窗口中的行号和列标。默认情况下，这些信息是不打印的。

【批注】下拉列表：用于设置打印单元格批注。可以在下拉列表中选择打印的方式。

（4）【打印顺序】区域：选中【先列后行】单选按钮，表示先打印每页的左边部分，再打印右边部分。选中【先行后列】单选按钮，表示在打印下页的左边部分之前，先打印本页的右边部分。

提示 在工作表中选择需要打印的区域，单击【页面布局】选项卡中【页面设置】组中的【打印区域】按钮，在弹出的列表中选择【设置打印区域】选项，即可快速将此区域设置为打印区域。要取消打印区域设置，选择【取消打印区域】选项即可。

5.9 进行打印

本节视频教学录像：5 分钟

打印的目的是将编辑好的文本通过打印机打印出来。而打印预览功能所呈现的效果就是打印出来的实际效果，用户可以第一时间拥有最直观的感受。如果对打印的效果不满意，可以重新对页面进行编辑和修改。

1. 打印预览

用户不仅可以在打印之前查看文档的排版布局，还可以通过设置而得到最佳效果，具体操作步骤如下。

❶ 打开随书光盘中的"素材 \ch05\ 产品目录价格表 .xlsx"文件，单击【文件】选项卡，在弹出的列表中选择【打印】选项，在窗口的右侧可以看到预览效果。

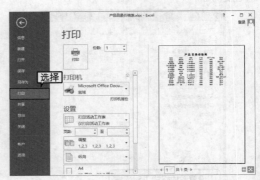

提示 在预览窗口的下面，会显示当前的页数和总页数。单击【下一页】按钮▶或【上一页】按钮◀，可以预览每一页的打印内容。

❷ 单击窗口右下角的【显示边距】按钮，可以开启或关闭页边距、页眉和页脚边距以及列宽的控制线，拖动边界和列间隔线可以调整输出效果。

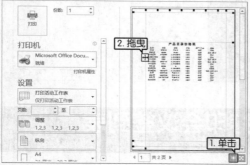

2. 打印当前工作表

页面设置好，就可以打印输出了。在打印之前还需要进行打印选项设置。

❶ 打开随书光盘中的"素材 \ch05\ 产品目录价格表 .xlsx"文件，单击【文件】选项卡，在弹出的列表中选择【打印】选项。在窗口的中间区域设置打印的份数，选择连接的打印机，设置打印的范围和打印的页码范围，以及打印的方式、纸张、页边距和缩放比例等。

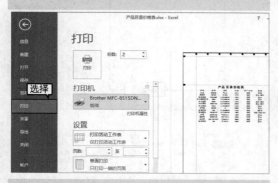

❷ 设置完成单击【打印】按钮，即可显示正在打印的显示。

3. 仅打印指定区域

如果仅打印工作表的一部分，可以对当前的工作表进行设置。设置打印指定区域的具体操作步骤如下。

❶ 打开随书光盘中的"素材 \ch05\ 产品目录价格表 .xlsx"文件，选择单元格 A1，在按住【Shift】键的同时单击单元格 F10，选择单元格区域 A1:F10。

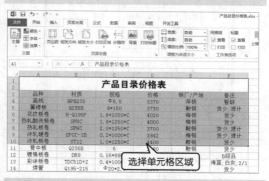

❷ 单击【文件】选项卡，在弹出的列表中选择【打印】选项。

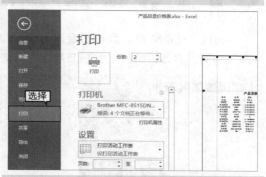

❸ 在中间的【设置】项中单击，在弹出的列表中选择【打印选定区域】选项。

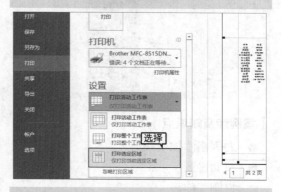

❹ 单击中间区域最下方的【页面设置】链接，在弹出的【页面设置】对话框中选择【页边距】选项卡，撤消选中【居中方式】组中的【垂直】复选框，单击【确定】按钮。

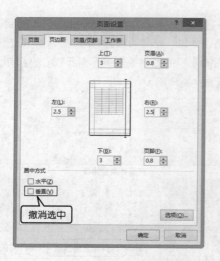

❺ 返回打印设置窗口，选择打印机和设置其他选项后单击【打印】按钮，即可打印选定区域的数据。

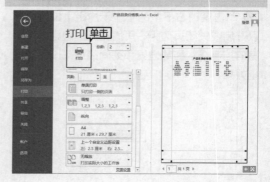

5.10 综合实战——打印会议签到表

本节视频教学录像：4 分钟

通过上述的讲解，我们已经对打印的整个流程有了初步了解，下面我们以"会议签到表"为例，具体讲解打印的细节及工作方法。

【案例效果展示】

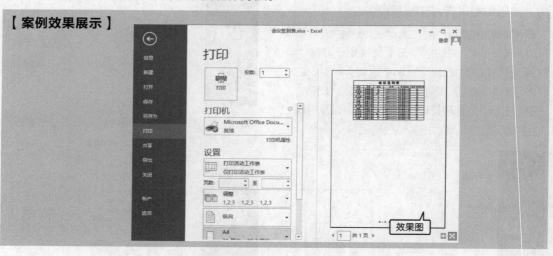

【案例涉及知识点】

❖ 为表格添加框线

❖ 页面设置

❖ 打印工作表

【操作步骤】

第 1 步：为表格添加框线

❶ 打开随书光盘中的"素材 \ch05\ 会议签到表 .xlsx"工作簿，选择单元格区域 A1:F16。

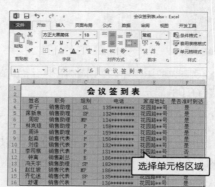

❷ 单击【开始】选项卡下【字体】选项组中【边框】按钮 田 ·右侧的下拉按钮，在弹出的下拉菜单中选择【所有框线】选项，为表格设置框线。

添加边框线效果

第 2 步：页面设置

❶ 在【页面布局】选项卡中，单击【页面设置】选项组右下角的按钮，在弹出的【页面设置】对话框中选择【页边距】选项卡，在【居中方式】区域仅单击选中【水平】复选框。

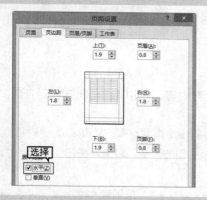

选择

❷ 选择【页眉 / 页脚】选项卡，在【页眉】微调框中选择【会议签到表 .xlsx】选项，在【页脚】下拉列表中选择【第 1 页，共? 页】选项。

选择

❸ 选择【工作表】选项卡，在【打印区域】文本框中输入"A1:F16"。

选择打印区域

❹ 单击【确定】按钮，即可完成页面的设置。

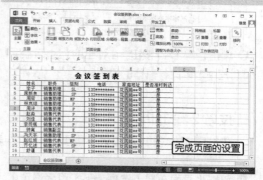

完成页面的设置

第 3 步：打印工作表

❶ 选择【文件】选项卡，在弹出的列表中选择【打印】选项。单击【打印】下面的下拉按钮，在弹出的列表中选择连接到计算机中的打印机。单击下方的【A4】，在弹出的列表中选择已放置在打印机中纸张的类型。在右侧的窗口中预览打印效果。

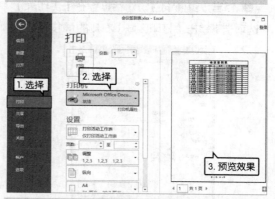

1. 选择　2. 选择　3. 预览效果

❷ 单击【打印】按钮，即可输出打印结果。

高手私房菜

本节视频教学录像：3 分钟

技巧 1：通过状态栏调整比例

可以通过状态栏快速地调整工作表的显示比例。

❶ 拖动状态栏右下角的调整比例滑块 ，即可调整显示的比例。

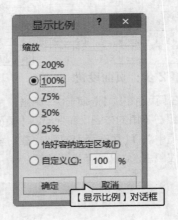

{【显示比例】对话框}

❷ 单击【100%】按钮，在弹出的【显示比例】对话框中可以进行具体的设置。

技巧 2：打印部分内容

在打印工作表时，如果不需要打印工作表中的全部内容，可以选择区域进行打印。

❶ 单击【页面布局】选项卡下【页面设置】选项组中的【打印标题】按钮。

❷ 弹出【页面设置】对话框，在【工作表】选项卡下单击【打印区域】右侧的 按钮。

❸ 弹出【页面设置 - 打印区域：】对话框，选择要打印的区域，单击 按钮。

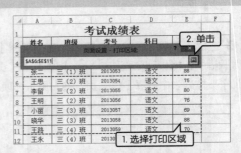

❹ 返回至【页面设置】对话框，单击【打印预览】按钮，在打印预览界面显示选择区域，单击【打印】按钮即可开始打印。

第2篇
工作表装饰篇

第**6**章　让工作表更美观
　　　　——美化工作表

使数据一目了然　第**7**章
　　——使用图表

第**8**章　图文并茂
　　　——使用插图与艺术字

第

6

章

让工作表更美观——美化工作表

 **本章视频教学录像：50 分钟**

本章引言

　　工作表的美化是表格制作的一项重要内容，通过对表格格式的设置，可以使表格的框线、底纹以不同的形式表现出来；同时还可以设置表格的文本样式等，使表格层次分明、结构清晰、重点突出。Excel 2013 为工作表的美化设置提供了方便的操作方法和多项功能。

重点导读

　✚　掌握单元格对齐方式的设置方法
　✚　掌握边框的设置方法
　✚　掌握背景色和底纹的设置方法
　✚　掌握美化工作表的其他技巧方法

6.1 设置数字格式

本节视频教学录像：3 分钟

在 Excel 2013 中，用数字表示的内容很多，例如，小数、货币、百分比和时间等。在单元格中改变数值的小数位数、为数值添加货币符号的具体操作步骤如下。

❶ 打开随书光盘中的"素材 \ch06\ 家庭收入支出表 .xlsx"文件，选择单元格区域 B4:E16。

❷ 单击【开始】选项卡下【数字】选项组中的【减少小数位数】按钮，可以看到选中区域的数值减少一位小数，并自动进行了四舍五入操作。

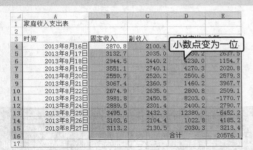

❸ 单击【数字】选项组中的【会计数字格式】按钮右侧的下拉按钮，在弹出的下拉列表中选择【￥中文】选项。

❹ 单元格区域的数字格式被自动应用为【会计专用】格式，数字添加了货币符号，效果如图所示。

6.2 设置对齐方式

本节视频教学录像：4 分钟

对齐方式是指单元格中的数据显示在单元格中上、下、左、右的相对位置。默认情况下，单元格中的文本都是左对齐，数值都是右对齐。

6.2.1 对齐方式

设置数据对齐方式的具体操作步骤如下。

❶ 选择单元格区域 A1:E2，单击【对齐方式】组中【合并后居中】按钮右侧的下拉按钮，在弹出的下拉列表中选择【合并后居中】选项。

❷ 此时选定的单元格区域合并为一个单元格，且文本居中显示。

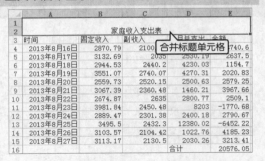

❸ 选择单元格区域 A1:E16，单击【对齐方式】组中的【垂直居中】按钮 ≡ 和【居中】按钮 ≡，最终效果如图所示。

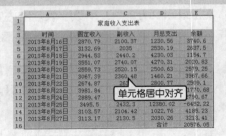

6.2.2 自动换行

设置文本自动换行的具体操作步骤如下。

❶ 新建一个工作表，在 A1 单元格输入如图所示字样，单击【对齐方式】选项组中的【自动换行】按钮 自动换行。

❷ 最终效果如图所示。

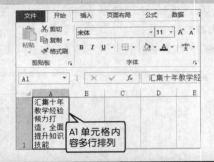

6.3 设置字体

本节视频教学录像：2 分钟

在 Excel 2013 中设置表格字体、字号和颜色是制作一份美观表格的必要操作。

❶ 打开随书光盘中的"素材 \ch06\ 家庭收入支出表 .xlsx"文件，选择 A1 单元格，在【开始】选项卡中，选择【字体】选项组中的【字体】，在其下拉列表中选择"华文琥珀"选项。

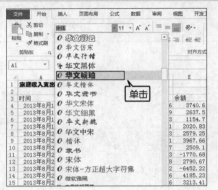

❷ 在【开始】选项卡中，选择【字体】组中【字号】下拉列表中的"24"选项。

❸ 在【开始】选项卡下，选择【字体】组中 ▲· 按钮右侧的下拉按钮，在弹出的调色板中选择"绿色"。

❹ 效果如图所示。

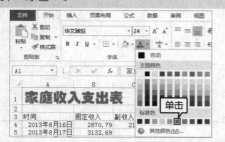

6.4 设置边框

本节视频教学录像：5 分钟

在 Excel 2013 中，单元格四周的灰色网格线默认是不能被打印出来的。为了使表格更加规范、美观，可以为表格设置边框。

6.4.1 使用功能区设置边框

使用功能区设置边框的具体操作步骤如下。

❶ 打开随书光盘中的"素材 \ch06\ 家庭收入支出表 .xlsx"文件，选中要添加边框的单元格区域 A1:E16，单击【开始】选项卡下【字体】组中【边框】按钮 ⊞· 右侧的下拉按钮，在弹出的列表中选择【所有边框】选项。

❷ 即可为表格添加所有边框。

提示　同样在其下拉列表中可以设置边框的颜色和线条的粗细。

6.4.2 使用对话框设置边框

使用对话框设置边框的具体操作步骤如下。

❶ 选中要添加边框的单元格区域 A1:E16，单击【开始】选项卡下【字体】组右下角的 ⬅ 按钮。

❷ 弹出【设置单元格格式】对话框，选择【边框】选项卡，在【线条样式】列表框中选择一种样式，然后在【颜色】下拉列表中选择"深蓝，文字 2，深色 25%"，在【预置】区域单击【外边框】选项；使用同样方法设置【内边框】选项，如图所示。

❸ 最终效果如图所示。

	A	B	C	D	E
1	家庭收入支出表				
2					
3	时间	固定收入	副收入	月总支出	余额
4	2013年8月16日	2870.79	2100.37	1230.56	3740.6
5	2013年8月17日	3132.69	2035	2530.19	2637.5
6	2013年8月18日	2944.53	2440.2	4230.03	1154.7
7	2013年8月19日	3551.07	2740.07	4270.31	2020.83
8	2013年8月20日	2559.73	2520.15	2500.63	2579.25
9	2013年8月21日	3067.39	2360.48	1460.21	3967.66
10	2013年8月22日	2674.87	2635	2800.77	2509.1
11	2013年8月23日	3981.84	2450.48	8203	-1770.68
12	2013年8月24日	2889.47	2301.38	2400.18	2790.67
13	2013年8月25日	3495.5	2432.3	12380.02	-6452.22
14	2013年8月26日	3103.57	2104.42	1022.76	4185.23
15	2013年8月27日	3113.17	2130.5	2030.26	3213.41
16				合计	20576.05

效果图

6.4.3 打印网格线

我们已经知道，在默认情况下，单元格四周的灰色网格线是不能被打印出来的。但是，如果用户需要将网格线打印出现，通过设置是可以实现的，具体操作步骤如下。

❶ 选中要打印的单元格区域 A1:E16，单击【页面布局】选项卡下【工作表选项】组右下角的 按钮。

❷ 弹出【页面设置】对话框，在【工作表】选项卡下，单击选中【网格线】复选框，单击【打印预览】按钮，即可查看打印效果。

❸ 对比效果如下图所示。

设置网格线前

设置网格线后

6.5 设置背景色和图案

📖 本节视频教学录像：2 分钟

为了使工作表中某些数据或单元格区域更加醒目，可以为这些单元格或单元格区域设置背景色和图案，具体的操作步骤如下。

❶ 打开随书光盘中的"素材 \ch06\ 家庭收入
支出表 .xlsx"文件，选择要添加背景的单元
格区域 B4:E15，单击【开始】选项卡下【字体】
组右下角的 按钮。

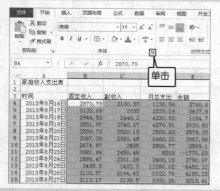

❷ 在弹出的【设置单元格格式】对话框中选
择【填充】选项卡，在【背景色】调色板中选
中"水绿色，着色 5"选项，在【图案样式】
列表中选择"6.25% 灰色"选项，然后单击【确
定】按钮。

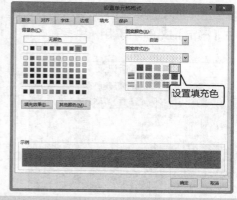

❸ 填充背景色后的效果如下图所示。

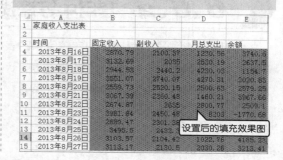

6.6 设置表格样式

本节视频教学录像：5 分钟

Excel 2013 提供自动套用格式功能，便于用户从众多预设好的表格格式中选择一种样式，
快速地套用到某一个工作表中。

6.6.1 套用浅色样式美化表格

Excel 预置有 60 种常用的格式，用户可以自动地套用这些预先定义好的格式，以提高
工作的效率。

❶ 打开随书光盘中的"素材 \ch06\ 设置表格
样式 .xlsx"文件，在"主叫通话记录"表中
选择要套用格式的单元格区域 A4:G18。

❷ 在【开始】选项卡中，选择【样式】选项
组中的【套用表格格式】按钮 套用表格格式·，在弹
出的下拉菜单中选择【浅色】菜单项中的一种。

❸ 单击样式，则会弹出【套用表格式】对话框，单击【确定】按钮即可套用一种浅色样式。

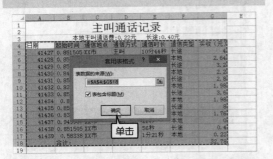

❹ 最终效果如图所示。

套用浅色样式效果

提示 在此样式中单击任一单元格，功能区则会出现【设计】选项卡，然后单击【表格样式】组中的任一样式，即可更改样式。

6.6.2 套用中等深浅样式美化表格

套用中等深浅样式更适合内容较复杂的表格，具体的操作步骤如下。

❶ 打开随书光盘中的"素材\ch06\设置表格样式.xlsx"文件，在"被叫通话记录"表中选择要套用格式的单元格区域 A2:G15，单击【开始】选项卡【样式】组中的【套用表格格式】按钮。

❷ 在弹出的下拉菜单中选择【中等深浅】菜单项中的一种，弹出【套用表格式】对话框，单击【确定】按钮即可套用一种中等深浅色样式。最终效果如图所示。

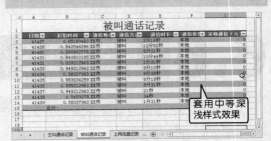

套用中等深浅样式效果

6.6.3 套用深色样式美化表格

套用深色样式美化表格时，为了将字体显示得更加清楚，可以对字体添加"加粗"效果，具体的操作步骤如下。

❶ 打开随书光盘中的"素材\ch06\设置表格样式.xlsx"文件，在"上网流量记录"表中选择要套用格式的单元格区域 A2:E11，单击【开始】选项卡【样式】组中的【套用表格格式】按钮。

选择单元格区域

❷ 单击【开始】选项卡【样式】选项组中的【套用表格格式】按钮，在弹出的下拉菜单中选择【深色】菜单项中的一种。

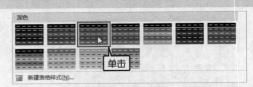

❸ 套用样式后，右下角会出现一个小箭头，将鼠标指针放上去，当指针变成形状时，单击并向下或向右拖曳，即可扩大应用样式的区域。

❹ 最终效果如图所示。

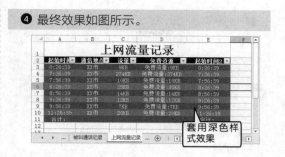

套用深色样式效果

6.7 设置单元格样式

本节视频教学录像：4 分钟

单元格样式是一组已定义的格式特征，在 Excel 2013 的内置单元格样式中还可以创建自定义单元格样式。若要在一个表格中应用多种样式，就可以使用自动套用单元格样式功能。

6.7.1　套用单元格文本样式

在创建的默认工作表中，单元格文本的【字体】为"宋体"、【字号】为"11"。如果要快速改变文本样式，可以套用单元格文本样式，具体的操作步骤如下。

❶ 打开随书光盘中的"素材 \ch06\ 设置单元格样式 .xlsx"文件，并选择单元格区域 B6:E15，单击【开始】选项卡【样式】组中的【单元格样式】按钮，在弹出的下拉列表中选择【数据和模型】▶【计算】选项。

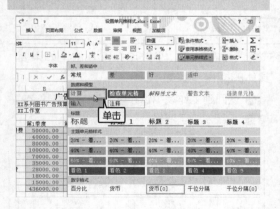

❷ 即可完成套用单元格文本样式的操作，最终效果如图所示。

最终效果

6.7.2　套用单元格背景样式

在创建的默认工作表中，单元格的背景色为白色。如果要快速改变背景颜色，可以套用单元格背景样式，具体的操作步骤如下。

❶ 选择单元格区域 B6:E13，单击【开始】选项卡下【样式】组中的【单元格样式】按钮 单元格样式·，在弹出的下拉列表中选择【差】样式。

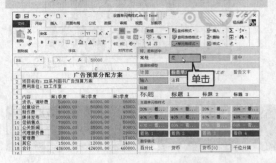

❷ 选择单元格区域 B14:E14，设置单元格样式为【好】样式，选择单元格区域 B15:E15，设置单元格样式为【适中】样式，效果如图所示。

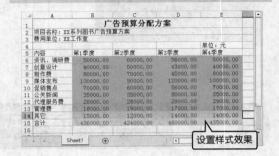

 ## 6.7.3 套用单元格标题样式

自动套用单元格中标题样式的具体操作步骤如下。

❶ 选择标题区域，单击【开始】选项卡下【样式】选项组中的【单元格样式】按钮 单元格样式·，在弹出的下拉菜单中单击【标题1】样式。

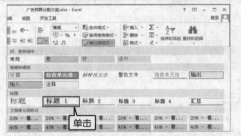

❷ 最终效果如图所示。

 ## 6.7.4 套用单元格数字样式

在 Excel 2013 中，单元格中输入的数据格式默认为右对齐，小数点保留 0 位。如果要快速改变数字样式，可以套用单元格数字样式，具体的操作步骤如下。

❶ 选择数据区域。单击【开始】选项卡【样式】选项组中的【单元格样式】按钮 单元格样式·，在弹出的下拉列表中选择【货币（0）】样式。

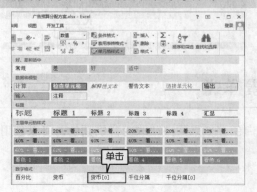

❷ 返回到工作表中，即可发现单元格数字的样式已经发生了变化。

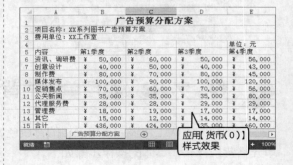

6.8 使用主题设置工作表

本节视频教学录像：2 分钟

Excel 2013 为用户提供了多种主题型式。在实际操作中，用户可以根据工作需要，选择恰当主题。

❶ 打开随书光盘中的"素材 \ch06\ 成绩表 . xlsx"文件，单击【页面布局】选项卡下【主题】选项组中的【主题】按钮，在弹出的下拉列表中选择【环保】样式。

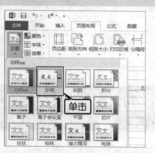

❷ 即可改变单元格中内容的主题样式。

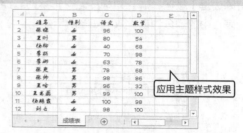

应用主题样式效果

提示 更改工作表主题样式后不仅单元格中的内容样式会发生改变，列标和行标的样式也将发生改变。

6.9 特殊表格的设计

本节视频教学录像：11 分钟

在日常工作中，某些工作表需要一些特殊的样式，比如斜线表头等。如何使用 Excel 2013 制作这类表格是我们这节着重需要介绍的。

❶ 启动 Excel 2013，创建一个空白工作表，在表格中输入如图所示内容，并分别设置"学科"、"成绩"和"姓名"为"右对齐"、"居中对齐"及"左对齐"。

	A	B	C	D
1	学科	语文	数学	英语
2	成绩			
3	姓名			
4	冯燕	80	89	69
5	赵慧	85	97	78
6	周铭	96	95	88
7	祝语	93	9	
8	费思淼	89	9	

设置单元格对齐方式

❷ 单击【开始】选项卡下【插图】选项组中的【形状】按钮，在弹出的列表中选择【直线】选项。

单击

❸ 在表格中按住鼠标左键拖曳，绘制出直线，如图所示。

	A	B	C	D
1	学科	语文	数学	英语
2	成绩			
3	姓名			
4	冯燕	80	89	69
5	赵慧	85	97	78
6	周铭	96	95	88
7	祝语	93	98	78
8	费思淼	89	96	82

绘制直线

❹ 使用同样方法绘制另一条直线。

	A	B	C	D
1	学科	语文	数学	英语
2	成绩			
3	姓名			
4	冯燕	80	89	69
5	赵慧	85	97	78
6	周铭	96	95	88
7	祝语	93	98	78
8	费思淼	89	96	82

绘制直线

❺ 合并单元格区域 B1:B3，C1:C3 和 D1:D3。

❻ 单击【开始】选项卡下【字体】选项组中的【擦除边框】按钮 🖊，当鼠标变为 🖊 形状时，擦除表格中的部分边框，效果如图所示。

❼ 撤消选中【视图】选项卡下【显示】选项组中的【网格线】和【标题】复选项，最终效果如下图所示。

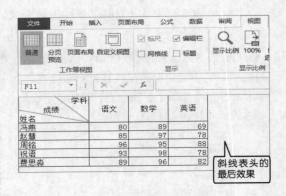

6.10 综合实战 1——美化物资采购表

本节视频教学录像：6 分钟

物资采购表是根据公司实际需求制定的采购计划表，只有公司相关领导批准签字才能生效，是公司物资采购的主要依据和凭证，因此必须掌握其制作方法，从而满足工作需要。准确地编制企业物资采购表，对于加强物资管理，保证企业所需，促进物资节约，降低产品成本，加速资金周转，都起着重要的作用。

【案例效果展示】

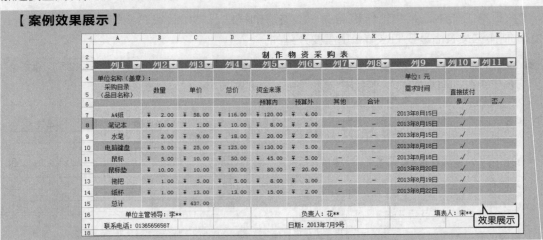

【案例涉及知识点】

❖ 设置单元格样式

❖ 快速套用表格样式

【操作步骤】

第 1 步：设置单元格格式

❶ 打开随书光盘中的"素材 \ch06\ 制作物资采购表 .xlsx"文件，选择单元格区域 C7:F15，在【开始】选项卡中，单击【数字】选项组中的【增加小数位数】按钮 🔢，效果如图所示。

选中单元格区域

❷ 选择 I 列，单击鼠标右键，在弹出的快捷菜单中选择【设置单元格格式】菜单项，弹出【设置单元格格式】对话框，在【数字】选项卡中选择【日期】选项，在右侧的【类型】列表中选择一种类型。

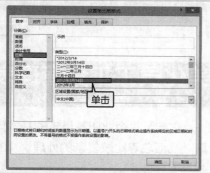

单击

❸ 单击【确定】按钮，即可将日期类型应用于 "I" 列，效果如图所示。

日期样式

第 2 步：套用表格样式

❶ 选择单元格区域 A3:K15，在【开始】选项卡中，单击【样式】选项组中的【套用表格格式】按钮 套用表格格式·右侧的下拉按钮，在弹出的列表中选择【中等深浅】中的一种。

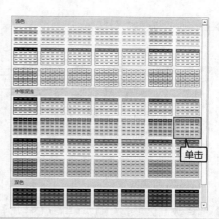

单击

❷ 弹出【套用表格式】对话框，单击选中【表包含标题】复选框。

选中

❸ 单击【确定】按钮，即可添加样式，同时在表格中调整列宽和行高。

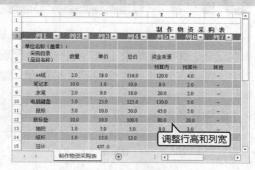

调整行高和列宽

第 3 步：设置单元格样式

❶ 选择标题区域，单击【样式】选项组中的【单元格样式】按钮 单元格样式·右侧的下拉按钮，在弹出的列表中选择【标题】中的【标题 1】选项。

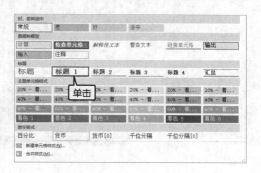

单击

❷ 即可改变标题的样式。

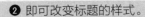

修改标题样式

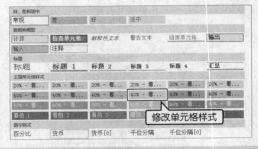

修改单元格样式

❸ 选择数据区域 B7:F15，单击【样式】选项组中的【单元格样式】按钮 右侧的下拉按钮，在弹出的列表中选择【数字格式】➤【货币】选项和【主题单元格样式】➤【40%，着色4】选项，即可改变单元格中数字的样式。

❹ 最终效果如图所示。

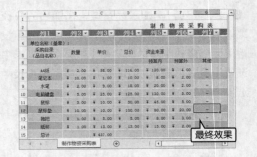

最终效果

6.11 综合实战 2——美化员工工资管理表

本节视频教学录像：4 分钟

员工工资管理是企业人力资源部门的主要工作之一，它涉及对企业所有员工的基本信息、基本工资、津贴、薪级工资等数据进行整理分类、计算以及汇总等比较复杂的处理。 在本案例中，使用 Excel 可以使管理变得简单、规范，并且提高工作效率。

【案例效果展示】

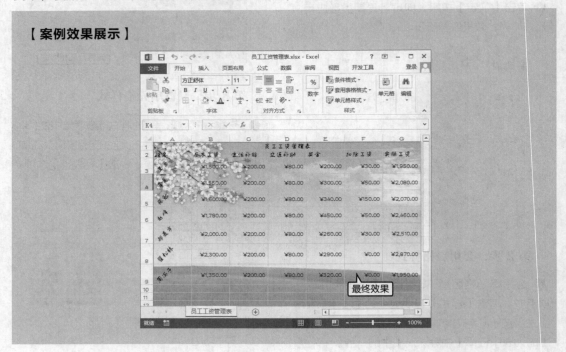

最终效果

【案例涉及知识点】

- ❖ 设置文本方向
- ❖ 设置主题样式
- ❖ 设置背景图案

【操作步骤】

第 1 步：设置文本方向

❶ 打开随书光盘中的"素材 \ch06\ 员工工资管理表 .xlsx"文件，选择单元格区域 A3:A9，单击【开始】选项卡下【对齐方式】组中的【方向】按钮，在弹出的下拉列表中选择【逆时针角度】选项。

❷ 效果如图所示。

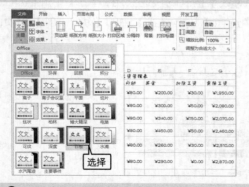

第 2 步：设置主题样式

❶ 单击【页面布局】选项卡下【主题】组中的【主题】按钮，在弹出的下拉列表中选择【石板】选项。

❷ 即可改变标题的样式。

应用【石板】主题效果

第 3 步：设置背景图案

❶ 单击【页面布局】选项卡下【页面设置】组中的【背景】按钮。

❷ 弹出【插入】对话框，在【来自文件】区域单击【浏览】按钮。

❸ 弹出【工作表背景】对话框，选择【图片 2.jpg】文件，然后单击【插入】按钮。

❹ 最终效果如图所示。

高手私房菜

📹 本节视频教学录像：2分钟

技巧1：自定义单元格样式

如果内置的快速单元格样式都不适合，可以自定义单元格样式。

❶ 在【开始】选项卡中，单击【样式】选项组中的【单元格样式】按钮📋单元格样式·右侧的下拉按钮，在弹出的列表选择【新建单元格样式】选项。

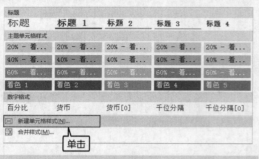

❷ 弹出【样式】对话框，输入样式名称。

❸ 单击【格式】按钮，在【设置单元格格式】对话框中设置数字、字体、边框、填充等样式。

❹ 单击【确定】按钮，新建的样式即可出现在【单元格样式】下拉列表中。

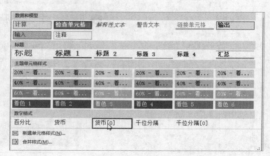

技巧2：快速套用数字格式

在 Excel 2013 内置的单元格样式中还包括了对数字格式的快速套用，单击【单元格样式】按钮📋单元格样式·右侧的下拉按钮，在弹出的下拉列表中选择【数字格式】中的【货币 [0]】选项，即可将选定的数字格式应用于单元格。

第 7 章

使数据一目了然——使用图表

本章视频教学录像：42 分钟

高手指引

使用图表不仅能使数据的统计结果更直观、更形象，而且能够清晰地反映数据的变化规律和发展趋势。通过本章的学习，用户可以对图表的类型、图表的组成、图表的操作以及图形操作等有进一步了解，在实际应用中，能够熟练掌握并能灵活运用。

重点导读

+ 掌握图表的特点及使用分析
+ 掌握创建图表的方法
+ 掌握图表的基本操作
+ 掌握迷你图的创建

7.1 图表的特点及使用分析

本节视频教学录像：4 分钟

图表可以非常直观地反映工作表与数据之间的关系，可以方便地对比与分析数据。用图表表示数据，可以使结果更加清晰、直观和易懂，为使用数据提供了方便。

1. 图表的特点

(1) 直观形象

利用下图的图表可以非常直观的显示每位同学两个学期的成绩进步情况。

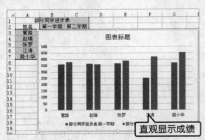

直观显示成绩

(2) 种类丰富

Excel 2013 提供了 10 种图表类型，每种图表类型又有很多子类型，还可以自己定义图表。用户可以根据实际情况选择原有的图表类型或者自定义图表。

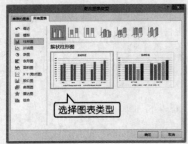

选择图表类型

(3) 双向联动

在图表上可以增加数据源，使图表和表格双相结合，从而更直观地表达丰富的含义。

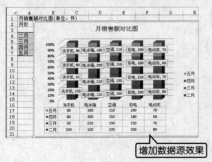

增加数据源效果

(4) 二维坐标

一般情况下，图表有两个用于对数据进行分类和度量的坐标轴，即分类（X）轴和数值（Y）轴。在 X、Y 上可以添加标题，从而更明确图表所表示的含义。

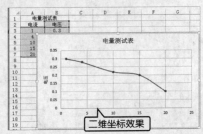

二维坐标效果

2. 图表的使用分析

软件 Excel 2013 提供了 11 种不同类型的图表，每种图表类型都有与之匹配的应用范围，下面我们着重介绍几种比较常用的图表的应用范围。

(1) 柱形图

柱形图是最普通的图表类型之一。柱形图把每个数据显示为一个垂直柱体，高度与数值相对应，值的刻度显示在垂直轴线的左侧。创建柱形图时可以设定多个数据系列，每个数据系列以不同的颜色表示。

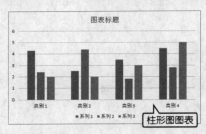

柱形图图表

(2) 折线图

折线图通常用来描绘连续的数据，对于标识数据趋势很有用。折线图的分类轴显示相等的间隔。

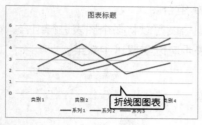

折线图图表

(3) 饼图

饼图是把一个圆面划分为若干个扇形面，每个扇形面代表一项数据值。饼图一般显示的数据系列适合表示数据系列中每一项占该系列总值的百分比。

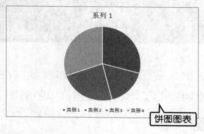

饼图图表

(4) 条形图

条形图类似于柱型图，实际上是顺时针旋转 90°的柱形图，主要强调各个数据项之间的差别情况。使用条形图的优点是分类标签更便于阅读。

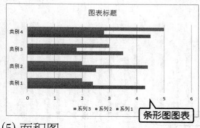

条形图图表

(5) 面积图

面积图是将一系列数据用线段连接起来，每条线以下的区域用不同的颜色填充。面积图强调幅度随时间的变化，通过显示所绘数据的总和，说明部分和整体的关系。

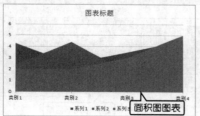

面积图图表

(6) xy 散点图

xy 散点图用于比较几个数据系列中的数值，或者将两组数值显示为 xy 坐标系中的系列。xy 散点图通常用来显示两个变量之间的关系。

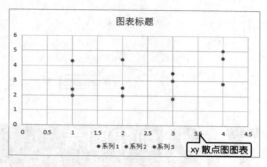

xy 散点图图表

(7) 股价图

股价图用来描绘股票的价格走势，对于显示股票市场信息很有用。这类图表需要 3 到 5 个数据系列。

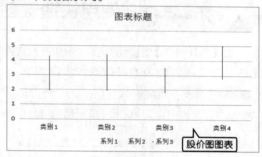

股价图图表

(8) 曲面图

曲面图是在曲面上显示两个或更多的数据系列。曲面中的颜色和图案用来指示在同一取值范围内的区域。数值轴的主要单位刻度决定使用的颜色数，每个颜色对应一个主要单位刻度。

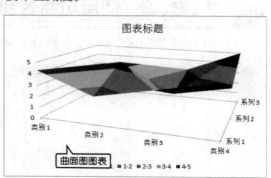

曲面图图表

(9) 雷达图

雷达图对于每个分类都有一个单独的轴线，轴线从图表的中心向外伸展，并且每个数据点的值均被绘制在相应的轴线上。

⑩ 组合图

组合图可以将多个图表进行组合，在一个图表中可以实现过中效果。

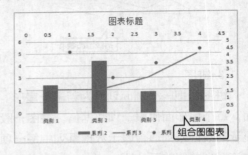

7.2 创建图表

本节视频教学录像：4 分钟

Excel 2013 可以创建嵌入式图表和工作表图表，嵌入式图表就是与工作表数据在一起或者与其他嵌入式图表在一起的图表，而工作表图表是特定的工作表，只包含单独的图表。

7.2.1 使用快捷键创建图表

按【Alt+F1】组合键可以创建嵌入式图表，按【F11】键可以创建工作表图表。使用快捷键创建工作表图表的具体操作步骤如下。

❶ 打开随书光盘中的"素材 \ch07\ 支出明细表 .xlsx"文件，选择 A2:E9 单元格区域。

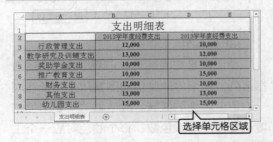

❷ 按【F11】键，即可插入一个名为"Chart1"的工作图表。

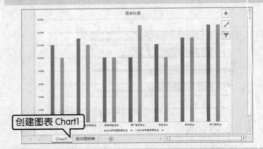

7.2.2 使用功能区创建图表

Excel 2013 功能区中包含了大部分常用的命令，使用功能区也可以方便地创建图表。

❶ 打开随书光盘中的"素材 \ch07\ 学校支出明细表 .xlsx"文件，选择 A2:E9 单元格区域。

❷ 在【插入】选项卡下的【图表】选项组中，单击【柱形图】按钮 ，在弹出的下拉列表框中选择【二维柱形图】中的【簇状柱形图】选项。

❸ 即可在该工作表中生成一个柱形图表，效果如图所示。

7.2.3 使用图表向导创建图表

上文介绍了使用快捷键创建图表和使用功能区创建图表，下面介绍另一种方法：使用图表向导创建图表。

❶ 打开随书光盘中的"素材 \ch07\ 学校支出明细表 .xlsx"文件，选择 A2:E9 单元格区域。在【插入】选项卡中单击【图表】选项组右下角的 按钮，弹出【插入图表】对话框。

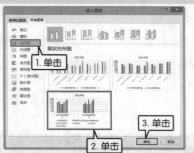

❷ 在【所有图表】列表中单击【柱形图】选项，选择右侧的【簇状柱形图】中的一种，单击【确定】按钮，效果如图所示。

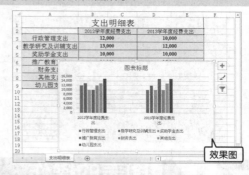

7.3 图表的构成元素

📽 本节视频教学录像：3 分钟

图表主要由图表区、绘图区、图表标题、数据标签、坐标轴、图例、数据表和背景等部分组成。

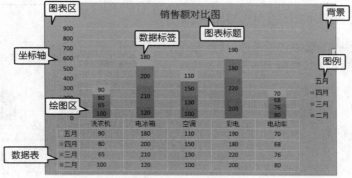

1. 图表区

整个图表以及图表中的数据称为图表区。在图表区中，当鼠标指针停留在图表元素上方时，Excel 会显示元素的名称，从而方便用户查找图表元素。

2. 绘图区

绘图区主要显示数据表中的数据，数据随着工作表中数据的更新而更新。

3. 图表标题

创建图表完成后，图表中会自动创建标题文本框，只需在文本框中输入标题即可。

4. 数据标签

图表中绘制的相关数据点的数据来自数据的行和列。如果要快速标识图表中的数据，可以为图表的数据添加数据标签，在数据标签中可以显示系列名称、类别名称和百分比。

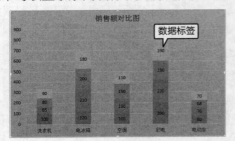

5. 坐标轴

默认情况下，Excel 会自动确定图表坐标轴中图表的刻度值，也可以自定义刻度，以满足使用需要。当在图表中绘制的数值涵盖范围较大时，可以将垂直坐标轴改为对数刻度。

6. 图例

图例用方框表示，用于标识图表中的数据系列所指定的颜色或图案。创建图表后，图例以默认的颜色来显示图表中的数据系列。

7. 数据表

数据表是反映图表中源数据的表格，默认的图表一般都不显示数据表。单击【图表工具】▶【设计】选项卡下【图表布局】组中的【添加图表元素】按钮，在弹出的下拉列表中选择【数据表】选项，在其子菜单中选择相应的选择即可显示数据表。

8. 背景

背景主要用于衬托图表，可以使图表更加美观。

7.4 图表的操作

本节视频教学录像：11 分钟

图表操作包括编辑图表、美化图表及显示与隐藏图表等。

7.4.1 向图表中添加数据

向图表中添加数据的具体操作步骤如下。

❶ 打开随书光盘中的"素材 \ch07\ 支出明细表 .xlsx"文件，选择 A2:E9 单元格区域，并创建柱形图。

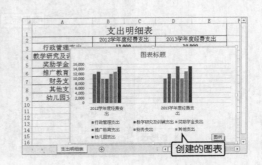

❷ 在 F2:F9 单元格区域输入如下数据内容。

❸ 选择图表，在【设计】选项卡下单击【数据】选项组中的【选择数据】按钮，弹出【选择数据源】对话框。

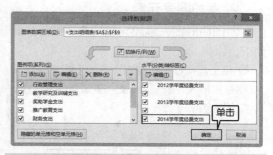

❹ 单击【图表数据区域】右侧的按钮，选择单元格区域 A2:F9，单击按钮返回【选择数据源】对话框，可以看到"2014 学年度经费支出"已经添加到【轴标签】的列表中了。

❺ 单击【确定】按钮完成添加，名称为"2014学年度经费支出"的数据列就添加到图表中了。

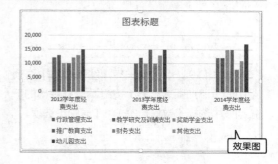

7.4.2 编辑图表

创建完图表之后，如果对创建的图表不是很满意，可以对图表进行编辑和修改。

1. 更改图表类型

如果创建图表时选择的图表类型不能直观的表达工作表中的数据，则可以更改图表的类型，具体操作步骤如下。

❶ 选择图表，在【设计】选项卡下【类型】选项组中单击【更改图标类型】按钮，弹出【更改图表类型】对话框。

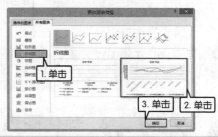

❸ 此时可看到表格中的柱形图已更换为折线图，效果如下图所示。

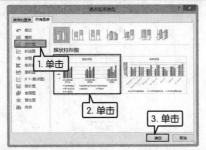

❷ 在【所有图表】选项卡下，选择【折线图】中的一种，单击【确定】按钮。

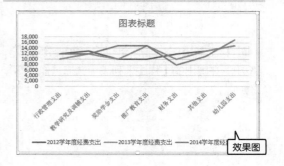

2. 添加图表元素

为创建的图表添加标题的具体操作步骤如下。

❶ 接上面操作，在图表上方的【图表标题】文本框中输入"支出明细表"，并设置字体大小，效果如下图所示。

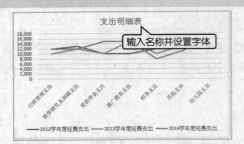

❷ 单击【设计】选项卡下【图表布局】选项组中的【添加图表元素】按钮，在弹出的下拉列表中选择【数据标签】➤【居中】选项。

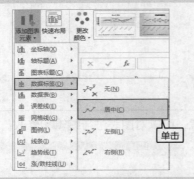

❸ 即可在图表中添加数据标签，效果如图所示。

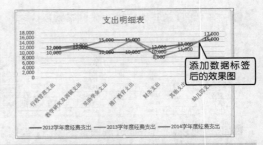

❹ 单击图表右侧的＋按钮，在弹出的【图表元素】列表中单击选中【数据表】复选框，然后在右侧的扩展菜单中选择【无图例项标示】选项。

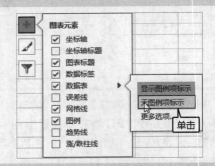

❺ 即可在图表中添加数据表，效果如图所示。

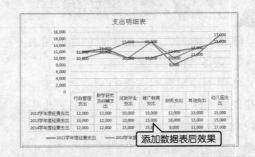

7.4.3 美化图表

美化图表不仅可以使图表看起来更美观，还可以突出显示图表中的数据，具体操作步骤如下。

❶ 接上节操作，选择绘图区，单击右侧的 按钮，在弹出的【样式】列表中选择"样式5"选项。

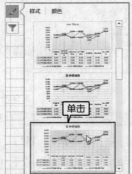

❷ 效果如图所示。

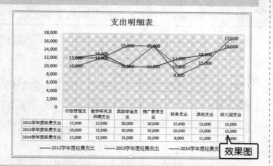
效果图

❸ 选择图表区，单击【图表工具】➤【格式】选项卡下【形状样式】组中的 ▾ 按钮，在弹出的列表中选择"细微效果 -橙色，强调颜色 6"选项。

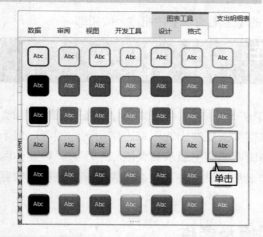
单击

❹ 效果如图所示。

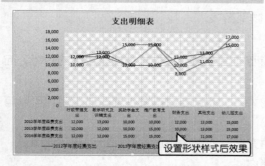
设置形状样式后效果

❺ 选择标题文本框，单击【图表工具】➤【格式】选项卡下【艺术字样式】组中的 ▾ 按钮，在弹出的列表中选择一种样式。

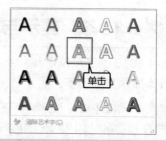
单击

❻ 单击【图表工具】➤【格式】选项卡下【形状样式】组中的【形状填充】按钮 🖌️形状填充 ▾ 右侧的下拉按钮，在弹出的列表中选择"红色，着色 2，淡色 80%"选项。

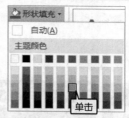
单击

❼ 单击【图表工具】➤【格式】选项卡下【形状样式】组中的【形状效果】按钮 🔷形状效果 ▾ 的下拉按钮，在弹出的列表中选择【预设】➤【预设】➤【预设 2】选项。

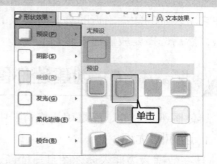
单击

❽ 设置后的效果如图所示。

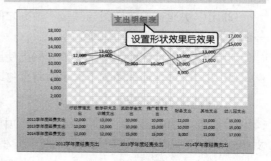
设置形状效果后效果

7·4·4 显示与隐藏图表

Excel 2013 除了可以创建和美化图表之外，还具有显示和隐藏图表的功能。显示和隐藏图表的具体操作步骤如下。

❶ 选择图表，单击【格式】选项卡下的【排列】选项组中的【选择窗格】按钮 选择窗格 ，在工作表右侧弹出【选择】窗口。

❷ 这里选择要隐藏的图表 2，单击【全部隐藏】按钮或 按钮，即可隐藏表格中的图表，效果如图所示。

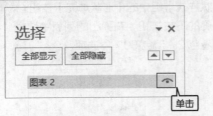

如果要取消隐藏，只需单击【选择】窗格中的【全部显示】按钮或 按钮即可。

7.5 迷你图的基本操作

本节视频教学录像：5 分钟

迷你图是一种小型图表，可放在工作表内的单个单元格中。由于其尺寸已经过压缩，因此，迷你图能够以简明且非常直观的方式显示大量数据集所反映出的图案。使用迷你图可以显示一系列数值的趋势，如季节性增长或降低、经济周期或突出显示最大值和最小值。将迷你图放在它所表示的数据附近时会产生最大的效果。 若要创建迷你图，必须先选择要分析的数据区域，然后选择要放置迷你图的位置。

7·5·1 创建迷你图的优点及条件

迷你图不是对象，而是单元格背景中的一个微型图表。

1. 迷你图优点

(1) 在数据旁边插入迷你图是一种通过清晰简明的图形表示方法显示相邻数据的趋势，而且迷你图只需占用少量空间。

(2) 可以快速查看迷你图与其基本数据之间的关系，而且当数据发生更改时，用户可以第一时间在迷你图中看到相应的变化。

(3) 通过在包含迷你图的相邻单元格上使用填充柄，为以后添加的数据行创建迷你图。

(4) 在打印包含迷你图的工作表时将会打印迷你图。

2. 创建迷你图条件

(1) 只有在 Excel 2010 及 Excel 2013 中创建的数据表才能创建迷你图，低版本 Excel 文档创建的数据表即使使用 Excel 2013 版本软件打开也无法创建迷你图。

(2) 创建迷你图需使用一行或一列作为数据源。但可同时为多行(列)数据创建一组迷你图。

7.5.2 创建迷你图的方法

用户可以为一行或一列单独创建迷你图，还可以创建一组迷你图。

1. 为一行一列创建迷你图

(1) 选择要创建迷你图的一行或一列。

(2) 单击【插入】选项卡下【迷你图】组中的图表按钮。

(3) 在打开的【创建迷你图】对话框中选择所需的数据以及放置迷你图的位置，单击【确定】按钮即可。

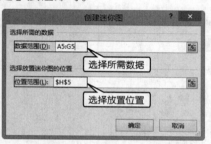

2. 创建一组迷你图

(1) 使用插入法创建。在【创建迷你图】对话框中选择所需的数据区域以及放置迷你图的位置区域，单击【确定】按钮。

(2) 使用填充法创建。为一行或一列创建迷你图后，使用数据填充的方法填充其他单元格区域。

(3) 使用组合法创建。按住【Ctrl】键的同时，选择要组合的迷你图单元格或单元格区域，单击【设计】选项卡下【分组】组中的【组合】按钮。

7.5.3 插入迷你图

迷你图是绘制在单元格中的一个微型图表，用迷你图可以直观地反映数据系列的变化趋势，创建迷你图的具体操作步骤如下。

❶ 打开随书光盘中的"素材 \ch07\ 月销量对比图 .xlsx"文件。

❷ 单击 F4 单元格，在【插入】选项卡下【迷你图】选项组中单击【折线图】按钮，弹出【创建迷你图】对话框。

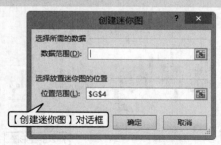

❸ 单击【数据范围】文本框右侧的按钮，选择 B4:E4 区域，单击按钮返回，可以看到 B4:E4 数据源已添加到【数据范围】中。单击【确定】按钮。

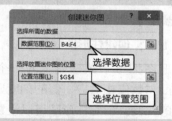

❹ 即可在 F4 单元格中创建折线迷你图，使用同样的方法创建其他迷你图，效果如下图所示。

			月销量对比图				
	月份		商品（单位：件）				迷你图效果
		洗衣机	电冰箱	空调	彩电	电动车	
	二月	100	120	100	200	80	
	三月	65	210	130	220	76	
	四月	80	200	150	180	68	
	五月	90	180	110	190	70	

7.6 综合实战 1——制作损益分析表

本节视频教学录像：6分钟

损益表又称为利润表，是反映企业在一定时期的经营成果及其分配情况的会计报表，是一段时间内公司经营业绩的财务记录，反映了这段时间的销售收入、销售成本、经营费用及税收状况，报表结果为公司实现的利润或形成的亏损。

【案例效果展示】

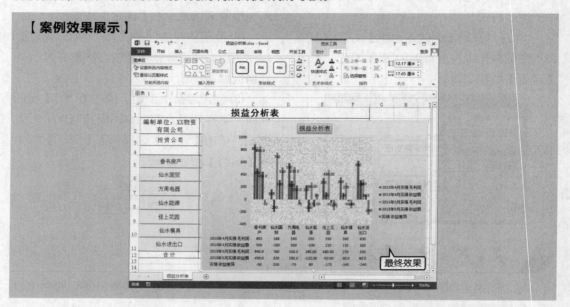

【案例涉及知识点】

- 创建柱形图表
- 添加图表元素
- 设置图表形状样式

【操作步骤】

第1步：创建柱形图表

柱形图把每个数据显示为一个垂直柱体，高度与数值相对应，值的刻度显示在垂直轴线的左侧。创建柱形图可以设置多个数据系列，每个数据系列以不同的颜色表示。具体操作步骤如下。

❶ 打开随书光盘中的"素材 \ch07\ 损益分析表 .xlsx"文件，选择 A3:F11 单元格区域。

❷ 单击【插入】选项卡下【图表】选项组中的【柱形图】按钮，在弹出的列表中选择【簇状柱形图】选项，即可插入柱形图。

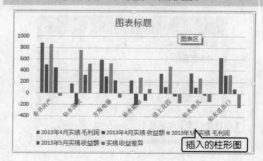

第 2 步：添加图表元素

在图表中添加图表元素，可以使图表更加直观、明了地表达数据内容。

❶ 选择图表，单击【图表工具】▶【设计】选项卡下【图表布局】组中的【添加图表元素】按钮 右下角的下拉按钮，在弹出的列表中选择【数据标签】▶【数据标签内】选项。

❷ 即可将数据标签插入到图表中。

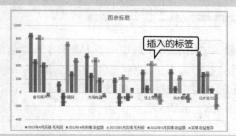

❸ 选择图表，单击【图表工具】▶【设计】选项卡下【图表布局】组中的【添加图表元素】按钮 右下角的下拉按钮，在弹出的列表中选择【图例】▶【右侧】选项，即可将图例移至图表右侧。

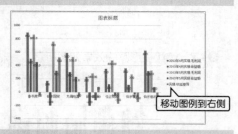

❹ 选择图表，单击【图表工具】▶【设计】选项卡下【图表布局】组中的【添加图表元素】按钮 右下角的下拉按钮，在弹出的列表中选择【数据表】▶【无图例项标示】选项，即可在图表中显示数据表。

❺ 在【图表标题】文本框中输入"损益分析表"字样，并设置字体的大小和样式，效果如下图所示。

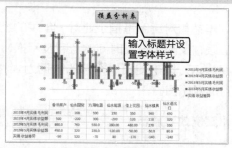

第 3 步：设置图表形状样式

为了使图表美观，可以设置图表的形状样式。Excel 2013 提供了多种图表样式，具体操作步骤如下。

❶ 选择图表，单击【图表工具】▶【格式】选项卡下【形状样式】组中的 按钮，在弹出的列表中选择一种样式应用于图表，效果如图所示。

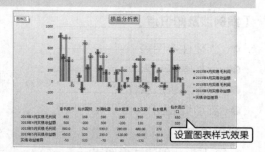

❷ 选择绘图区，单击【图表工具】▶【格式】选项卡下【形状样式】组中的 形状填充 按钮右侧的下拉按钮，在弹出的列表中选择【纹理】▶【新闻纸】选项，效果如图所示。

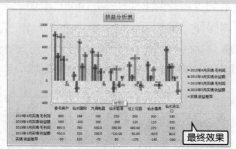

至此，一份完整的损益分析表已经制作完成了。

7.7 综合实战 2——制作年销售对比图

本节视频教学录像：7 分钟

年销售对比图是指企业对一年中的经营成果进行对比，是一年时间内公司经营业绩的财务记录，反映了这段时间的盈利及亏损，能够使公司通过对比图做出更好的发展策略。为了方便展示，以下使用 5 个月的数据为素材，制作销售对比图，读者可根据需要自行制作 12 个月的对比图。

【案例效果展示】

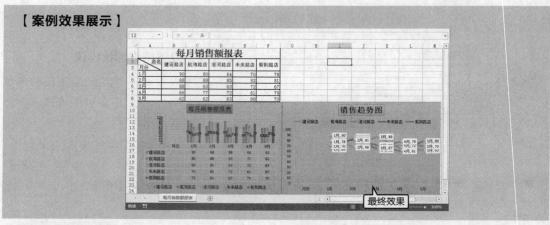

最终效果

【案例涉及知识点】

- ❖ 创建柱形图表
- ❖ 添加图表元素
- ❖ 设置图表形状样式
- ❖ 添加折线图

【操作步骤】

第 1 步：创建柱形图表

柱形图把每个数据显示为一个垂直柱体，高度与数值相对应，值的刻度显示在垂直轴线的左侧。创建柱形图可以设置多个数据系列，每个数据系列以不同的颜色表示。具体操作步骤如下。

❶ 打开随书光盘中的"素材 \ch07\ 每月销售额报表"文件，选择 A2:F8 单元格区域。

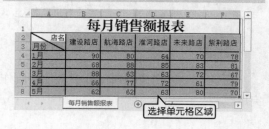

选择单元格区域

❷ 单击【插入】选项卡下【图表】选项组中的【柱形图】按钮 右侧的下拉按钮，在弹出的列表中选择【三维柱形图】➤【三维簇状柱形图】选项。

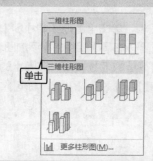

单击

❸ 插入簇状柱形图的效果如图所示。

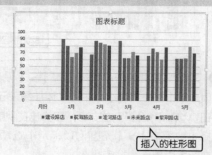

插入的柱形图

第 2 步：添加图表元素

在图表中添加图表元素，可以使图表更加直观、明了地表达数据内容。

❶ 选择图表，单击【图表工具】▶【设计】选项卡下【图表布局】组中的【添加图表元素】按钮 右下角的下拉按钮，在弹出的列表中选择【数据标签】▶【居中】选项。

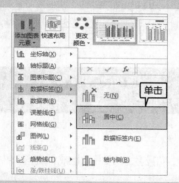

❷ 再次单击【添加图表元素】按钮，在弹出的列表中选择【数据表】▶【显示图例项标示】命令。

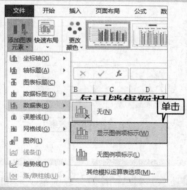

❸ 选中数据表中的【图表标题】文本框，输入标题"每月销售额报表"字样，单击【图标工具】下【格式】选项卡下【形状样式】组中的【其他】按钮，在弹出的下拉列表中选择一种样式。

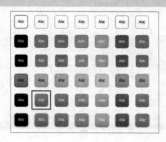

❹ 效果如图所示。

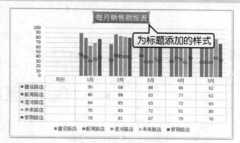

第 3 步：设置图表形状样式

为了使图表美观，可以设置图表的形状样式。Excel 2013 提供了多种图表样式。

选择图表，单击【图表工具】▶【格式】选项卡下【形状样式】组中的 按钮，在弹出的形状样式列表中选择一种样式，应用到图表后的效果如下图所示。

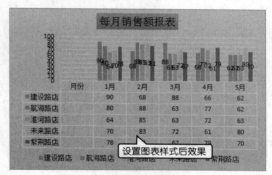

第 4 步：添加折线图

插入折线图，配合柱形图可以更好地显示出销售效益。

❶ 再次选择 A2:F8 单元格区域，单击【插入】选项卡下【图表】选项组中的【柱形图】按钮，在弹出的列表中选择【折线图】选项。

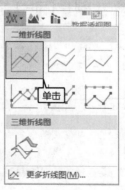

❷ 插入的折线图如图所示。

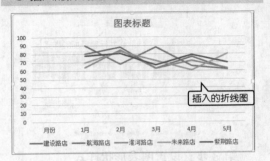

❸ 按照之前的方法设置折线图的样式，并移动折线图和柱形图的位置，如图所示。

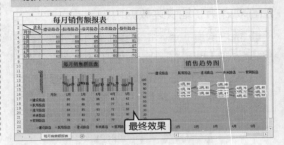

 高手私房菜

本节视频教学录像：2分钟

技巧：将图表变为图片

在实际应用中，有时会需要将图表变为图片或图形，如要发布到网上或粘贴到 PPT 中等。

❶ 打开随书光盘中的"素材 \ch07\ 食品销量图表 .xlsx"文件，选择图表，按【Ctrl+C】组合键复制图表。

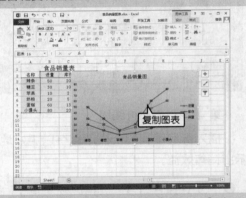

❷ 选择【开始】选项卡，在【剪贴板】选项组中单击【粘贴】按钮下的下拉箭头，在弹出的下拉列表中选择【图片】按钮。

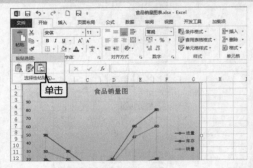

❸ 即可将图表以图片的形式粘贴到工作表中。

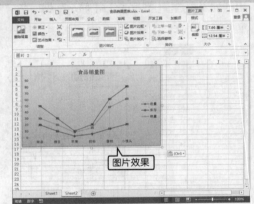

❹ 还可以在【格式】选项卡下对图片进行简单的编辑。

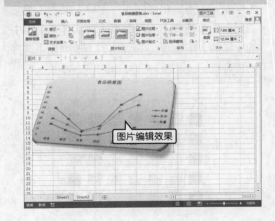

第

8

章

图文并茂——使用插图与艺术字

本章视频教学录像：31 分钟

高手指引

在工作表中，除了可以设置表格、美化表格外，还可以插入图片和艺术字，从而使表格显得更加漂亮、美观。

重点导读

+ 掌握插入图片、图形和艺术字的方法
+ 学会使用 SmartArt 图形
+ 了解插入屏幕截图的方法

8.1 插入图片

本节视频教学录像：4 分钟

在工作表中插入图片，可以使工作表更加生动形象。而所选图片既可以在磁盘上，也可以在网络驱动器上，甚至可以在 Internet 上。

8.1.1 插入本地图片

在 Excel 中插入本地图片的具体操作步骤如下。

❶ 新建 Excel 工作表，单击【插入】选项卡下【插图】选项组中的【图片】按钮。

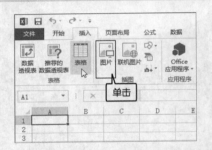

❷ 在弹出的【插入图片】对话框中选择图片存放的位置并选择要插入的图片，单击【插入】按钮。

❸ 即可将选择的图片插入到工作表中。

❹ 选择插入的图片，功能区会出现【图片工具】➤【格式】选项，在此选项卡下可以编辑插入的图片。

8.1.2 插入联机图片

在 Excel 中插入联机图片的具体操作步骤如下。

❶ 新建 Excel 工作表，单击【插入】选项卡下【插图】选项组中的【联机图片】按钮。

❷ 弹出【插入图片】对话框,在【Office 剪贴画】文本框中输入"生日",单击【搜索】按钮 。

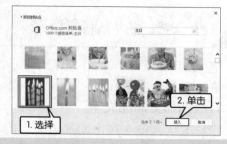

❹ 即可将选择的图片插入到工作表中。

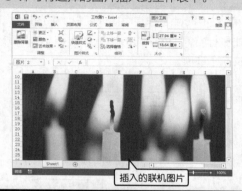

❸ 即可显示搜索结果,选择要插入工作表的联机图片,单击【插入】按钮。

8.2 插入自选图形

 本节视频教学录像:6 分钟

Excel 为用户提供了强大的绘图功能,利用 Excel 的绘图功能可绘制各种线条、基本形状、流程图和标注等。

8.2.1 绘制图形

在 Excel 中绘制图形的具体操作步骤如下。

❶ 新建 Excel 工作表,单击【插入】选项卡下【插图】选项组中的【形状】按钮,在弹出的下拉列表中选择要绘制的形状,这里选择"笑脸"形状。

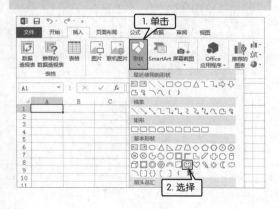

❷ 在工作表中选择要绘制形状的起始位置,按住鼠标左键并拖曳鼠标指合适位置,松开鼠标左键,即可完成形状的绘制。

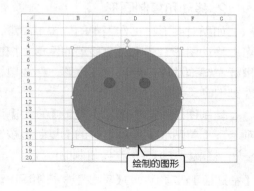

8.2.2 编辑图形

用户还可以对绘制的图形进行编辑，如在图形上添加文字、移动和复制图形以及旋转或翻转图形等。

1. 在图形上添加文字

许多形状具备在其上面插入文字的功能。

❶ 在 Excel 工作表中插入图形，在图形上单击鼠标右键，在弹出的快捷菜单中选择【编辑文字】选项。

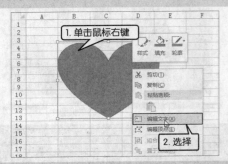

❷ 即可在图形中出现鼠标光标，在鼠标光处输入文字即可。

提示 当图形中包含文本时，单击即可进入编辑模式。若要退出编辑模式，确定图形被选中，按【Esc】键即可。

2. 移动和复制图形

如果对图形在工作表中的位置不满意，可以移动图形。选中需要移动的图形，按住鼠标左键拖动图形到满意的位置，释放鼠标左键即可。

复制图形：选中图形，单击【开始】选项卡下【剪贴板】选项组中的【复制】按钮，将鼠标光标定位在要复制的位置，单击【粘贴板】选项组中的【粘贴】按钮即可。

3. 旋转或翻转图形

旋转图形可以改变图形在工作表中的角度以满足用户的需要。翻转图形可以将图形旋转至任意的角度。

❶ 选中要旋转的图形，在形状上会出现 1 个节点。当鼠标指针放置在节点上时，鼠标指针变成 ↻ 形状，按住鼠标左键并拖曳即可任意角度旋转形状。

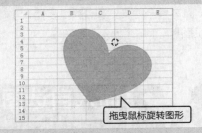

❷ 释放鼠标左键即可完成旋转操作。

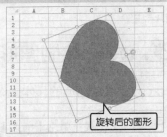

提示 如果按住【Ctrl】键再旋转图形，则以选择的图形的中心为旋转中心进行旋转。

❸ 也可以选择图形后，单击【格式】选项卡下【排列选项组中的【旋转对象】按钮，在弹出的下拉菜单中设置旋转的方向和角度。

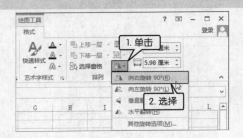

8.2.3 美化图形

为了使绘制的图形更加美观，可以通过设置图形效果，给图形填充颜色、绘制边框以及添加阴影和三维效果等。调整图形的颜色并为图形添加棱台效果的具体操作步骤如下。

❶ 选择绘制的图形，单击【格式】选项卡下的【形状样式】选项组中的【形状填充】按钮 🖫形状填充·，在弹出的下拉列表中选择一种形状颜色。

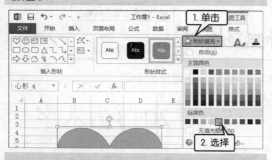

❷ 即可更改图形的颜色。

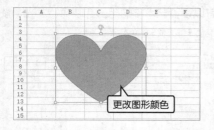

❸ 单击【格式】选项卡下【形状样式】选项组中的【形状效果】按钮 ◎形状效果·，在弹出的下拉列表中选择【棱台】选项中的【圆】选项。

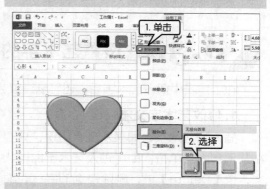

❹ 即可为图形设置棱台效果。

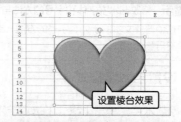

8.3 插入艺术字

📽 本节视频教学录像：4 分钟

在工作表中除了可以插入图形外，还可以插入艺术字。艺术字是一个文字样式库，用户可以将艺术字插入工作表中，制作出装饰性效果。

 8.3.1 添加艺术字

在工作表中添加艺术字的具体操作步骤如下。

❶ 在 Excel 中单击【插入】选项卡下【文本】选项组中的【艺术字】按钮 A艺术字，在弹出的下拉列表中选择一种艺术字样式。

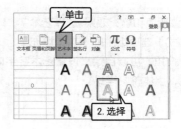

❷ 即可在工作表中插入艺术字文本框。

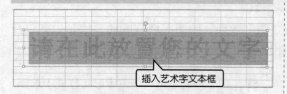

插入艺术字文本框

❸ 将鼠标光标定位在工作表的艺术字文本框中，删除预定的文字，输入作为艺术字的文本。

输入文本

❹ 单击工作表中的任意位置，即可完成艺术字的输入。

单击任意位置完成输入

 8.3.2 设置艺术字的种类及格式

在工作表中插入艺术字后，还可以设置艺术字的种类、位置及大小等。

1. 修改艺术字文本

插入的艺术字，如果发现有错误，只要在艺术字内部单击，即可进入艺术字编辑状态，按【Delete】键，删除错误的字符，输入正确的字符即可。

 提示 修改艺术字字体和字号的方法与设置单元格中普通文本的字体、字号的方法一致，这里不再赘述。

2. 设置艺术字样式

❶ 选择艺术字，单击【格式】选项卡下【艺术字样式】选项组中的【快速样式】按钮，在弹出的下拉列表中选择需要的样式。

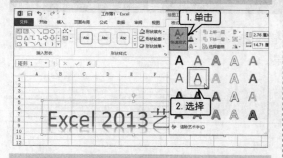

❷ 设置颜色和填充效果。选择艺术字，单击【艺术字样式】选项组中的【文本填充】、【文本轮廓】按钮，可以自定义设置艺术字字体的填充样式，字体轮廓样式。

❸ 设置文字效果。单击【艺术字样式】选项组中的【文本效果】按钮，在弹出的快捷菜单中可以设置艺术字的阴影、映像、发光、棱台、三维旋转以及转换效果。

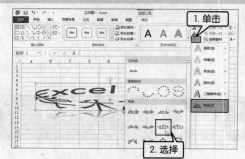

3. 设置艺术字格式

以上的设置都可以在【设置形状格式】窗格中进行设置。

❶ 选择要设置的艺术字，单击鼠标右键，在弹出的快捷菜单中选择【设置形状格式】选项。

选择

❷ 在工作表右侧弹出【设置形状格式】窗格，利用对话框中的相应功能选项，设置艺术字的格式。

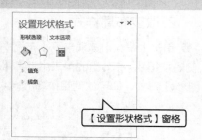

【设置形状格式】窗格

❸ 设置完毕后，单击【关闭】按钮返回工作表即可。

> **提示** 还可以单击艺术字，在艺术字文本框上出现 8 个控制点，拖动 4 个角上的控制点可以等比例缩放艺术字。拖动 4 条边上的控制点，可以在横向或纵向上拉伸或压缩艺术字文本框的大小。

8.4 使用 SmartArt 图形

本节视频教学录像：5 分钟

SmartArt 图形是数据信息的艺术表示形式。可以在多种不同的布局中创建 SmartArt 图形，以便快速、轻松、高效地表达信息。

8.4.1 创建 SmartArt 图形

在创建 SmartArt 图形之前，应清楚需要通过 SmartArt 图形表达什么信息以及是否希望信息以某种特定方式显示。创建 SmartArt 图形的具体操作步骤如下。

❶ 单击【插入】选项卡下【插图】选项组中的【SmartArt】按钮 ，弹出【选择 SmartArt 图形】对话框。

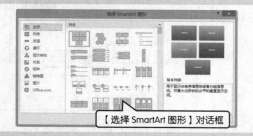

【选择 SmartArt 图形】对话框

❷ 选择左侧列表中的【层次结构】选项，在右侧的列表框中选择【组织结构图】选项，单击【确定】按钮。

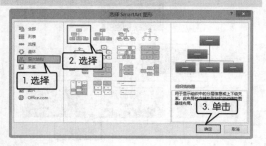

❸ 即可在工作表中插入选择的 SmartArt 图形。

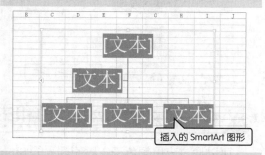

插入的 SmartArt 图形

❹ 在【在此处键入文字】窗格中添加如下图所示的内容，SmartArt 图形会自动更新显示的内容。

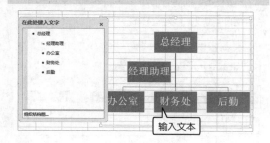

输入文本

8.4.2 改变 SmartArt 布局

可以通过改变 SmartArt 图形的布局来改变外观，以使图形更能体现出层次结构。

1. 改变悬挂结构

❶ 选择 SmartArt 图形的最上层形状。

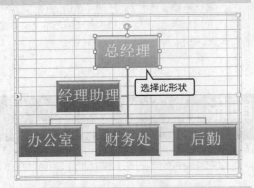

❷ 在【设计】选项卡下【创建图形】选项组中，单击【布局】按钮，在弹出的下拉菜单中选择【左悬挂】形式。

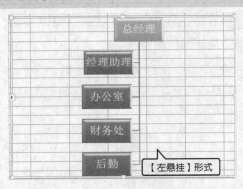

2. 改变布局样式

❶ 单击【设计】选项卡下【布局】选项组右侧的按钮，在弹出的类表中选择【水平层次结构】形式，即可快速更改 SmartArt 图形的布局。

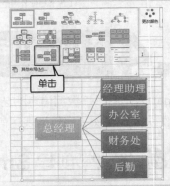

❷ 也可以在列表中选择【其他布局】，在弹出的【选择 SmartArt 图形】对话框中选择需要的布局样式。

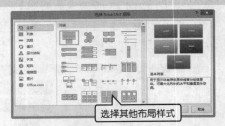

8.4.3 应用颜色和主题

可以通过应用颜色和主题使插入的 SmartArt 图形更加美观，具体的操作步骤如下。

❶ 选中 SmartArt 图形，在【设计】选项卡的【SmartArt 样式】选项组中单击右侧的【其他】按钮，在弹出的下拉列表中选择【三维】组中的【优雅】类型样式。

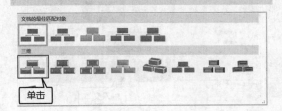

❷ 即可更改 SmartArt 图形的样式。

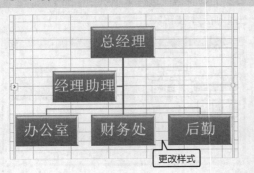

❸ 单击【设计】选项卡【SmartArt 样式】选项组中的【更改颜色】按钮，在弹出的下拉列表中选择【彩色】选项组中的一种样式。

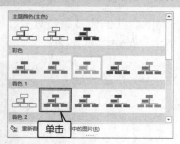

❹ 更改 SmartArt 图形颜色后的效果如图所示。

 ### 8.4.4 调整 SmartArt 图形的大小

SmartArt 图形作为一个对象，可以方便地调整其大小。

选择 SmartArt 图形后，其周围将出现一个边框，将鼠标指针移动到边框上，如果指针变为双向箭头时，拖曳鼠标即可调整其大小。

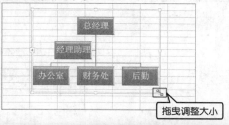

8.5 屏幕截图

本节视频教学录像：2 分钟

Excel 自带了屏幕截图功能，如果需要截当前的操作，则不必使用第三方截图软件。

❶ 单击【插入】选项卡下【插图】选项组中的【屏幕截图】按钮，弹出的下拉列表中显示了当前打开的窗口的截图，单击即可将其插入到工作表中。

❷ 如果要截取范围，选择下拉列表中的【屏幕剪辑】选项，即可使用十字光标在窗口中选择截取范围，并插入到 Excel 工作表中。

8.6 综合实战——公司内部组织结构图

本节视频教学录像：8 分钟

通过公司内部组织结构图，可以清楚地了解一家公司的内部结构及职责划分，使员工明确自己在组织内的工作，增强组织的协调性，提高公司的工作效率。

【案例效果展示】

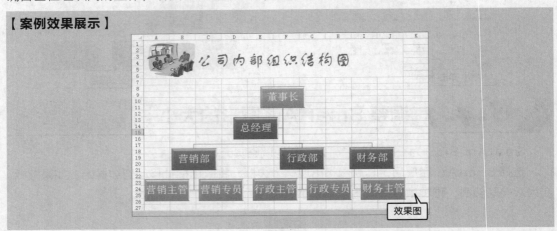

效果图

【案例涉及知识点】

- 输入文字并设置字体格式
- 插入剪贴画
- 插入 SmartArt 图形
- 设置 SmartArt 图形格式

【操作步骤】

第 1 步：输入文字并设置字体格式

本节主要涉及 Excel 2013 的一些基本操作，如输入文字、设置字体格式等内容。

❶ 新建 Excel 工作表，选择 A1:J6 单元格区域，单击【开始】选项卡下【对齐方式】选项组中的【合并后居中】按钮 合并后居中 。

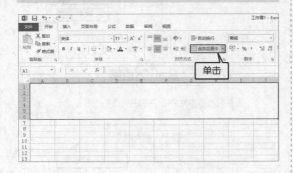

单击

❷ 在单元格中输入标题"公司内部组织结构图"，并设置其【字体】为"方正舒体"，【字号】为"36"，【颜色】为"绿色，着色 6，深色 25%"。

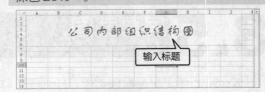

输入标题

第 2 步：插入剪贴画

本节主要涉及插入剪贴画、设置剪贴画大小及位置等内容。

❶ 单击【插入】选项卡下【插图】选项组中的【联机图片】按钮，在弹出的【插入图片】对话框的【Office 剪贴画】文本框中输入"公司"，单击【搜索】按钮 。

插入图片

2. 单击

Office.com 剪贴画
免费版税的照片和插图

公司

必应 Bing 图像搜索
搜索 Web

1. 输入搜索内容

❷ 即可显示搜索结果，选择要插入工作表的联机图片，单击【插入】按钮。

❸ 即可在工作表中插入剪贴画，调整剪贴画大小及位置后如下图所示。

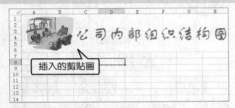

第 3 步：插入 SmartArt 图形

本节主要涉及插入 SmartArt 图形、输入文本及添加形状等内容。

❶ 单击【插入】选项卡下【插图】选项组中的【SmartArt】按钮，弹出【选择 SmartArt 图形】对话框，选择【层次结构】选项组中的【组织结构图】选项，单击【确定】按钮。

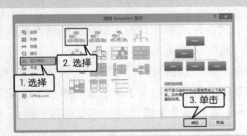

❷ 即可在工作表中插入 SmartArt 图形，输入文字后如下图所示。

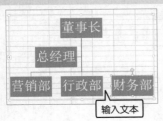

❸ 选择【营销部】形状，单击【设计】选项卡下【创建图形】选项组中的【添加形状】按钮，在弹出的下拉列表中选择【添加助理】选项。

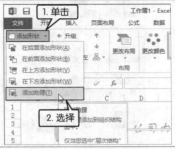

提示 【添加助理】选项只有在选择【层次结构】选项组的【组织结构图】时才可以使用。

❹ 即可在【营销部】下方添加形状，在形状内输入文字。

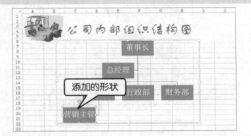

❺ 使用同样的方法添加形状并输入文字后如下图所示。

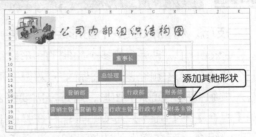

第 4 步：设置 SmartArt 图形格式

本节主要涉及设置SmartArt 图形颜色、调整 SmartArt 图形的大小及位置等内容。

❶ 选择 SmartArt 图形，单击【设计】选项卡下【SmartArt样式】选项组中的【其他】按钮，在弹出的下拉列表中选择【优雅】选项。

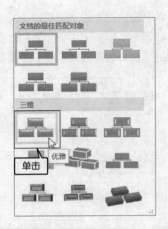

单击

优雅

❷ 即设置 SmartArt 图形的样式。

设置样式

❸ 单击【设计】选项卡下【SmartArt 样式】选项组中的【更改颜色】按钮，在弹出的下拉列表中选择一种主题样式，即可为图形设置颜色。

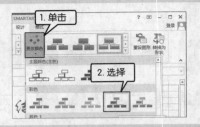

1. 单击

2. 选择

❹ 调整 SmartArt 图形大小及位置后如下图所示，保存制作好的工作表。

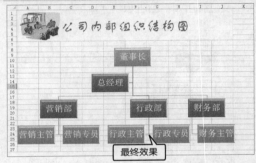

最终效果

至此，公司内部组织结构图就制作完成了。

高手私房菜

本节视频教学录像：2 分钟

技巧：将插入的多个图形组合起来

Excel 可以把两个或多个绘制的图形以组合的形式合并成单个对象，组合后的图形成为了一个整体，对这组图形的操作就如同对一个形状进行操作一样。

要组合两个或多个图形，可选择需要组合的图形后单击鼠标右键，在弹出的快捷菜单中选择【组合】➤【组合】选项即可；若在弹出的快捷菜单中选择【组合】➤【取消组合】选项则可取消组合；若在弹出的快捷菜单中选择【组合】➤【重新组合】选项则可将图形重新组合。

选择

第3篇
公式与函数篇

第

9

章

快速计算——公式的应用

本章视频教学录像：45 分钟

高手指引

公式和函数是 Excel 的重要组成部分，具有非常强大的计算功能，为用户分析和处理工作表中的数据提供了很大的方便。本章主要学习公式的输入和使用方法。

重点导读

+ 认识公式
+ 掌握使用引用的方法
+ 掌握单元格命名的方法

9.1 认识公式

本节视频教学录像：3 分钟

在 Excel 2013 中，应用公式可以帮助分析工作表中的数据，例如对数值进行加、减、乘、除等运算。

9.1.1 基本概念

公式就是一个等式，是由一组数据和运算符组成的序列。使用公式时必须以等号"="开头，后面紧接数据和运算符。下图为应用公式的两个例子。

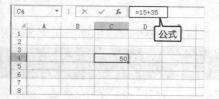

例子中体现了 Excel 公式的语法，即公式以等号 "=" 开头，后面紧接数据和运算符，数据可以是常数、单元格引用、单元格名称和工作表函数等。

> **提示** 函数是 Excel 软件内置的一段程序，完成预定的计算功能，或者说是一种内置的公式。公式是用户根据数据的统计、处理和分析的实际需要，利用函数式、引用、常量等参数，通过运算符号连接起来，完成用户需求的计算功能的一种表达式。

9.1.2 运算符

在 Excel 中，运算符分为 4 种类型，分别是算术运算符、比较运算符、文本运算符和引用运算符。

1. 算术运算符

算术运算符主要用于数学计算，其组成和含义如表所示。

算术运算符名称	含义	示例
+（加号）	加	6+8
－（减号）	"减"及负数	6 - 2 或 - 5
/（斜杠）	除	8/2
*（星号）	乘	5*6
%（百分号）	百分比	45%
^（脱字符）	乘幂	2^3

2. 比较运算符

比较运算符主要用于数值比较，其组成和含义如表所示。

119

比较运算符名称	含义	示例
＝（等号）	等于	A1=B2
＞（大于号）	大于	A1>B2
＜（小于号）	小于	A1<B2
＞=（大于等于号）	大于等于	A1>=B2
＜=（小于等于号）	小于等于	A1<=B2
＜＞（不等号）	不等于	A1<>B2

3. 引用运算符

引用运算符主要用于合并单元格区域，其组成和含义如表所示。

引用运算符名称	含义	示例
：（比号）	区域运算符，对两个引用之间包括这两个引用在内的所有单元格进行引用	A1:E1(引用从 A1 到 E1 的所有单元格)
，（逗号）	联合运算符，将多个引用合并为一个引用	SUM(A1:E1,B2:F2) 将 A1:E1 和 B2:F2 这两个合并为一个
（空格）	交叉运算符，产生同时属于两个引用的单元格区域的引用	SUM(A1:F1 B1:B3) 只有 B1 同时属于两个引用 A1:F1 和 B1:B3

4. 文本运算符

文本运算符只有一个文本串连字符"&"，用于将两个或多个字符串连接起来，如表所示。

文本运算符名称	含义	示例
&（连字符）	将两个文本连接起来产生连续的文本	"好好"&"学习"产生"好好学习"

9.1.3 运算符优先级

如果一个公式中包含多种类型的运算符号，Excel 则按表中的先后顺序进行运算。如果想改变公式中的运算优先级，可以使用括号"( )"实现。

运算符（优先级从高到低）	说明
：（比号）	域运算符
，（逗号）	联合运算符
（空格）	交叉运算符
－（负号）	例如 - 10
％（百分号）	百分比
^（脱字符）	乘幂
*和/	乘和除
+和-	加和减
&	文本运算符
=,>,<,>=,<=,<>	比较运算符

9.2 快速计算的方法

本节视频教学录像：3 分钟

在 Excel 2013 中，不使用功能区中的选项也可以快速地完成单元格的计算。

9.2.1 自动显示计算结果

自动计算的功能就是自动显示选定的单元格区域中数据的总和，使用自动求和功能的具体操作步骤如下。

❶ 打开随书光盘中的"素材 \ch09\ 工资表 .xlsx"文件，选择单元格区域 D3:D13, 在状态栏上右击，在弹出的快捷菜单中选择【求和】菜单项。

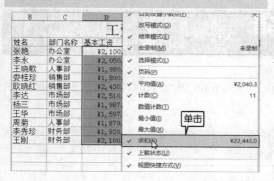

❷ 此时任务栏中即可显示汇总求和的结果。

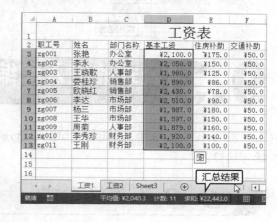

9.2.2 自动求和

在日常工作中，最常用的计算是求和，Excel 将它设定成工具按钮，放在【开始】选项卡的【编辑】选项组中，该按钮可以自动设定对应的单元格区域的引用地址，具体的操作步骤如下。

❶ 打开随书光盘中的"素材 \ch09\ 工资表 .xlsx"文件，选择单元格 D14。

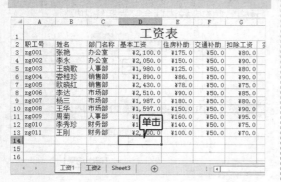

❷ 在【开始】选项卡中，单击【编辑】选项组中的【自动求和】按钮Σ·右侧的倒三角箭头，在弹出的下拉列表中选择【求和】选项。

❸ 求和函数 SUM() 即会出现在单元格 D14 中，并且有默认参数 D3:D13，表示求该区域的数据总和，单元格区域 D3:D13 被虚线框包围，在此函数的下方会自动显示有关该函数的格式及参数。

❹ 单击编辑栏上的【输入】按钮✓，或者按【Enter】键，即可在 D14 单元格中计算出 D3:D13 单元格区域中数值的和。

9.3 公式的输入和编辑

📹 本节视频教学录像：7 分钟

在 Excel 2013 中，应用公式可以帮助分析工作表中的数据，例如对数值进行加、减、乘、除等运算。

9.3.1 输入公式

在单元格中输入公式的方法可分为手动输入和单击输入。

1. 手动输入

在选定的单元格中输入"="，并输入公式"3+5"。输入时字符会同时出现在单元格和编辑栏中，按【Enter】键后该单元格会显示出运算结果"8"。

2. 单击输入

单击输入公式更简单快捷，也不容易出错。例如，在单元格 C1 中输入公式"=A1+B1"，可以按照以下步骤进行单击输入。

❶ 分别在 A1、B1 单元格中输入"3"和"5"，选择 C1 单元格，输入"="。

❷ 单击单元格 A1，单元格周围会显示一个活动虚框，同时单元格引用会出现在单元格 C1和编辑栏中。

❸ 输入"加号（+）"，单击单元格 B1。单元格 B1 的虚线边框会变为实线边框。

❹ 按【Enter】键后效果如下图所示。

9·3·2 审核和编辑公式

单元格中的公式也像单元格中的其他数据一样可以进行修改、复制和移动等编辑操作，还可以审核输入的格式。

1. 编辑公式

在进行数据运算时，如果发现输入的公式有误，可以对其进行编辑，具体操作步骤如下。

❶ 新建一个文档，输入如图所示内容，在 C1 单元格中输入公式"=A1+B1"，按【Enter】键计算出结果。

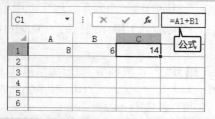

❷ 选择 C1 单元格，在编辑栏中对公式进行修改，如将"=A1+B1"改为"=A1*B1"。按【Enter】键完成修改，结果如下图所示。

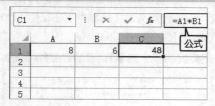

2. 审核公式

利用 Excel 提供的审核功能，可以方便地检查工作表中涉及到公式的单元格之间的关系。

当公式使用引用单元格或从属单元格时，检查公式的准确性或查找错误的根源会很困难，而 Excel 提供有帮助检查公式的功能。可以使用【追踪引用单元格】和【追踪从属单元格】按钮，以追踪箭头显示或追踪单元格之间的关系。追踪单元格的具体操作步骤如下。

❶ 新建一个文档，分别在 A1、B1 单元格中输入"45"和"51"，在 C1 单元格中输入公式"=A1+B1"，按【Enter】键计算出结果。

❷ 选中 C1 单元格，单击【公式】选项卡下【公式审核】选项组中的【追踪引用单元格】按钮 。

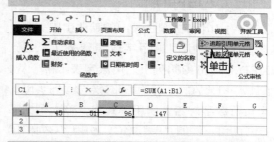

❸ 在 C1 单元格中按【Ctrl+C】组合键，在 D1 单元格中按【Ctrl+V】组合键完成复制。选中 C1 单元格，单击【公式】选项卡下【公式审核】选项组中的【追踪从属单元格】按钮 。

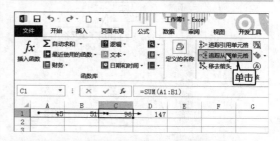

❹ 要移去工作表上的所有追踪箭头，单击【公式】选项卡下【公式审核】组中的【移去箭头】按钮 ，或单击【移去箭头】按钮右侧的下拉按钮，在弹出的下拉菜单汇总选择移去箭头的不同方式即可。

> **提示** 使用 Excel 提供的审核功能，还可以进行错误检查和监视窗口等，这里不再一一赘述。

9.4 认识单元格的引用

本节视频教学录像：9 分钟

单元格的引用就是单元格地址的引用，就是把单元格的数据和公式联系起来。

9.4.1 单元格引用与引用样式

单元格引用有不同的表示方法，既可以通过直接使用相应的地址来表示，也可以用单元格的名字来表示。用地址来表示单元格引用有两种样式：一种是A1引用样式，另一种是R1C1引用样式。

1. A1引用样式

A1引用样式是Excel的默认引用类型。这种类型的引用是用字母表示列（从A到XFD，共16,384列），用数字表示行（从1到1,048,576）。引用的时候先写列字母，再写行数字。若要引用单元格，输入列标和行号即可。例如，单元格C10引用了C列和10行交叉处的单元格。

如果引用单元格区域，可以输入该区域左上角单元格的地址、比例号（：）和该区域右下角单元格的地址。图中单元格D14公式中引用了单元格区域D3:D13。

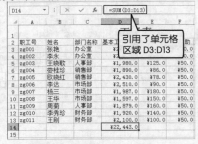

2. R1C1引用样式

在R1C1引用样式中，用R加行数字和C加列数字表示单元格的位置。若表示相对引用，行数字和列数字都用中括号"[ ]"括起来；如果不加中括号，则表示绝对引用。

> **提示** R 代表 Row，是行的意思；C 代表 Column，是列的意思。R1C1 引用样式与 A1 引用样式中的绝对引用等价。

启用R1C1引用样式的具体步骤如下。

❶ 选择【文件】➤【选项】选项，在弹出的【Excel 选项】对话框左侧列表中选择【公式】选项，在【使用公式】区域中单击选中【R1C1引用样式】复选框。

❷ 单击【确定】按钮，启用 R1C1 引用样式。如图所示，单元格 R13C6 的公式表示为"=SUM(R[-11]C:R[-1]C)"。

9.4.2 相对引用和绝对引用

正确地理解和恰当地使用相对引用和绝对引用这两种引用样式，对用户使用公式有极大的帮助。

1. 相对引用

相对引用是指单元格的引用会随公式所在单元格位置的变更而改变。复制公式时，系统不是把原来的单元格地址原样照搬，而是根据公式原来的位置和复制的目标位置来推算出公式中单元格地址相对原来位置的变化。默认情况下，公式使用的是相对引用。

❶ 在【Excel 选项】对话框中撤消选中【R1C1引用样式】复选框。选中 H3 单元格，输入公式"=D3+E3+F3-G3"，按【Enter】键确认。

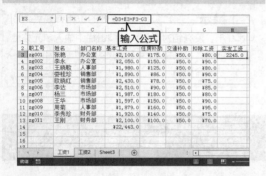

❷ 移动鼠标指针到单元格 G3 的右下角，当指针变成"+"形状时向下拖动鼠标至单元格 H4，H4 单元格的公式则会变为"=D4+E4+F4-G4"。按照同样的方法填充其他的单元格公式，填充效果如下图所示。

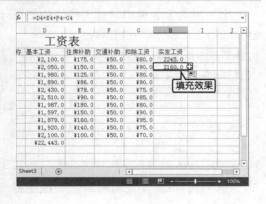

2. 绝对引用

绝对引用是指在复制公式时，无论如何改变公式的位置，其引用单元格的地址都不会改变。绝对引用的表示形式是在普通地址的前面加"$"，如 C1 单元格的绝对引用形式是$C$1。

❶ 选中 H5 单元格，输入公式"=D$5+$E$5+$F$5-$G$5"，按【Enter】键。

❷ 移动鼠标指针到单元格 H5 的右下角，当指针变成"+"形状时向下拖至单元格 H6，公式仍然为"=D$5+$E$5+$F$5-$G$5"，即表示为绝对引用。

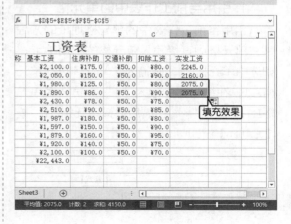

9·4·3 混合引用

除了相对引用和绝对引用，还有混合引用，也就是相对引用和绝对引用的共同引用。当需要固定行引用而改变列引用，或者固定列引用而改变行引用时，就要用到混合引用，即相对引用部分发生改变，绝对引用部分不变。例如，$B5、B$5都是混合引用。

❶ 选中单元格 H7，并输入公式"=D7+E7+$F$7-$G$7"。

❷ 单击【Enter】键，然后移动鼠标指针到单元格 H7 的右下角，当指针变成"+"形状时，向下拖至单元格 H8，公式则变为"=D8+E8+$F$7-$G$7"。

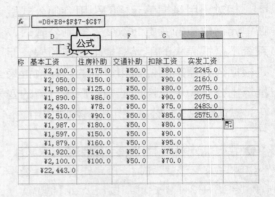

> **提示** 工作簿和工作表中的引用都是绝对引用，没有相对引用；在编辑栏中输入单元格地址后，可以按【F4】键来切换"绝对引用"、"混合引用"和"相对引用"3 个状态。

9.5 使用引用

本节视频教学录像：6 分钟

引用的使用分为4种情况，即引用当前工作表中的单元格、引用当前工作簿中其他工作表中的单元格、引用其他工作簿中的单元格和引用交叉区域。

1. 引用当前工作表中的单元格

引用当前工作表中的单元格地址的方法是在单元格中直接输入单元格的引用地址。如选中单元格C3，并输入"="，选择单元格A1，在编辑栏中输入"+"；再选择单元格B1，输入"+"；最后选择单元格C1，按【Enter】键即可。

2. 引用当前工作簿中其他工作表中的单元格

引用当前工作簿中其他工作表中的单元格，即跨工作表的单元格地址引用。

❶ 打开随书光盘中"素材 \ch09\ 工资表 .xlsx"，在 H13 单元格中输入"=D13+E13+ F13-G13"。

❷ 单击【工资 2】标签，选择工作表中的单元格 H3，按【Enter】键，即可在工作表"Sheet3"中的单元格 D3 中计算出跨工作表单元格引用的数据。

3. 引用其他工作簿中的单元格

对多个工作簿中的单元格数据进行引用的具体操作步骤如下。

❶ 新建一个空白工作簿，选择单元格 A1，在编辑栏中输入"="。

❷ 切换到"工资表 .xlsx"文件的【工资 1】工作表中，选择单元格 H3，然后在编辑栏中输入"+"，选择【工资 2】工作表中的单元格 H2。

❸ 按【Enter】键，即可计算出"工资表 .xlsx"文件的【工资 1】工作表中张艳的实发工资和【工资 2】工作表中张艳的其他工资总和。

4. 引用交叉区域

在工作表中定义多个单元格区域，或者两个区域之间有交叉的范围，可以使用交叉运算符来引用单元格区域的交叉部分。例如，两个单元格区域 A1:C8 和 C6:E11，它们的相交部分可以表示成"A1:C8 C6:E11"。

> **提示** 交叉运算符就是一个空格，也就是将两个单元格区域用一个（或多个）空格分开，就可以得到这两个区域的交叉部分。

9.6 单元格命名

📹 本节视频教学录像：1 分钟

在 Excel 编辑栏中的名称文本框中输入名字后按【Enter】键，即可为单元格命名。

❶ 选中 A3 单元格，单击鼠标右键，在弹出的快捷菜单中选择【定义名称】选项。

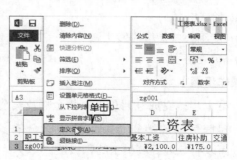

❷ 弹出【新建名称】对话框，在【名称】文本框中输入文本"职工号"，单击【确定】按钮。

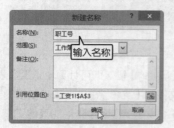

❸ 如图所示，A3 单元格的名称由之前的"A3"修改成了"职工号"。

9.7 综合实战 1——制作员工工资表

本节视频教学录像：7 分钟

员工工资表是公司根据每位员工每月所创造的销售额来计算工资的一种表格。员工每个月的销售业绩好，公司获得的利润就高，相应员工得到的销售奖金也就越多。根据工资表中的数据，员工可以清楚地看到自己工资中的奖惩及工资来源。

【案例效果展示】

最终效果

【案例涉及知识点】

- 🔹 输入公式
- 🔹 使用公式计算应发工资
- 🔹 单元格引用

【操作步骤】

第 1 步：完成 9 月份的销售金额及奖金

根据员工的销售金额来拟定奖金的多少，可以有效地提高员工的积极性。

❶ 打开随书光盘中的"素材 \ch09\ 员工工资表 .xlsx"文件，选中单元格 F3，在编辑栏中输入公式"=D3*E3"，按【Enter】键，得出结果。

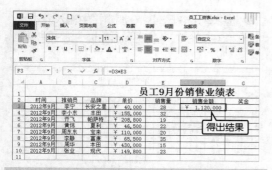

② 移动鼠标指针到单元格 F3 的右下角，当指针变成 "+" 形状时向下拖动鼠标至单元格 F10，即可快速填充销售金额数据。

③ 在单元格 F13 中输入公式 "=F3+F4+F5+F6+F7+F8+F9+F10" 按【Enter】键，即可计算出 9 月份的总销售金额。

④ 选中单元格 G3，在编辑栏中输入公式 "=F3*0.03%"，按【Enter】键，得出结果。并快速填充单元格区域 G3:G10，效果如下图所示。

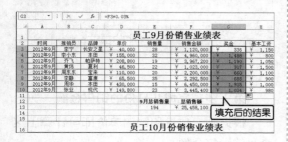

第2步：计算9月份和10月份员工应发工资

奖金计算完成之后，基本工资加奖金和补贴金，扣除处罚的款项，即为员工实发工资。

❶ 选中单元格 J3，在编辑栏中输入公式 "=G3+H3+I3"，按【Enter】键，得出结果。

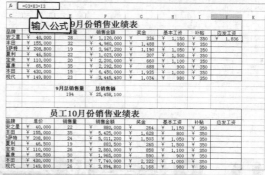

❷ 移动鼠标指针到单元格 J3 的右下角，当指针变成 "+" 形状时，向下拖动鼠标至单元格 J10，即可快速填充 9 月份员工应发工资数据。

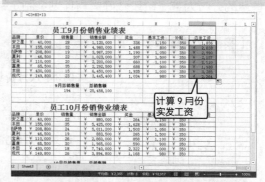

❸ 使用同样的方法计算 10 月份员工应发工资。

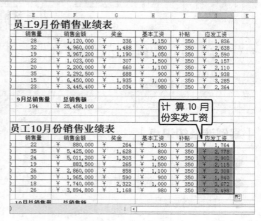

第3步：计算总销售量和总销售额

❶ 选中单元格 C34，在编辑栏中输入公式"=E13+E28"，按【Enter】键，得出结果。

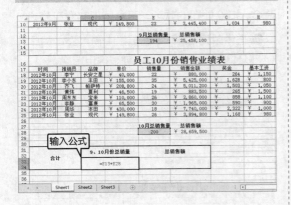

❷ 选中单元格 E34，在编辑栏中输入公式"=F13+F28"，按【Enter】键，得出结果。

至此，员工工资表制作完成，将其保存即可。

9.8 综合实战 2——制作产品销量报告

本节视频教学录像：5 分钟

产品销售报告可以显示出公司在一段时间内的产品销售量，以及通过对现阶段的产品销售量的分析为下一阶段做好销售计划及制定销售目标，使公司做足产品销售的准备。

【案例效果展示】

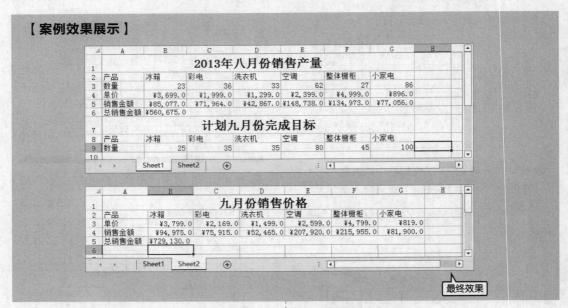

【案例涉及知识点】

- 输入公式
- 使用公式计算销售金额
- 单元格引用

【操作步骤】

第 1 步：完成八月份的销售金额

根据销售数量和销售单价即可计算出这个月的销售金额。

❶ 打开随书光盘中的"素材 \ch09\ 产品销量报告 .xlsx"文件，选择 B5 单元格，在编辑栏中输入公式"=B3*B4"，按【Enter】键，得出结果。

❷ 移动鼠标指针到单元格 B5 的右下角，当指针变成"+"形状时向下拖动鼠标至单元格 G5，即可快速填充销售金额数据。

❸ 选择 B6 单元格，在编辑栏中输入公式"=B5+C5+D5+E5+F5+G5"，按【Enter】键，得出结果。

第 2 步：完成九月份预计的销售额

设定九月份销售的目标额，督促员工完成所拟定的销售目标，可以更好地为企业带来销售利润。

❶ 选择【Sheet2】工作表，选中单元格 B4，在编辑栏中输入"="，然后单击 B3 单元格，再次输入"*"。

❷ 选择【Sheet1】工作表，在【Sheet1】工作表中单击 B9 单元格，按【Enter】键。

❸ 移动鼠标指针到单元格 B4 的右下角，当指针变成"+"形状时，向下拖动鼠标至单元格 G4，即可快速填充销售金额数据。

❹ 选择 B5 单元格，在编辑栏中输入公式"=B4+C4+D4+E4+F4+G4"，按【Enter】键，得出结果。

高手私房菜

📽 本节视频教学录像：4 分钟

技巧 1：公式显示的错误原因分析

如果使用公式无法正确地计算结果，Excel 会显示错误值，每种错误类型都有不同的原因和不同的解决方法。下表针对这些错误进行了详细的描述。

显示的错误原因	说明
##### 错误	当某列不足够宽而无法在单元格中显示所有的字符，或者单元格包含负的日期或时间值时，Excel 将显示此错误。例如，用过去的日期减去将来的日期的公式（如 =09/20/2013-10/22/2013），将得到负的日期值
#DIV/0! 错误	当一个数除以零 (0) 或不包含任何值的单元格时，Excel 将显示此错误
#N/A 错误	当某个值不可用于函数或公式时，Excel 将显示此错误
#NAME? 错误	当 Excel 无法识别公式中的文本时，将显示此错误。例如，区域名称或函数名称可能拼写错误
#NULL! 错误	当指定两个不相交的区域的交集时，Excel 将显示此错误。交集运算符是分隔公式中的引用的空格字符
#NUM! 错误	当公式或函数包含无效数值时，Excel 将显示此错误
#REF! 错误	当单元格引用无效时，Excel 将显示此错误。例如，您可能删除了其他公式所引用的单元格，或者可能将已移动的单元格粘贴到其他公式所引用的单元格上
#VALUE! 错误	如果公式所包含的单元格有不同的数据类型，Excel 将显示此错误。如果启用了公式的错误检查，则屏幕提示会显示"公式中所用的某个值是错误的数据类型"。通常，通过对公式进行较少的更改即可修复此错误

技巧 2：查看部分公式的运行结果

如果一个公式过于复杂，可以查看各部分公式的运算结果，具体的操作步骤如下。

❶ 在工作表中输入如图所示的内容，并在 C3 单元格中输入公式"=A2+A4-A3+A5"，按【Enter】键，即可在 C3 中显示运算结果。

❷ 在编辑栏的公式中选择"A2+A4-A3"，按【F9】键，即可显示此公式的部分运算结果。

第

10 章

Excel 预定义的公式——函数

本章视频教学录像：58 分钟

本章导读

面对大量的数据，如果逐个计算、处理，会浪费大量的人力和时间，灵活使用公式和函数可以大大提高数据分析的能力和效率。本章主要介绍函数的使用方法，通过对各种函数类型的学习，可以熟练掌握常用函数的使用技巧和方法，并能够举一反三，灵活运用。

重点导读

+ 认识函数
+ 函数的输入和编辑
+ 熟悉函数类型

10.1 认识函数

本节视频教学录像：6分钟

函数是 Excel 的重要组成部分，有着非常强大的计算功能，为用户分析和处理工作表中的数据提供了很大的方便。

10.1.1 基本概念

Excel 中所提到的函数其实是一些预定义的公式，它们使用一些被称为参数的特定数值按特定的顺序或结构进行计算。每个函数描述都包括一个语法行，它是一种特殊的公式，所有的函数必须以等号"="开始，它是预定义的内置公式，必须按语法的特定顺序进行计算。

【插入函数】对话框为用户提供了一个使用半自动方式输入函数及其参数的方法。使用【插入函数】对话框可以保证正确的函数拼写，以及顺序正确且确切的参数个数。

打开【插入函数】对话框有以下3种方法。

(1) 在【公式】选项卡中，单击【函数库】选项组中的【插入函数】按钮。

(2) 单击编辑栏中的【插入】按钮。

(3) 按【Shift+F3】组合键。

【插入函数】对话框

10.1.2 函数的组成

在 Excel 中，一个完整的函数式通常由3部分构成，分别是标识符、函数名称、函数参数，其格式如下。

1. 标识符

在单元格中输入计算函数时，必须先输入"="，这个"="称为函数的标识符。如果不输入"="，Excel 通常将输入的函数式作为文本处理，不返回运算结果。

2. 函数名称

函数标识符后面的英文是函数名称。大多数函数名称是对应英文单词的缩写。有些函数名称是由多个英文单词（或缩写）组合而成的，例如，条件求和函数 SUMIF 是由

求和 SUM 和条件 IF 组成的。

3. 函数参数

函数参数主要有以下几种类型。

(1) 常量参数

常量参数主要包括数值（如 123.45）、文本（如计算机）和日期（如 2013-5-25）等。

(2) 逻辑值参数

逻辑值参数主要包括逻辑真（TRUE）、逻辑假（FALSE）以及逻辑判断表达式（例如，单元格 A3 不等于空表示为"A3<>()"）的结果等。

(3) 单元格引用参数

单元格引用参数主要包括单个单元格的引用和单元格区域的引用等。

(4) 名称参数

在工作簿文档中各个工作表中自定义的名称，可以作为本工作簿内的函数参数直接引用。

(5) 其他函数式

用户可以用一个函数式的返回结果作为另一个函数式的参数。对于这种形式的函数式，通常称为"函数嵌套"。

(6) 数组参数

数组参数可以是一组常量（如 2、4、6），也可以是单元格区域的引用。

 10.1.3　函数的分类

Excel 2013 提供了丰富的内置函数，按照函数的应用领域分为 13 大类，用户可以根据需要直接进行调用，常用的函数类型如下表所示。

函数类型	作用
财务函数	进行一般的财务计算
日期和时间函数	可以分析和处理日期及时间
数学与三角函数	可以在工作表中进行简单的计算
统计函数	对数据区域进行统计分析
查找与引用函数	在数据清单中查找特定数据或查找一个单元格引用
文本函数	在公式中处理字符串
数据库函数	分析数据清单中的数值是否符合特定条件
逻辑函数	进行逻辑判断或者复合检验
信息函数	确定存储在单元格中数据的类型
工程函数	用于工程分析
多维数据集函数	用于从多维数据库中提取数据集和数值
WEB 函数	通过网页链接直接用公式获取数据

10.2　函数的输入和编辑

📽 本节视频教学录像：7 分钟

Excel 函数是一些已经定义好的公式，大多数函数是经常使用的公式的简写形式。函数通过参数接收数据并返回结果。大多数情况下返回的是计算的结果，也可以返回文本、引用、逻辑值或数组等。

 10.2.1　在工作表中输入函数

输入函数后，可以对函数进行相应的修改。在 Excel 2013 中，输入函数的方法有手动输入和使用函数向导输入两种方法。

手动输入和输入普通的公式一样，这里不再介绍。下面介绍使用函数向导输入函数，具体的操作步骤如下。

❶ 启动 Excel 2013，新建一个空白文档，在单元格 A1 中输入"-100"。

❷ 选择 A2 单元格，单击【公式】选项卡下【函数库】选项组中的【插入函数】按钮，弹出【插入函数】对话框。在对话框的【或选择类别】列表框中选择【数学与三角函数】选项，在【选择函数】列表框中选择【ABS】选项（绝对值函数），列表框下方会出现关于该函数的简单提示，单击【确定】按钮。

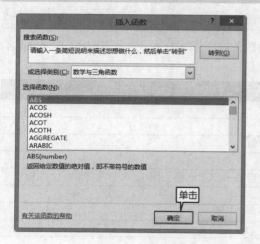

❸ 弹出【函数参数】对话框，在【Number】文本框中输入 "A1"，单击【确定】按钮。

❹ 单元格 A1 的绝对值即可求出，并显示在单元格 A2 中。

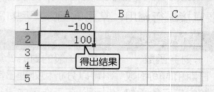

> **提示** 对于函数参数，可以直接输入数值、单元格或单元格区域引用，也可以用鼠标在工作表中选定单元格或单元格区域。

10.2.2 复制函数

函数的复制通常有两种情况，即相对复制和绝对复制。

1. 相对复制

所谓相对复制，就是将单元格中的函数表达式复制到一个新单元格中后，原来函数表达式中相对引用的单元格区域，随新单元格的位置变化而做相应的调整。

进行相对复制的具体操作步骤如下。

❶ 打开随书光盘中的 "素材 \ch10\ 职工工资表 .xlsx" 文件，在单元格 G2 中输入 "=SUM(C2:F2)" 并按【Enter】键，计算 "实发工资"。

❷ 在【开始】选项卡中，单击【剪贴板】选项组中的【复制】按钮，或者按【Ctrl+C】组合键，选择 G3:G12 单元格区域，然后单击【剪贴板】选项组中的【粘贴】按钮，或者按【Ctrl+V】组合键，即可将函数复制到目标单元格，计算出其他员工的 "实发工资"。

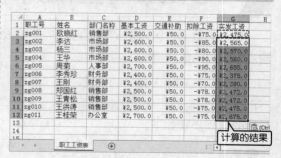

2. 绝对复制

所谓绝对复制，就是将单元格中的函数表达式复制到一个新单元格中后，原来函数表达式中绝对引用的单元格区域，不随新单元格的位置变化而做相应的调整。

进行绝对复制的具体操作步骤如下。

❶ 打开随书光盘中的"素材 \ch10\ 职工工资表 .xlsx"文件，在单元格 G2 中输入"=SUM($C$2:$F$2)"并按【Enter】键，计算"实发工资"。

❷ 在【开始】选项卡中，单击【剪贴板】选项组中的【复制】按钮，或者按【Ctrl+C】组合键，选择 G3:G12 单元格区域，然后单击【剪贴板】选项组中的【粘贴】按钮，或者按【Ctrl+V】组合键，即可将函数复制到目标单元格，计算出其他员工的"实发工资"。

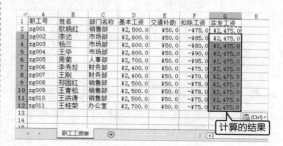

 ## 10.2.3 修改函数

如果要修改函数表达式，可以选定修改函数所在的单元格，将光标定位在编辑栏中的错误处，利用【Delete】键或【Backspace】键删除错误内容，然后输入正确内容即可。例如，上一小节中绝对复制的表达式如果输入错误，即将"$C$2"误输入为"$C￥2"，具体的修改步骤如下。

❶ 选定需要修改的单元格，将鼠标定位在编辑栏中的错误处。

❷ 按【Backspace】键删除错误内容，并输入正确内容。

❸ 按【Enter】键即可得出正确结果。

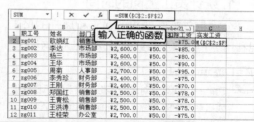

10.3 文本函数

📽 本节视频教学录像：3 分钟

文本函数是在公式中处理文字串的函数，主要用于查找、提取文本中的特定字符、转换数据类型以及结合相关的文本内容等。本节使用【TEXT】函数将数字转换为文本格式并添加货币符号，具体的操作步骤如下。

工作量按件计算，每件 10 元。假设员工的工资组成包括基本工资和工作量。月底时，公司需要把员工的工作量转换为收入，加上基本工资进行当月工资的核算。

提示 【TEXT】函数

功能：设置数字格式并将其转换为文本函数。将数值转换为按指定数字格式表示的文本。

格式：TEXT（value,format-text）。

参数：value 表示数值，计算结果为数值的公式，也可以是对包含数字的单元格的引用；format-text 作为用引号括起的文本字符串的数字格式。

❶ 打开随书光盘中的"素材 \ch10\Text.xlsx"文件。选择单元格 E3，在单元格中输入公式"=TEXT(C3+D3*10,"￥#.00")"，按【Enter】键，即可完成工资收入的计算。

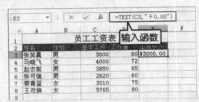

❷ 利用快速填充功能，完成对其他员工的绩效考核成绩的判断。

10.4 日期与时间函数

本节视频教学录像：3 分钟

日期和时间函数主要用来获取相关的日期和时间信息，经常用于日期的处理。其中，"=NOW()"可以返回当前系统的时间。

1. 统计员工上岗的时间

公司每年都有新来的员工和离开的员工，现利用【YEAR】函数统计员工上岗的年份。

提示 【YEAR】函数

功能：返回某日对应的年份函数。显示日期值或日期文本的年份，返回值的范围为 1900~9999 的整数。

格式：YEAR(serial-number)。

参数：serial-number 为一个日期值，其中包含需要查找年份的日期。

❶ 打开随书光盘中的"素材 \ch10\Year.xlsx"文件。选择单元格 D3，在单元格中输入公式"=YEAR(C3)"，按【Enter】键，即可计算出上岗年份。

❷ 利用快速填充功能，完成其他单元格的操作。

2. 统计网络使用时间

根据网络的连接时间和断开时间计算上网的时间，不足 1 小时则舍去。

提示 【HOUR】函数

功能：返回时间值的小时数函数。计算某个时间值或者代表时间的序列编号对应的小时数。

格式：HOUR((serial_number)。

参数：serial_number 表示需要计算小时数的时间，这个参数的数据格式是所有 Excel 可以识别的时间格式。

❶ 打开随书光盘中的"素材 \ch10\Hour. xlsx"文件。选择单元格 D3，在单元格中输入公式"=HOUR(C3-B3)"，按【Enter】键，即可计算出网络使用的小时数。

❷ 利用快速填充功能，完成其他单元格的操作。

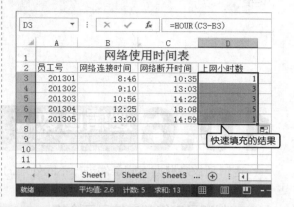

10.5 财务函数

本节视频教学录像：5 分钟

财务函数作为 Excel 中的常用函数之一，为财务和会记核算（记账、算账和报账）提供了很多方便。

公司于 2013 年购两台大型机器，A 机器为 52 万元，折旧期限为 5 年，资产残值为 6 万元；B 机器为 48 万元，折旧期限为 7 年，资产残值为 3.5 万元，利用【DB】函数计算这两台机器每一年的折旧值。

提示 【DB】函数

功能：使用固定余数递减法，计算资产在一定期间内的折旧值。

格式：DB(cost,salvage,life,period,month)。

参数：cost 为资产原值，用单元格或数值来指定；salvage 为资产在折旧期末的价值，用单元格或数值来指定；life 为固定资产的折旧期限；period 为计算折旧值的期间；month 为购买固定资产后第一年的使用月份数。

❶ 打开随书光盘中的"素材 \ch10\Db.xlsx"文件，并设置 B8:C12 的数字格式为【货币】格式，小数位数为"0"。

❷ 在单元格 B8 中输入公式"=DB（$B$2, $B$3,$B$4,A8,$B$5）"，按【Enter】键即可计算出机器 A 第一年的折旧值。

❸ 在单元格 C8 中输入公式"=DB（$C$2, $C$3,$C$4,A8,$C$5）"，按【Enter】键即可计算出机器 B 第一年的折旧值。

❹ 利用快速填充功能，完成其他年限的折旧值。

			5	7
4	折旧年限：		5	7
5	月份：		8	8
7	使用年限	机器A的折旧值	机器B的折旧值	
8	1	¥121,680	¥110,080	
9	2	¥139,810	¥127,252	
10	3	¥90,737	¥83,478	
11	4	¥58,888	¥54,761	
12	5	¥38,218	¥35,923	
13				
14				

快速填充的结果

10.6 逻辑函数

本节视频教学录像：4 分钟

逻辑函数是根据不同条件进行不同处理的函数，条件格式中使用比较运算符指定逻辑式，并用逻辑值表示结果。

1. 判断员工绩效考核是否合格

如果总分大于等于 200 分显示为合格，否则显示为不合格。这里使用【IF】函数。

提示 【IF】函数

功能：根据对指定条件的逻辑判断的真假结果，返回相对应的内容。

格式：IF(Logical,Value_if_true,Value_if_false)。

参数：Logical 代表逻辑判断表达式；Value_if_true 表示当判断条件为逻辑"真（TRUE）"时的显示内容，如果忽略此参数，则返回"0"；Value_if_false 表示当判断条件为逻辑"假（FALSE）"时的显示内容，如果忽略返回"FALSE"。

❶ 打开随书光盘中的"素材 \ch10\IF.xlsx"文件，在单元格 E2 中输入公式"=IF（D2>=60,"合格","不合格"）"，按【Enter】键即可显示单元格 G2 是否为合格。

G3 | =IF(F2)=200,"合格","不合格")

成绩合格表　输入函数

	A	B	C	D	E	F	G
1				成绩合格表			
2	学号	姓名	数学	英语	哲学	总成绩	是否合格
3	0612	关利	90	65	59	214	合格
4	0604	赵锐	56	64	66	186	
5	0602	张磊	65	57	58	180	
6	0608	江涛	65	75	85	225	
7	0603	陈晓华	68	66	57	191	
8	0606	李小林	70	90	80	240	
9	0609	成军	78	48	75	201	
10	0613	王军	78	61	56	195	
11	0601	王天	85	92	88	265	
12	0607	王征	85	85	88	258	
13	0605	李阳	90	80	85	255	
14	0611	陆洋	95	83	65	243	

❷ 利用快速填充功能，完成对其他员工的绩效考核成绩的判断。

G3 | =IF(F2)=200,"合格","不合格")

快速填充的结果

	A	B	C	D	E	
1				成绩合格表		
2	学号	姓名	数学	英语	哲学	总成绩 是否合格
3	0612	关利	90	65	59	214 合格
4	0604	赵锐	56	64	66	186 不合格
5	0602	张磊	65	57	58	180 不合格
6	0608	江涛	65	75	85	225 合格
7	0603	陈晓华	68	66	57	191 不合格
8	0606	李小林	70	90	80	240 合格
9	0609	成军	78	48	75	201 合格
10	0613	王军	78	61	56	195 不合格
11	0601	王天	85	92	88	265 合格
12	0607	王征	85	85	88	258 合格
13	0605	李阳	90	80	85	255 合格
14	0611	陆洋	95	83	65	243 合格
15	0610	赵琳	96	85	72	253 合格

2. 判断员工是否完成工作量

每个人 4 个季度销售计算机的数量均大于 100 台为完成工作量，否则为没有完成工作量。这里使用【AND】函数判断员工是否完成工作量。

提示 【AND】函数

功能：返回逻辑值。如果所有参数值为逻辑"真（TRUE）"，则返回逻辑值"真（TRUE）"，反之则返回逻辑值"假（FALSE）"。

格式：AND(logicall1,logicall2,…)

参数：logicall1,logicall2,…表示待测试的条件值或表达式，最多为 255 个。

❶ 打开随书光盘中的"素材 \ch10\AND.xlsx"文件，在单元格 F2 中输入公式"=AND（B2>100,C2>100,D2>100,E2>100）"，按【Enter】键即可显示完成工作量的信息。

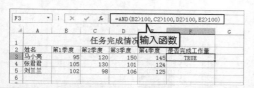

❷ 利用快速填充功能，判断其他员工工作量的完成情况。

10.7 查找与引用函数

本节视频教学录像：3 分钟

查找和引用函数主要应用于单元格区域内，进行数值的查找。某软件研发公司拥有一批软件开发人才，包括高级开发人员、高级测试人员、项目经理和高级项目经理等。

这里使用【CHOOSE】函数输入该公司部分员工的职称。

提示　【CHOOSE】函数

功能：使用【CHOOSE】函数可以根据索引号从最多 254 个数值中选择一个。

格式：CHOOSE（index_num,value1, value2…）

参数：index_num 指定所选参数序号的值参数；value1,value2…为 1 到 254 个数值参数，函数 CHOOSE 基于 index_num，从中选择一个数值或一项进行的操作。

❷ 利用快速填充功能，复制单元格 D3 的公式到其他单元格中，自动输入其他员工的岗位职称。

❶ 打开随书光盘中的"素材 \ch10\Choose. xlsx"文件。选择单元格 D3，在单元格中输入公式"=CHOOSE(C3," 销售经理 "," 销售代表 "," 售后经理 "," 维修人员 ")"，按【Enter】键，即可在单元格 D3 中显示该员工的岗位职称。

10.8 数学与三角函数

本节视频教学录像：2 分钟

可以使用【INT】函数将数值向下取整为最接近的整数。

提示　【INT】函数

功能：返回实数向下取整后的整数值。【INT】函数在取整时，不进行四舍五入。

格式：INT（number）

参数：number 表示需要取整的数值或包含数值的引用单元格。

❶ 打开随书光盘中的"素材 \ch10\Int.xlsx"文件。选择单元格 B1，在单元格中输入公式"=INT（A1）"，按【Enter】键，即可在单元格 B1 中求出 A1 的整数值。

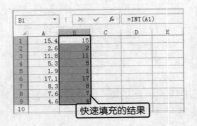

❷ 利用快速填充功能，复制单元格 B1 的公式到其他单元格中，自动求出其他单元格的整数值。

快速填充的结果

10.9 统计函数

本节视频教学录像：2 分钟

统计函数可以帮助 Excel 用户从复杂的数据中筛选有效数据。由于筛选的多样性，Excel 2013 为用户提供了多种统计函数。

公司考勤表中记录了员工缺勤情况，现在需要统计缺勤的总人数，这里使用【COUNT】函数。

> **提示** 【COUNT】函数
> 功能：统计参数列表中含有数值数据的单元格个数。
> 格式：COUNT（value1,value2,…）
> 参数：value1,value2…表示可以包含或引用各种类型数据的 1 到 255 个参数，但只有数值型的数据才被计算。

❶ 打开随书光盘中的"素材 \ch10\Count.xlsx"文件。

❷ 在单元格 D3 中输入公式"=COUNT（B2:B10）"，按【Enter】键即可得到迟到总人数。

10.10 工程函数

本节视频教学录像：2 分钟

工程函数可以解决一些数学问题。如果能够合理的使用工程函数，可以极大地简化程序。

常用的工程函数有【DEC2BIN】函数（将十进制转化为二进制）、【BIN2DEC】函数（将二进制转化为十进制）、【IMSUM】函数（两个或多个复数的值）。

下面介绍【DEC2BIN】函数，将十进制编码转换为二进制编码。

> **提示** 【DEC2BIN】函数
> 功能：DEC2BIN 函数是将十进制数转换为二进制数。
> 格式：DEC2BIN（number,[places]）
> 参数：number：必需。待转换的十进制整数。如果参数 number 是负数，则省略有效位数，并且 DEC2BIN 返回 10 个字符的二进制数（10 位二进制数），该数最高位为符号位，其余 9 位是数字位。负数用二进制数的补码表示。places：可选。要使用的字符数。

❶ 打开随书光盘中的"素材 \ch10\DEC2BIN.xlsx"文件，选中 "C2" 单元格，输入公式 "=BIN2BIN(A2)"，按【Enter】键，即可将 A2 单元格中数据转换为二进制编码。

❷ 将鼠标光标移到 "C2" 单元格的右下角，鼠标指针变成 "+" 字形状后，按住鼠标左键向下拖拽进行公式填充，即可将其他十进制编码转换为二进制编码，如图所示。

10.11 信息函数

本节视频教学录像：2 分钟

信息函数是用来获取单元格内容信息的函数。信息函数可以在满足条件时返回逻辑值，从而获取单元格的信息。还可以确定存储在单元格中的内容的格式、位置、错误信息等类型。

常用的信息函数有【CELL】函数（引用区域的左上角单元格样式、位置或内容等信息）、【TYPE】函数（检测数据的类型）。下面介绍【TYPE】函数，使数据返回数值对应的类型。

提示 【TYPE】函数

功能：TYPE 函数用于返回数值的类型。

格式：TYPE（value）

参数：value：必需。可以为任意 Microsoft Excel 数值，如数字、文本及逻辑值等，如下表所示。

如果 value 为	函数 TYPE 返回
数字	1
文本	2
逻辑值	4
误差值	16
数组	64

❶ 打开随书光盘中的"素材 \ch10\TYPE.xlsx"文件，在 B2 单元格中输入公式 "=TYPE（A2）"，按【Enter】键可根据 A2 单元格中文本字符串返回对应的类型。

❷ 利用快速填充功能，复制单元格 B2 的公式到其他单元格中，自动返回其他数据的类型。

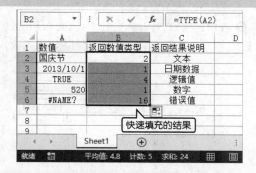

10.12 其他函数

本节视频教学录像：2 分钟

前面介绍了 Excel 中常用的一些函数，其他的函数介绍如下。

1. 统计函数

统计函数可以帮助 Excel 用户从复杂的数据中筛选有效数据。由于筛选的多样性，Excel 中提供了多种统计函数。

常用的统计函数有【COUNT】函数、【AVERAGE】函数（返回其参数的算术平均值）和【ACERAGEA】函数（返回所有参数的算术平均值）等。公司考勤表中记录了员工是否缺勤，现在需要统计缺勤的总人数，这里使用【COUNT】函数。

提示 【COUNT】函数

功能：统计参数列表中含有数值数据的单元格个数。

格式：COUNT（value1,value2,…）

参数：value1,value2…表示可以包含或引用各种类型数据的 1 到 255 个参数，但只有数值型的数据才被计算。

❶ 打开随书光盘中的"素材 \ch10\Count.xlsx"文件。

❷ 在单元格 D3 中输入公式"=COUNT（B2：B10）"，按【Enter】键即可得到迟到总人数。

2. 工程函数

工程函数可以解决一些数学问题。如果能够合理地使用工程函数，可以极大地简化程序。

常用的工程函数有【DEC2BIN】函数（将十进制转化为二进制）、【BIN2DEC】函数（将二进制转化为十进制）、【IMSUM】函数（两个或多个复数的值）。

3. 信息函数

信息函数是用来获取单元格内容信息的函数。信息函数可以在满足条件时返回逻辑值，从而获取单元格的信息。还可以确定存储在单元格中的内容的格式、位置、错误类型等。

常用的信息函数有【CELL】函数（引用区域的左上角单元格样式、位置或内容等信息）、【TYPE】函数（检测数据的类型）。

4. 多维数据集函数

多维数据集函数可用来从多维数据库中提取数据集和数值，并将其显示在单元格中。

常用的多维数据集函数有【CUBEKPIMEMBER】函数（返回关键性能指示器"KPI"属性，并在单元格中显示 KPI 名称）、【CUBEMEMBER】函数（主要用于返回关键绩效指标"KPI"属性，并在单元格中显示 KPI 名称。KPI 是一种用于监控单位绩效的可计量度量值。）和【CUBEMEMBERPROPERTY】函数（返回多维数据集中成员属性的值，用来验证某成员名称存在于多维数据集中，并返回此成员的指定属性）等。

5.WEB 函数

WEB 函数是 Excel2013 版本中新增的一个函数类别，它可以通过网页链接直接用公式获取数据，无需编程也无需启用宏。

常用的 WEB 函数有【ENCODEURL】函数、【FILTERXML】函数（使用指定的 Xpath 从 XML 内容返回特定数据）和【WEBSERVICE】函数（从 Web 服务返回数据）。

【ENCODEURL】函数是 2013 版本中新增的 WEB 类函数中的一员，它可以将包含中文字符的网址进行编码。当然也不仅仅局限于网址，对于使用 UTF-8 编码方式对中文字符进行编码的场合都可以适用。使用【ENCODEURL】函数的具体操作步骤如下。

> **提示**　【ENCODEURL】函数
>
> 功能：对 URL 地址（主要是中文字符）进行 UTF-8 编码。
>
> 格式：ENCODEURL(text)
>
> 参数：text 表示需要进行 UTF-8 编码的字符或包含字符的引用单元格。

❷ 利用快速填充功能，完成其他单元格的操作。

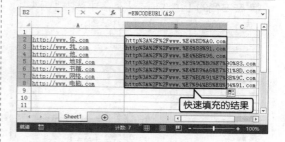

❶ 打开随书光盘中的"素材 \ch10\Encodeul.xlsx"文件。选择单元格 B2，在单元格中输入公式"=ENCODEURL(A2)"，按【Enter】键，即可。

10.13 用户自定义函数

本节视频教学录像：5 分钟

在 Excel 中，除了能直接使用内置的函数来统计、处理和分析工作表中的数据外，还可以利用其内置的 VBA 功能，通过自定义函数来处理和分析工作表中的数据。

自定义函数需要在 Excel 启用宏的工作簿（*.xlsm）格式中通过 VBA 编辑器来创建自定义函数，有关 VBA 以及宏的操作将在第 5 篇中进行详细介绍。

❶ 打开随书光盘中的"素材 \ch10\ 自定义函数 .xlsx"文件，A 列中显示了包含链接的网站名称，需要在 B 列中提取出链接。

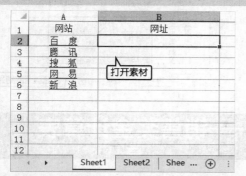

❷ 选择【文件】选项卡，在弹出的列表中选择【另存为】选项，弹出【另存为】对话框，在【保存类型】下拉列表中选择【Excel 启用宏的工作簿（*.xlsm）】选项。

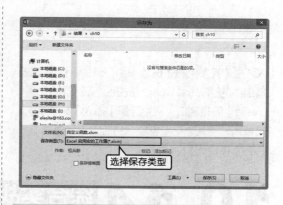

❸ 单击【保存】按钮，在功能区中右击鼠标，在弹出的快捷菜单中选择【自定义功能区】菜单项，弹出【Excel 选项】对话框，自动在左侧选择【自定义功能区】选项。

④ 在右侧的【主选项卡】列表中选中【开发工具】复选框，单击【确定】按钮。

⑤ 【开发工具】选项卡即可显示在功能区中。

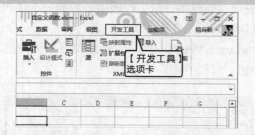

⑥ 在【开发工具】选项卡中，单击【代码】选项组中的【Visual Basic】按钮，打开【Visual Basic】编辑窗口，从中选择【插入】▶【模块】菜单项，插入一个新模块，然后双击"模块1"打开【模块1】窗口。

⑦ 在窗口中输入如下代码。代码的含义为"将超链接地址在单元格中显示出来"。

```
Public Function cH(x As Range)
cH = x.Hyperlinks(1).Address
End Function
```

⑧ 单击工具栏中的【保存】按钮，关闭【Visual Basic】编辑窗口，在 A2 单元格中输入函数"=ch（A2）"，按键盘上的【Enter】键。

⑨ 使用填充柄快速填充单元格区域 B2:B6，最终效果如图所示。

10.14 综合实战——销售奖金计算表

📹 本节视频教学录像：10 分钟

　　销售奖金计算表是公司根据每位员工每月或每年的销售情况计算月奖金或年终奖的表格。员工合理有效的统计销售业绩好，公司获得的利润就高，相应员工得到的销售奖金也就越多。人事部门合理有效的统计员工的销售奖金是非常必要和重要的，不仅能提高员工的待遇，还能充分调动员工的工作积极性，从而推动公司销售业绩的发展。

【案例效果展示】

最终效果

【案例涉及知识点】

❖ 使用【SUM】函数计算累计业绩

❖ 使用【VLOOKUP】函数计算销售业绩额和累计业绩额

❖ 使用【HLOOKUP】函数计算奖金比例

❖ 使用【IF】函数计算基本业绩奖金和累计业绩奖金

【操作步骤】

第 1 步：使用【SUM】函数计算累计业绩

❶ 打开随书光盘中的"素材 \ch10\ 销售奖金计算表 .xlsx"文件，包含3个工作表，分别为"业绩管理"、"业绩奖金标准"和"业绩奖金评估"。单击【业绩管理】工作表。选择单元格 C2，在编辑栏中直接输入公式"=SUM(D3:O3)"，按【Enter】键即可计算出该员工的累计业绩。

❷ 利用自动填充功能，将公式复制到该列的其他单元格中。

快速填充的结果

第 2 步：使用【VLOOKUP】函数计算销售业绩额和累计业绩额

❶ 单击"业绩奖金标准"工作表。

单击

提示 "业绩奖金标准"主要有以下几条：单月销售额在 34999 及以下的，没有基本业绩奖；单月销售额在 35000~49999 之间的，按销售额的 3% 发放业绩奖金；单月销售额在 50000~79999 之间的，按销售额的 7% 发放业绩奖金；单月销售额在 80000~119999 之间的，按销售额的 10% 发放业绩奖金；单月销售额在 120000 及以上的，按销售额的 15% 发放业绩奖金，但基本业绩奖金不得超过 48000；累计销售额超过 600000 的，公司给予一次性 18000 的奖励；累计销售额在 600000 及以下的，公司给予一次性 5000 的奖励。

❷ 设置自动显示销售业绩额。单击"业绩奖金评估"工作表，选择单元格 C2，在编辑栏中直接输入公式"=VLOOKUP(A2,业绩管理!\$A\$3:\$O\$11,15,1)"，按【Enter】键确认，即可看到单元格 C2 中自动显示员工"张光辉"的 12 月份的销售业绩额。

提示　公式"=VLOOKUP(A2,业绩管理!\$A\$3:\$O\$11,15,1)"中第 3 格参数设置为"15"表示取满足条件的记录在"业绩管理!\$A\$3:\$O\$11"区域中第 15 列的值。

❸ 按照同样的方法设置自动显示累计业绩额。选择单元格 E2，在编辑栏中直接输入公式"=VLOOKUP(A2,业绩管理!\$A\$3:\$C\$11,3,1)"，按【Enter】键确认，即可看到单元格 E2 中自动显示员工"张光辉"的累计销售业绩额。

❹ 使用自动填充功能，完成其他员工的销售业绩额和累计销售业绩额的计算。

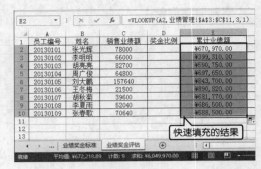

第 3 步：使用【HLOOKUP】函数计算奖金比例

❶ 选择单元格 D2，输入公式"=HLOOKUP(C2,业绩奖金标准!\$B\$2:\$F\$3,2)"，按【Enter】键即可计算出该员工的奖金比例。

提示　公式"=HLOOKUP(C2,业绩奖金标准!\$B\$2:\$F\$3,2)"中第 3 个参数设置为"2"表示取满足条件的记录在"业绩奖金标准!\$B\$2:\$F\$3"区域中第 2 行的值。

❷ 使用自动填充功能，完成其他员工的奖金比例计算。

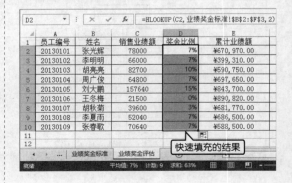

第 4 步：使用【IF】函数计算基本业绩奖金和累计业绩奖金

❶ 计算基本业绩奖金。选择单元格 F2，在编辑栏中直接输入公式"=IF(C2<=400000,C2 *D2,"48,000")"，按【Enter】键确认。

> **提示** 公式"=IF(C2<=400000,C2*D2," 48,000")"的含义为：当单元格数据小于等于 400000 时，返回结果为单元格 C2 乘以单元格 D2，否则返回 48000。

❷ 使用自动填充功能，完成其他员工的销售业绩奖金的计算。

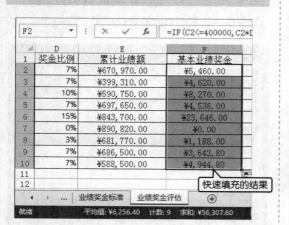

❸ 使用同样的方法计算累计业绩奖金。选择单元格 G2，在编辑栏中直接输入公式"=IF (E2>600000,18000,5000)"，按【Enter】键确认，即可计算出累计业绩奖金。

❹ 使用自动填充功能，完成其他员工的累计业绩奖金的计算。

第 5 步：计算业绩总奖金额

❶ 在单元格 H2 中输入公式"=F2+G2"，按【Enter】键确认，计算出业绩总奖金额。

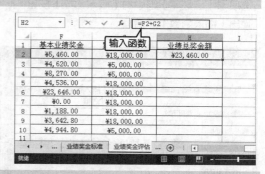

❷ 使用自动填充功能，计算出所有员工的业绩总奖金额。

❸ 单击【文件】选项卡，在弹出的下拉菜单中选择【另存为】选项，在【另存为】区域中单击【浏览】按钮。

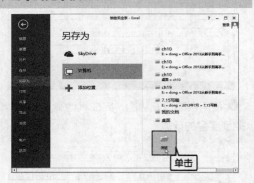

❹ 弹出【另存为】对话框，找到工作表的保存位置，将工作簿另存为"销售奖金计算表．xlsx"，单击【保存】按钮保存文件。

 高手私房菜

本节视频教学录像：2 分钟

技巧：搜索需要的函数

由于 Excel 函数的种类较多，在使用函数时，可以利用"搜索函数"功能来查找相应的函数，具体的操作步骤如下。

❶ 选择需要输入函数的单元格，单击【公式】选项卡【函数库】组中的【插入函数】按钮，弹出【插入函数】对话框。

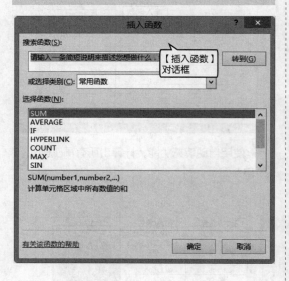

❷ 在【搜索函数】文本框中输入要搜索函数的关键字，如"引用"，单击【转到】按钮，系统会将相似的函数列在下面的【选择函数】列表框中，可以根据需要选择相应的函数。

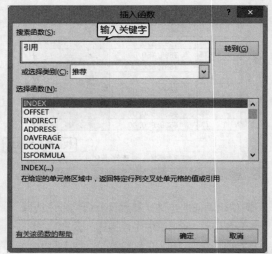

第

11

章

数组公式

本章视频教学录像：19 分钟

高手指引

数组公式是 Excel 公式在以数组为参数时的一种应用，可以使用数组公式执行某些复杂的操作，本章主要介绍数组公式的相关概念及应用。

重点导读

+ 了解数组
+ 掌握数组公式的使用
+ 掌握数组运算的方法

11.1 认识数组

本节视频教学录像：3 分钟

在使用数组公式之前，首先需要认识数组的相关概念。

数组是按一行一列或多行多列排列的一组数据元素的集合，数据元素可以是数值、文本、日期、逻辑值或错误值。

数组的维度指数组的行列方向，一行多列的数组为横向数组，一列多行的数组为纵向数组，多行多列的数组则同时拥有纵向和横向两个维度。

数组的维数指数组中不同维度的个数，只有一行一列在单一方向上延伸的数组，称为一维数组，多行多列同时拥有两个维度的数组称为二维数组。

数组的尺寸是以数组各行列上的元素个数来表示的。一行 N 列的为横向数组，其尺寸表示为 1*N；一列 N 行的为纵向数组，其尺寸表示为 N*1，M 行 N 列的二维数组其各行或各列的元素个数必须是相等的，成矩形排列，其尺寸表示为 M*N。

数组包括常量数组、区域数组、内存数组和命名数组等。

1. 常量数组

常量数组指直接在公式中写入的数组元素，并用大括号 {} 在首尾进行标识的字符串表达式。其不依赖于单元格区域，可直接参加公式的计算。

 提示 常量数组的组成元素只能为常量元素，不能是函数、公式或单元格引用。不能包含美元符号、逗号、圆括号和百分号。

一维纵向常量数组的各元素用半角分号（ ; ）间隔。尺寸为 5 行 *1 列的数值型常量数组如下所示。

={1;2;3;4;5}

一维横向常量数组的各元素用半角逗号（ , ）间隔，尺寸为 1 行 *3 列的文本型常量数组如下所示。

={" 语文 "," 数学 "," 外语 "}

提示 文本型常量数组的元素必须用引号（"）将手尾标识出来。

二维常量数组的每一行上元素用半角逗号（ , ）间隔，每一列上的元素用半角分号（ ; ）间隔。2 行 *3 列的二维常量数组如下所示。

={" 张三 ",95,85;" 李四 ",80,69}

2. 区域数组

区域数组指在公式或函数参数中引用工作表的某个单元格区域，且其中函数参数不是单元格引用、区域类型或向量时，Excel 自动将该区域引用转换成由区域中的各单元格的值构成的同维数、同尺寸的数组。区域数组的维度和尺寸与常量数组一致。

3. 内存数组

内存数组指某一公式通过计算，在内存中临时返回多个结果值构成的数组。而该公式的计算结果，不必存储到单元格区域中，便可作为一个整体直接嵌套入其他公式中继续参与计算。该公式本身称为内存数组公式。

4. 命名数组

命名数组指使用命名公式定义的一个常量数组、区域数组或内存数组。该名称可以在公式中作为数组来调用，在数据有效性和条件格式的自定义公式中，不接受常量数组，但可将其命名后，直接调用名称计算。

11.2 数组公式

本节视频教学录像：5 分钟

数组公式与普通公式不同，在结束对公式进行的编辑工作时，需要按【Ctrl+Shift+Enter】组合键。作为标识，Excel 会自动在编辑栏中给数组公式的首尾加上大括号（{}）。数组公式的实质是单元格公式的一种书写形式，用来通知 Excel 计算引擎对其执行多项计算。

多项计算是对公式中有对应关系的数组元素同步执行相关计算，或在工作表的相应单元格区域中同时返回常量数组、区域数组、内存数组或命名数组的多个元素。

多单元格数组公式有如下限制。

(1) 不能单独改变公式区域某一部分单元格的内容。

(2) 不能单独移动公式区域的某一部分单元格。

(3) 不能单独删除公式区域的某一部分单元格。

(4) 不能在公式区域插入新的单元格。

1. 修改多单元格数组

修改多单元格数组的具体操作步骤如下。

❶ 在 打 开 的 Excel 2013 工 作 簿 中 选择 A1:A5 单元格区域，在编辑栏中输入 ={1;2;3;4;5}，按【Ctrl+Shift+Enter】组合键完成数组公式的输入。

❷ 选择公式区域，按【F2】键进入编辑模式，修改公式为 ={1;5;5;5;5}。

❸ 按【Ctrl+Shift+Enter】组合键结束数组公式的编辑。

2. 删除多单元格数组

删除多单元格数组的具体操作步骤如下。

❶ 在打开的 Excel 2013 工作簿中选择 A1:C1 单元格区域，在编辑栏中输入 ={" 语文 "," 数学 "," 外语 "}，按【Ctrl+Shift+Enter】组合键完成数组公式的输入。

❷ 选择公式区域，按【F2】键进入编辑模式。

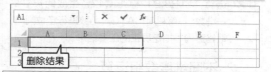

❸ 删除公式后，按【Ctrl+Shift+Enter】组合键结束数组公式的编辑。

提示 此外，读者还可以先按【Ctrl+/】组合键，选择多单元格数组公示后，在按【Delete】键删除公式。

11.3 数组运算

本节视频教学录像：4 分钟

由于数组的构成元素包含数值、文本、逻辑值、错误值，因此数组继承着各类数据的运算特性，即数值型和逻辑型数组可以进行加法和乘法等常规算术运算，文本类型数组可进行连接符运算。

1. 相同维度数组运算

相同维度的数组运算，要求数组的尺寸必须一致，否则运算结果的部分数据将返回 #N/A 错误。

❶ 打开随书光盘中的"素材 \ch11\ 查询员工工号 .xlsx"文件，选择 H5 单元格，在编辑栏中输入"=INDEX(E3:E12,MATCH(H3&H4,B3:B12&C3:C12,0))"。

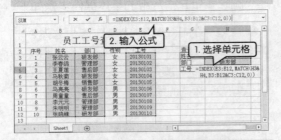

❷ 按【Ctrl+Shift+Enter】组合键即可在 H5 单元格查询到员工的工号。

 提示 公式中使用两个一维区域引用进行连接运算，如 B3:B12&C3:C12，生成同尺寸的一维数组，再利用 MATGH 函数进行定位判断，最终查询书指定员工的工号信息。

2. 不同维度数组运算

不同维度的一维数组运算时，如 1 行 *3 列的水平数组与 4 行 *1 列的垂直数组，运算结果生成新的 4 行 *3 列二维数组。

❶ 打开随书光盘中的"素材 \ch11\ 构造二维数组 .xlsx"文件，选择 B9:D12 单元格区域，在编辑栏中输入"=A4:A7&B1:D1"。

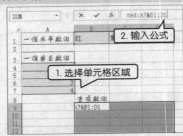

❷ 按【Ctrl+Shift+Enter】组合键即可使用两个一维数组生成一个二维数组。

3. 一维数组与二维数组的运算

一维数组与二维数组运算时，一维数组与二维数组的相同维度上的元素个数必须相等，否则结果将包含 #N/A 错误。原理与之前数组运算相同，这里不再赘述。

4. 二维数组之间的运算

二维数组之间的运算要求数组的尺寸必须完全一致，否则将包含 #N/A 错误。这里不再赘述。

提示 在逻辑型数组运算中，"*"和"+"能够替换 AND 函数和 OR 函数，反之则不行。因为 AND 函数和 OR 函数返回的结果是单值 TURE 或 FALSH，而如果数组公式需要执行多重运算时，单值不能形成数组公式各参数间的一一对应关系。

11.4 综合实战——排序成绩表

本节视频教学录像：4 分钟

一份完整的成绩表，不仅要记录学生的考试成绩，还要对学生成绩进行排名，本节通过数组函数来排名学生成绩表。

【案例效果展示】

方法一	姓名	总成绩		方法二	姓名	总成绩
1	马亮亮	680		1	马亮亮	680
2	胡冬梅	640		2	胡冬梅	640
3	王夏莲	610		3	王夏莲	610
4	李春鸽	590		4	李春鸽	590
5	张云云	580		5	张云云	580
6	周童童	540		6	周童童	540
7	马秋菊	480		7	马秋菊	480

最终结果

【案例涉及知识点】

❀ 使用 RANK 函数排序

❀ 使用 SMALL 和 LARGE 函数排序

【操作步骤】

第 1 步： 使用 RANK 函数排序

可以使用 RANK 函数对成绩表进行排序，具体的操作步骤如下。

❶ 打开随书光盘中的 "素材 \ch11\ 排序数据 .xlsx" 文件，该工作表中包含了一个学生成绩表，可以使用数组公式实现按照 "总成绩" 由高到低排序。

	A	B	C	D
1	学号	班级	姓名	总成绩
2	20130201	4班	张云云	580
3	20130202	5班	李春鸽	590
4	20130203	3班	王夏莲	610
5	20130204	2班	马秋菊	480
6	20130205	5班	胡冬梅	640
7	20130206	1班	马亮亮	680
8	20130207	6班	周童童	540

素材文件

❷ 选择 G2 单元格，在编辑栏中输入 "=INDEX($C:$C,RIGHT(SMALL(RANK($D$2:$D$8,$D$2:$D$8)*100000+ROW($D$2:$D$8),ROW()-ROW($1:$1)),5))"，按【Ctrl+Shift+Enter】组合键，即可在 G2 单元格计算出 "总成绩" 最高的学生姓名。

1. 输入公式

2. 选择单元格

提示 【RANK】函数

功能：返回一列数字的数字排位。数字的排位是其相对于列表中其他值的大小。

格式：RANK(要排位的数字，数字列表数组，指定排位方式的数字（可选）)。

姓名列表利用 RANK 函数和 ROW 函数重新生成数组，利用 SMALL 函数由小到大提取，最后使用 INDEX 函数降序排列学生姓名。

❸ 选择 H2 单元格，在编辑栏中输入公式 "=VLOOKUP(G2:G8,$C:$D,2,)"，按【Enter】键，即可在 H2 单元格根据学生姓名计算出 "总成绩" 最高的学生成绩。

=VLOOKUP(G2:G8, $C:$D, 2,)

姓名	总成绩		方法一	姓名	总成绩
张云云	580		1	马亮亮	680
李春鸽	590		2		
王夏莲	610		3		
马秋菊	480		4		

2. 输入公式

1. 选择单元格

❹ 选择 G2:H2 单元格区域，向下填充至第 8 行，即可完成学生成绩由高到低排序。

学号	班级	姓名	总成绩		方法一	姓名	总成绩
20130201	4班	张云云	580		1	马亮亮	680
20130202	5班	李春鸽	590		2	胡冬梅	640
20130203	3班	王夏莲	610		3	王夏莲	610
20130204	2班	马秋菊	480		4	李春鸽	590
20130205	5班	胡冬梅	640		5	张云云	580
20130206	1班	马亮亮	680		6	周童童	540
20130207	6班	周童童	540		7	马秋菊	480

计算结果

第 2 步： 使用 SMALL 函数和 LARGE 函数排序

使用 SMALL 函数和 LARGE 函数对学生成绩排序的具体操作步骤如下。

❶ 选择L2单元格,在编辑栏中输入"=LARGE($D:$D,ROW()-ROW($1:$1))",按【Enter】键,即可在L2单元格计算出"总成绩"最高的学生成绩。

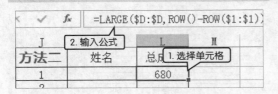

提示 【LARGE】函数

功能：返回数据集中第 k 个最大值。

格式：SMALL(需要确定第 k 个最大值的数组或数据区域,返回值的位置)。

❷ 选择K2单元格,在编辑栏中输入"=INDEX($C:$C,SMALL(IF($D$2:$D$8=L2,ROW($D$2:$D$8)),COUNTIF($L$2:$L2,$L2)))",按【Ctrl+Shift+Enter】组合键,即可在K2单元格根据总成绩计算出"总成绩"最高的学生姓名。

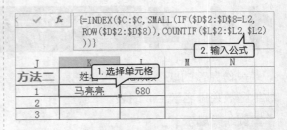

提示 【SMALL】函数

功能：返回数据集中的第 k 个最小值。

格式：SMALL(找到第 k 个最小值的数组或数值数据区域,返回数据的位置)。

❸ 选择K2:L2单元格区域,向下填充至第8行,即可使用 SMALL 函数和 LARGE 函数完成学生成绩由高到低排序。

方法一	姓名	总成绩		方法二	姓名	总成绩
1	马亮亮	680		1	马亮亮	680
2	胡冬梅	640	计算结果	2	胡冬梅	640
3	王夏莲	610		3	王夏莲	610
4	李春鸽	590		4	李春鸽	590
5	张云云	580		5	张云云	580
6	周童童	540		6	周童童	540
7	马秋菊	480		7	马秋菊	480

至此,就使用数组公式完成了对学生成绩的排序。

高手私房菜

本节视频教学录像：3 分钟

技巧：多单元格数组公式的输入与特性

在多个单元格使用同一公式并按照数组公式按【Ctrl+Shift+Enter】组合键结束编辑的输入方式形成的公式,称为多单元格数组公式。

❶ 新建工作簿,选择 A1:D2 单元格区域,在编辑栏中输入"={"差（0~59）","中（60~79）","良（80~90）","优（91~100）";0,1,3,5}"。

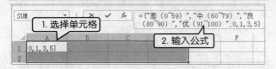

❷ 按【Ctrl+Shift+Enter】组合键结束操作,则该多单元格数组公式将在所选单元格区域内显示出来。

使用多单元格数组公式能够保证在同一个范围内的公式具有同一性。创建多单元格数组公式后,公式所在的任意一个单元格都不能被单独编辑,否则将会弹出【Microsoft Excel】提示框,提示"不能更改数组的某一部分。",单击【确定】按钮即可。

如果要编辑公式,在修改公式后,按【Ctrl+Shift+Enter】组合键可结束并完成公式编辑。

第

12章

循环引用

 本章视频教学录像：20 分钟

高手指引

循环引用是一种特殊的引用形式，当一个单元格内的公式直接或间接地引用了这个公式本身所在的单元格时，这个引用就被称为循环引用，本章主要介绍循环引用的相关知识。

重点导读

✚ 认识循环引用

✚ 掌握迭代设置和启用循环的方法

12.1 认识循环引用

当公式返回的结果依赖公式自身所在单元格的值时，不论是直接还是间接引用，都称为为循环引用。

如在 A1 单元格中输入"5"，在 C1 单元格中输入"6"，在 E1 单元格中输入"=A1+C1+B5"，在 B5 单元格中输入 "=A1+C1+E1"，在单元格 EI 和 B5 中都间接引用了自身的值，使用【追踪引用单元格】功能即可看到显示双向的追踪箭头（追踪引用单元格将在第 13 章介绍），此时的引用就属于循环引用，如下图（左）所示。

在 B3 单元格中输入"1"，在 C3 单元格中输入"2"，在 D3 单元格中输入"=B3+C3+D3"，此时，D3 单元格中直接引用了自身的值，此时的引用也称为循环引用，如下图（右）所示。

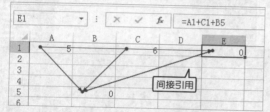
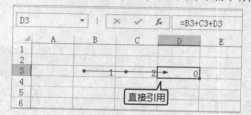

在单元格中输入包含循环引用的公式时，Excel 将会弹出【Microsoft Excel】提示框，并且其计算结果为"0"。

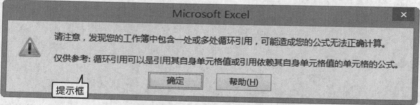

需要说明的是，如果公式计算过程中与自身单元格的值无关，仅与自身单元格的行号、列标或文件路径等属性有关，则不会产生循环引用。如在 A1 单元格中输入 "=ROW(A1)"、"=COLUMN(A1)"和 "=CELL("filename"，A1)"中的任意一个公式，都不会出现循环引用警告提示框。

12.2 迭代设置和启用循环

迭代计算是一种特殊的运算方式，利用计算机对一个包含迭代变量的公式进行重复计算，每一次都将上一次迭代变量的计算结果作为新的变量带入计算，直到满足特定条件的数值或完成用户设定的迭代计算次数为止。

在 Excel 2013 中，使用包含循环引用的公式，必须启用迭代计算模式，并设定最大迭代计算次数，Excel 2013 支持的最大迭代次数为 32767 次，迭代次数越大，循环引用所需计算工作表的时间久就越多。设置迭代次数的具体操作步骤如下。

❶ 打开随书光盘中的"素材 \ch12\ 开启循环引用 .xlsx"文件，工作表中包含了循环引用单元格。

素材文件

❷ 单击【文件】选项卡，在其列表中选择【选项】选项。

单击

❸ 打开【Excel 选项】对话框，选择【公式】选项，在右侧【计算选项】组下单击选中【启用迭代计算】复选框，并设置【最多迭代次数】为"200"，【最大误差】为"0.001"，单击【确定】按钮。

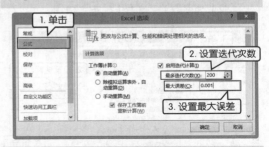

1. 单击
2. 设置迭代次数
3. 设置最大误差

❹ 返回工作表即可看到计算结果。

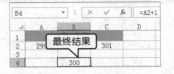

最终结果

提示　【最多迭代次数】和【最大误差】是控制迭代计算的两个指标，【最多迭代次数】可以控制最多迭代的次数，每一次迭代 Excel 都将重新计算工作表中的公式，以产生一个新的结果。【最大误差】用于控制允许的最大误差，误差值越小，则计算精度越高，当两次重新计算结果之间的差值绝对值小于或等于最大误差时，或达到所设置的最多迭代次数时，Excel 将停止迭代计算。

12.3 记录操作时间

本节视频教学录像：4 分钟

如下图所示，当 A:D 列都输入数据后，自动在 E 列返回操作时的系统时间。因为系统时间会随 Excel 重算而改变，因此，可以使用循环引用返回自身单元格的值保证记录不变。

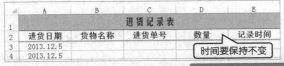

时间要保持不变

❶ 打开随书光盘中的"素材 \ch12\ 进货记录表 .xlsx"文件，选择 E3:E8 单元格区域，并单击鼠标右键，在弹出的快捷菜单中选择【设置单元格格式】选项，打开【设置单元格格式】对话框，在【分类】列表中选择【时间】选项，在右侧的【类型】选择框中选择【1:30PM】选项，单击【确定】按钮。

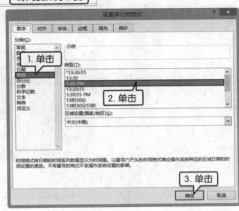

1. 单击
2. 单击
3. 单击

❷ 单击【文件】选项卡，在其列表中选择【选项】选项。打开【Excel 选项】对话框，选择【公式】选项，在右侧的【计算选项】组下单击选中【启用迭代计算】复选框，并设置【最多迭代次数】为"1"，单击【确定】按钮。

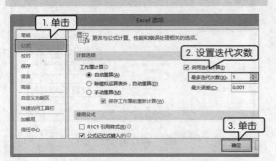

❸ 选择 E3 单元格，输入公式 "=IF(COUNTA(A3:D3)<4,"",IF(E3="",NOW(),E3))"，按【Enter】键，并将其填充至 E8 单元格。

 提示 利用公式 COUNTA(A3:D3)<4 判断 A:D 列数据是否完全输入，利用公式 IF(E3="",NOW(),E3) 判断 E3 是否为空，如为空且 A:D 列全部包含数据，则返回系统当前时间。

❹ 在 A3:D8 单元格区域输入数据，即可看到当 A:D 列均填充数据时，E 列将自动计算出当前时间，否则 E 列为空白。

	A	B	C	D	E
1	进货记录表				
2	进货日期	货物名称	进货单号	数量	记录时间
3	2013.12.5	饼干	B0001	50（箱）	3:26 PM
4	2013.12.5	纯净水	C1012	120（瓶）	3:27 PM
5	2013.12.6	面包	M1203		
6	2013.12.7	火腿肠		80（箱）	
7	2013.12.8		T2011		
8	2013.12.9				

输入数据自动计算

❺ 更改 C3 单元格内容 "B0001" 为 "B0011"，可以看到 E3 单元格中的数据无变化。

	A	B	C	D	E
1	进货记录表				
2	进货日期	货物名称	进货单号	数量	记录时间
3	2013.12.5	饼干	B0011	50（箱）	3:26 PM
4	2013.12.5	纯净水	C1012	120（瓶）	3:27 PM
5	2013.12.6	面包	M1203		
6	2013.12.7	火腿肠		80（箱）	
7	2013.12.8		T2011		
8	2013.12.9				

最终效果

12.4 综合实战——制作谷角猜想模拟器

本节视频教学录像：9 分钟

对于任意一个自然数 n，若 n 为偶数，则将其除以 2；若 n 为奇数，则将其乘以 3，然后再加 1，如此经过有限次运算后，总可以得到自然数 1，这个理论就被称为"谷角猜想"。本节将利用循环引用制作出谷角猜想模拟器从而验证"谷角猜想"。

【案例效果展示】

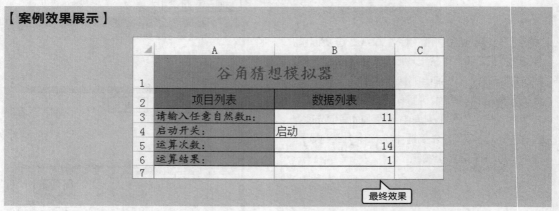

	A	B	C
1	谷角猜想模拟器		
2	项目列表	数据列表	
3	请输入任意自然数n：	11	
4	启动开关：	启动	
5	运算次数：	14	
6	运算结果：	1	
7			

最终效果

【案例涉及知识点】

- 美化并设置表格
- 验证"谷角猜想"

【操作步骤】

第 1 步：美化并设置表格

美化表格可以突出显示表格中的数据，方便用户观察模拟器选项。

❶ 打开随书光盘中的"素材 \ch12\ 谷角猜想器 .xlsx"文件，选择 A1:B1 单元格区域，单击【开始】选项卡下【对齐方式】组中的【合并后居中】按钮 圖▼。

❷ 设置其【字体】为"楷体"，【字号】为"18"，【字体颜色】为"红色"，【填充颜色】为"浅绿"，并根据需要调整行高和列宽。

❸ 根据需要设置其他部分的格式，设置后的效果如下图所示。

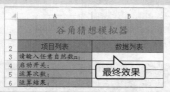

❹ 选择 B4 单元格，单击【数据】选项卡下【数据工具】选项组中的【数据验证】按钮 的下拉按钮，在弹出的下拉列表中选择【数据验证】选项。

❺ 弹出【数据验证】对话框，在【允许】下拉列表中选择【序列】选项，在【来源】选择框中输入"启动,关闭"，单击【确定】按钮。

❻ 单击 B4 单元格，即可在其右侧看到下拉按钮，单击该按钮 ▼，在其下拉列表中包含有【启动】和【关闭】两个选项。

第 2 步：验证"谷角猜想"

准备工作完成之后，我们就可以验证"谷角猜想"了。

❶ 选择 B5 单元格，输入公式 "=IF(B4=" 关闭",0,IF(B6=1,B5,B5+1))"，按【Enter】键。

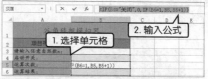

❷ 选择 B6 单元格，输入公式 "=IF(B4=" 关闭 ",B3,IF(B6=1,1,IF(MOD(RIGHT(B6),2),B6*3+1,B6/2)))"，按【Enter】键。

❸ 分别在 A10、A11 单元格，输入"1"、"2"，并向下序列填充足够多行（不少于运算次数）。

④ 选择 B10 单元格，输入公式 "=IF(B4="关闭",0,IF(B6=1,B5,B5+1))"，按【Enter】键，并向下复制到足够多行（不少于运算次数）。

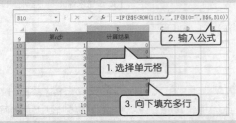

⑤ 打开【Excel 选项】对话框，在【公式】项下单击选中【启用迭代计算】复选框，设置【最多迭代次数】为 "32767"，单击【确定】按钮。

⑥ 在 B3 单元格中输入 "9"，单击 B4 单元格后的 按钮，在弹出的下拉列表中选择【启动】选项。

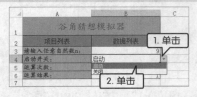

至此，就完成了谷角猜想模拟器的制作。

⑦ 即可在 B5 单元格中显示计算次数，在 B6 单元格中显示计算结果，在 B10 及以后的单元格中显示计算步骤。

⑧ 单击 B4 单元格后的 按钮，在弹出的下拉列表中选择【关闭】选项，即可清除表格中的数据，重复步骤 ⑥ ，输入其他数据即可继续验证。

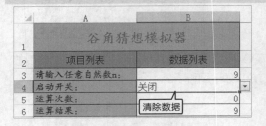

高手私房菜

本节视频教学录像：1 分钟

技巧：查找包含循环引用的单元格

当工作表中出现包含循环引用的公式时，应及时查找原因，可以使用【错误检查】命令快速查找包含循环引用的单元格。

❶ 单击【公式】选项卡下【错误检查】组中的【错误检查】按钮的下拉按钮，在弹出的列表中选择【循环引用】选项，显示包含循环引用的单元格。

❷ 单击单元格，即可跳转至对应的 C3 单元格，在状态栏显示包含循环引用的单元格位置。

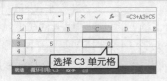

公式调试

本章视频教学录像：19 分钟

高手指引

输入公式之后，出现错误提示，这时公式调试就显得非常重要，本章主要介绍公式调试的方法、错误检查的方法以及监视窗口的使用。

重点导读

+ 掌握公式调试的方法
+ 掌握错误检查的方法
+ 掌握监视数据的方法

13.1 公式调试

本节视频教学录像：4 分钟

公式调试可以调试复杂的公式，单独计算公式的各个部分。分步计算各个部分可以帮助用户验证计算是否正确。

13.1.1 什么情况下需要调试

在遇到下面的情况时经常需要调试公式。

(1) 输入的公式出现错误提示时。

(2) 输入公式的计算结果与实际需求不符时。

(3) 需要查看公式各部分的计算结果时。

(4) 逐步查看公式计算过程时。

13.1.2 公式调试的方法

在 Excel 2013 中，可以使用【公式求值】命令调试公式或者使用快捷键【F9】调试公式。

1. 使用【公式求值】命令调试

使用【公式求值】命令调试公式的具体操作步骤如下。

❶ 打开随书光盘中的"素材 \ch13\ 公式 .xlsx"文件，选择 A4 单元格，单击【公式】选项卡下【公式审核】组中的【公式求值】按钮 ⒜公式求值 。

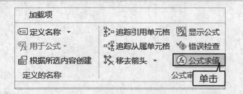

❷ 弹出【公式求值】对话框，在【引用】下显示引用的单元格。在【求值】显示框中可以看到求值公式，并且第一个表达式"A1"下显示下划线，单击【步入】按钮。

❸ 即可将【求值】显示框分为两部分，下方显示"A1"的值，单击【步出】按钮。

❹ 即可在【求值】显示框中计算出表达式"A1"的结果。

 提示 单击【求值】按钮将直接计算表达式的结果，单击【步入】按钮则首先显示表达式数据，在单击【步出】按钮计算表达式结果。

❺ 使用同样的方法单击【求值】或【步入】按钮，即可连续分步计算每个表达式的计算结果。

2. 使用【F9】键调试

使用【公式求值】命令可以分步计算结果，但不能计算任意部分的结果。如果要显示任意部分公式的计算结果，可以使用【F9】键进行调试。

❶ 在打开的"素材\ch13\ 公式 1.xlsx"文件中选择 A4 单元格，按【F2】键，即可在 A4 单元格中显示公式。

❷ 选择公式中的"A1&B1"。

❸ 按【F9】键，即可计算出公式中"A1&B1"的计算结果。

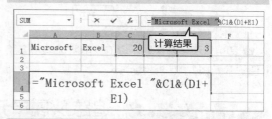

❹ 使用同样的方法可以计算出公式中其他部分的结果。

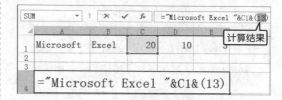

> **提示** 使用【F9】键调试公式后，单击编辑栏中的【取消】按钮 ✕ 或按【Ctrl+Z】组合键、【Esc】键均可退回到公式模式。如果按【Enter】键或单击编辑栏中的【输入】按钮 ✓，调试部分将会以计算结果代替公式显示。

13.2 追踪错误

📹 本节视频教学录像：5 分钟

使用追踪错误功能可以追踪包含错误的单元格，并以箭头标识，包含追踪引用单元格和追踪从属单元格两种情况。

13.2.1 追踪引用单元格

追踪引用单元格时将以蓝色箭头标识，用于指明影响当前所选单元格值的单元格。追踪引用单元格的具体操作步骤如下。

❶ 打开随书光盘中的"素材 \ch13\ 错误检查表 .xlsx"文件，可以看到文件中包含两处错误，分别为 H6 和 H13 单元格。选择 H6 单元格，单击【公式】选项卡下【公式审核】组中的【追踪引用单元格】按钮。

❷ 即可以蓝色箭头显示影响当前所选单元格值的单元格，即 G6 单元格。

❸ 再次单击【公式审核】组中的【追踪引用单元格】按钮，即可显示影响 G6 单元格值的单元格，即 C3:F3 单元格区域，并在区域外侧显示蓝色边框线。用户即可根据箭头追踪错误。

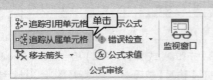

13.2.2 追踪从属单元格

追踪从属单元格时将以红色箭头标识，用于指明受当前所选单元格值影响的单元格。追踪从属单元格的具体操作步骤如下。

❶ 在打开的"误检查表 .xlsx"文件中，选择 H6 单元格，单击【公式】选项卡下【公式审核】组中的【追踪从属单元格】按钮。

❷ 即可以红色箭头显示受当前所选单元格值影响的单元格，即 H13 单元格。

❸ 选择 H13 单元格，单击【公式审核】组中的【追踪从属单元格】按钮，将会弹出【Microsoft Excel】提示框，提示未发现引用活动单元格的公式，表明无受影响的单元格。单击【确定】按钮即可。

13.2.3 移去追踪箭头

不需要追踪线时，可以移去追踪箭头。单击【公式】选项卡下【公式审核】组中的【移去箭头】按钮右侧的下拉按钮，在弹出的下拉列表中选择相应的选项即可。

 提示 选择【移去箭头】选项可以移去所有箭头，选择【移去引用单元格追踪箭头】选项可以移去所有引用单元格追踪箭头，【移去从属单元格追踪箭头】选项可以移去所有从属单元格追踪箭头。

13.2.4 追踪错误

使用追踪错误命令将用箭头标识所有影响当前单元格值的单元格。追踪错误的具体操作步骤如下。

❶ 在"误检查表 .xlsx"文件中，选择 H13 单元格，单击【公式】选项卡【公式审核】组中的【错误检查】按钮 错误检查 右侧的下拉按钮，在弹出的下拉列表中选择【错误追踪】选项。

❷ 即可顺序标识所有影响当前单元格值的单元格。

13.3 监视窗口

本节视频教学录像：3 分钟

可以将单元格添加至监视窗口列表，在更新工作表其他部分的数值时，可以监视其值的变化。使用监视窗口不仅可以监视当前工作表中的单元格数值变化，还可以监视其他工作表中单元格值的变化。

❶ 打开随书光盘中的"素材 \ch13\ 监视 .xlsx"文件，其中包含"销量表"和"总销量"2 个工作表，在"销量表"工作表中选择 B3:B10 单元格区域。

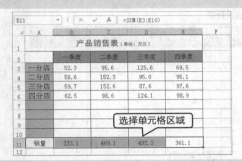

❷ 单击【公式】选项卡下【公式审核】组中的【监视窗口】按钮 。

❸ 弹出【监视窗口】对话框，单击【添加监视】按钮。

❹ 弹出【添加监视点】对话框，单击【添加】按钮。

❺ 系统会自动将 B3:B10 区域的单元格添加至监视窗口。

❻ 再次单击【添加监视】按钮，在弹出的【添加监视点】对话框中单击 按钮，选择"总销量"工作表中的 B1 单元格，单击 按钮。

❼ 返回至【添加监视点】对话框后单击【添加】按钮，即可将"总销量"工作表中的 B1 单元格添加至监视窗口。

❽ 在"销量表"工作表的 A7:E7 单元格区域输入下图所示内容。

	A	B	C	D	E
1		产品销售表（单位：万元）			
2		一季度	二季度	三季度	四季度
3	一分店	52.3	95.6	125.6	69.5
4	二分店	58.6	152.3	95.0	95.1
5	三分店	59.7	152.6	87.6	97.6
6	四分店	62.5	98.6	124.1	98.9
7	五分店	59.4	103.1	98.2	78.6
8					

输入内容

❾ 即可看到监视窗口中的数据发生了变化。

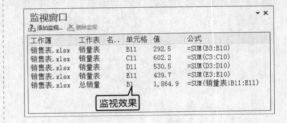

工作簿	工作表	名..	单元格	值	公式
销售表.xlsx	销量表		B11	292.5	=SUM(B3:B10)
销售表.xlsx	销量表		C11	602.2	=SUM(C3:C10)
销售表.xlsx	销量表		D11	530.5	=SUM(D3:D10)
销售表.xlsx	销量表		E11	439.7	=SUM(E3:E10)
销售表.xlsx	总销量		B1	1,864.9	=SUM(销量表!B11:E11)

监视效果

提示

在【监视窗口】对话框中选择要删除的监视点，单击【删除监视】按钮即可删除监视点。

13.4 综合实战——检查加班表

本节视频教学录像：6 分钟

加班表是公司为了给予员工加班补助所制作的表格，需要详细记录每位员工的加班日期、开始加班时间及加班结束时间，并依据加班标准计算出每位员工的加班时间及加班所得费用。加班表必须要准确、合理。因此，制作完加班表之后检查加班表就显得尤为重要。

【案例效果展示】

	员工姓名	所属部门	加班日期	星期	开始时间	结束时间	小时数	分钟数	加班标准	加班费总计
	员工加班统计表									
3	张笑	采购部	2013/11/12	星期二	19:00	21:15	2	15	15	37.5
4	张笑	采购部	2013/11/15	星期五	19:20	22:25	3	5	15	52.5
5	张笑	采购部	2013/11/17	星期日	8:25	17:36	9	11	20	190
6	刘燕	财务部	2013/11/12	星期二	19:45	21:09	1	24	15	22.5
7	刘燕	财务部	2013/11/13	星期三	19:30	22:10	2	40	15	45
8	刘燕	财务部	2013/11/24	星期日	8:45			35	20	120

最终效果

【案例涉及知识点】

❖ 公式求值
❖ 追踪错误及错误检查
❖ 监视数据

【操作步骤】

第 1 步：公式求值

使用公式求值可以调试公式，检查输入的公式是否正确。

❶ 打开随书光盘中的"素材 \ch13\ 员工加班统计表 .xlsx"文件，选择 J3 单元格。

❷ 单击【公式】选项卡下【公式审核】组中的【公式求值】按钮 公式求值 。

③ 弹出【公式求值】对话框，单击【求值】按钮，查看带下划线的表达式的结果。

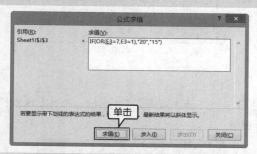

④ 重复单击【求值】按钮，直至计算出最终结果，如果计算过程及结果有误，则需要修改公式，并重复调试公式，如果计算过程及结果无误，单击【关闭】按钮。

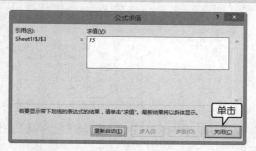

第 2 步：追踪错误及错误检查

如果表中数据较多且不易观察时，使用错误检查可直接检查出包含错误的单元格，结合错误追踪命令可以方便地修改错误。

❶ 单击【公式】选项卡下【公式审核】组中的【错误检查】按钮 ❖ 错误检查 。

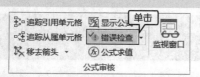

❷ 弹出【错误检查】对话框，即可选中第一个存在错误的单元格 H6 并在对话框中显示错误信息。

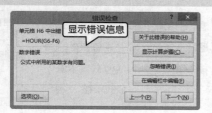

③ 单击【公式】选项卡【公式审核】组中的【错误检查】按钮 ❖ 错误检查 · 右侧的下拉按钮 · ，在弹出的下拉列表中选择【错误追踪】选项。

④ 即可用箭头标识出影响 H6 单元格值的单元格。

⑤ 结合【错误检查】对话框中的提示错误信息以及错误追踪结果，判断错误存在的原因，这里可以看到 G6 单元格中的结束时间小于 F6 单元格中的开始时间，根据实际情况进行修改，选择 G6 单元格，在编辑栏中修改时间为 "21:09:00"，按【Enter】键，完成修改。

⑥ 在【错误检查】对话框中单击【继续】按钮。

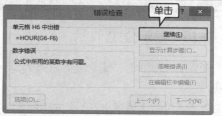

提示 在执行错误检查过程中执行其他操作，【错误检查】对话框将处于不可用状态，【关于此错误的帮助】按钮将显示【继续】按钮，只有单击该按钮，才可以继续执行错误检查操作。

❼ 如果无错误，将弹出【Microsoft】提示框，提示"已完成对整个工作表的错误检查"，单击【确定】按钮。

❽ 单击【公式】选项卡下【公式审核】组中的【移去箭头】按钮移去箭头。

工姓名	所属部门	加班日期	星期	开始时间	结束
张笑	采购部	2013/11/12	星期二	19:00	21
张笑	采购部	2013/11/15	星期五	19:20	22
张笑	采购部	2013/11/17	星期日		17
刘燕	财务部	2013/11/12	星期二	19:45	21

移去箭头

第3步：监视数据

【监视窗口】命令可以有效地帮助用户对数据进行管理，减少工作流程，节省了工作时间。

❶ 选择 K3:K8 单元格区域，单击【公式】选项卡下【公式审核】组中的【监视窗口】按钮。

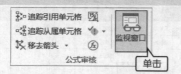

单击

至此，就完成了检查员工加班表的操作。

❷ 弹出【监视窗口】对话框，单击【添加监视】按钮。

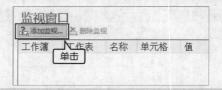

❸ 弹出【添加监视点】对话框，单击【添加】按钮。

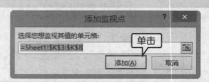

❹ 系统会自动将 K3：K8 区域的单元格添加至监视窗口。

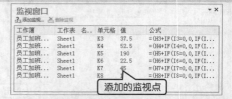

添加的监视点

❺ 在统计表中修改数据时即可看到监视窗口中的数据会随之变化。

修改后效果

高手私房菜

📹 本节视频教学录像：1 分钟

技巧：显示公式

在调试公式时，为了便于查看公式，可以使用【显示公式】命令将公式在单元格中显示出来。

单击【公式】选项卡下【公式审核】组中的【显示公式】按钮，即可将工作表中所有包含公式的单元格中的公式显示出来。

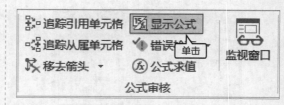

单击

📝 **提示** 选择包含公式的单元格，按【F2】键，即可将公式直接显示在所选单元格中。

第4篇
数据分析篇

第

14

章

数据的简单分析

 本章视频教学录像：45 分钟

高手指引

　　使用 Excel 2013 可以对表格中的数据进行基础分析，通过 Excel 的排序功能可以将数据表中的内容按照特定的规则排序；使用筛选功能可以将满足用户条件的数据单独显示；设置数据的有效性可以防止输入错误数据；使用条件格式功能可以直观的突出显示重要值；使用合并计算和分类汇总功能可以对数据进行分类或汇总。

重点导读

- ✚ 掌握数据排序方法
- ✚ 掌握数据筛选方法
- ✚ 了解数据的分类汇总方式
- ✚ 掌握数据合并计算的方法

14.1 数据的排序

本节视频教学录像：10 分钟

将工作表中的数据根据需求进行不同的排列，可以将数据按照一定的顺序显示，便于用户观察。这时就需要使用 Excel 的数据排序功能。

14.1.1 单条件排序

单条件排序就是依据某列的数据规则对数据进行排序。例如，要对期中考试成绩表中的"总成绩"列进行排序，具体的操作步骤如下。

❶ 打开随书光盘中"素材 \ch14\ 学生成绩表 .xlsx"文件，选择【总分】列中的任一单元格。

	A	B	C	D	E	F	G
1	学号	姓名	语文	数学	英语	理综	总分
2	001	黄艳明	95	138	112	241	586
3	002	刘林	101	125	107	258	591
4	003	赵孟	87	103	128	237	555
5	004	李婷	91	14	227	548	
6	005	刘彦雨	103	13	239	605	
7	006	张欣然	82	17	121	230	530
8	007	李强	97	142	109	231	579
9	008	刘景	89	102	124	199	514
10	009	王磊	106	128	134	250	618
11	010	马勇	107	134	105	248	594

（打开素材）

❷ 切换到【数据】选项卡，单击【排序和筛选】选项组中的【升序】按钮或【降序】按钮，即可快速地实现排序的要求。

	A	B	C	D	E	F	G
1	学号	姓名	语文	数学	英语	理综	总分
2	014	石磊	115	138	140	261	654
3	009	王磊	106	128	134	250	618
4	013	孟凡	110	127	132	239	608
5	005	刘彦雨	103	136	127	239	605
6	010	马勇	107	134	105	248	594
7	002	刘林	101	125	107	258	591
8	001	黄艳明	95	138	112	241	586
9	011	赵玲	89	137	102	258	586
10	012	刘浩	116	123	105	241	585

（单击）

选择要排序列的任意一个单元格，单击鼠标右键，在弹出的快捷菜单中选择【排序】▶【升序】菜单命令或【排序】▶【降序】菜单命令，也可以进行排序。

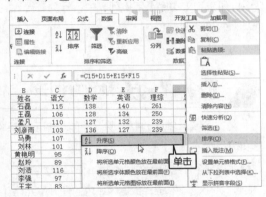

（单击）

提示 默认情况下，排序时把第 1 行作为标题行，不参与排序。由于数据表中有多列数据，所以如果仅对一列或几列排序，则会打乱整个数据表中数据的对应关系，因此应谨慎使用此排序操作。

14.1.2 多条件排序

按多条件排序就是依据多列的数据规则对数据表进行排序操作。将学生成绩表中各科的成绩均进行降序排列的具体操作步骤如下。

❶ 打开随书光盘中的"素材 \ch14\ 学生成绩表 .xlsx"文件，选择数据区域内的任一单元格。

	A	B	C	D	E	F	G	H
1	学号	姓名	语文	数学	英语	理综	总分	
2	014	石磊	115	138	140	261	654	
3	009	王磊	106	128	134	250	618	
4	013	孟凡	110	127	132	239	608	
5	005	刘彦雨	103	136	127	239	605	
6	010	马勇	107	134	105	248	594	
7	002	刘林	101	125	107	258	591	
8	001	黄艳明	95	138	112	241	586	
9	011	赵玲	89	137	102	258	586	
10	012	刘浩	116	123	105	241	585	
11	007	李强	97	142	109	231	564	
12	015	王宇	83	91	139	251	564	
13	003	赵孟	87	103	128	237	555	

（打开素材）

❷ 单击【数据】选项卡中【排序和筛选】选项组中的【排序】按钮，弹出【排序】对话框。

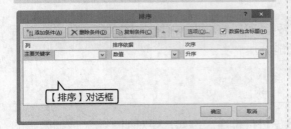

【排序】对话框

> **提示** 右击任意一个单元格，在弹出的快捷菜单中选择【排序】▶【自定义排序】菜单项，也可以弹出【排序】对话框。

❸ 在【主要关键字】下拉列表、【排序依据】下拉列表和【次序】下拉列表中，分别进行如图所示的设置。

1. 设置主要关键字
2. 单击
3. 设置主要关键字
4. 单击

> **提示** 在【排序】对话框中，单击【添加条件】按钮，可以增加条件。

❹ 全部设置完成，单击【确定】按钮即可。

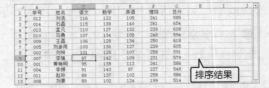

排序结果

> **提示** 多条件排序可以设置 64 个关键词。如果进行排序的数据没有标题行，或者让标题行也参与排序，可以在【排序】对话框中撤选【数据包含标题】复选框。

14.1.3 按行排序

在 Excel 2013 中，除了可以进行多条件排序外，还可以对行进行排序，具体的操作步骤如下。

❶ 打开随书光盘中的"素材 \ch14\ 学生成绩表.xlsx"文件，选择数据区域内的任一单元格。

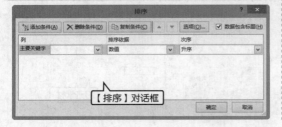

打开素材

❷ 在【数据】选项卡中，单击【排序和筛选】选项组中的【排序】按钮，弹出【排序】对话框。

【排序】对话框

❸ 单击【选项】按钮，弹出【排序选项】对话框，选中【按行排序】单选按钮。

单击

❹ 单击【确定】按钮，返回【排序】对话框，然后在【主要关键字】右侧的下拉列表中选择要排序的行（如"行2"）。

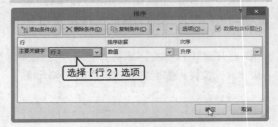

选择【行2】选项

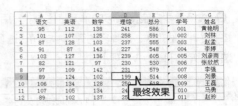

最终效果

⑤ 还可以选择数据的排序依据和次序，设置完毕单击【确定】按钮即可。

14.1.4 按列排序

按列排序是最常用的排序方法，可以根据某列数据对列表进行升序或降序排列。例如，要对学生成绩表中的"语文"，按由高到低的顺序排序，具体的操作步骤如下。

❶ 打开随书光盘中的"素材 \ch14\学生成绩表.xlsx"文件，选择数据区域内的任一单元格。

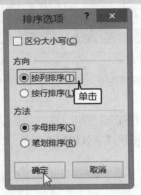

打开素材

❷ 在【数据】选项卡中，单击【排序和筛选】选项组中的【排序】按钮，弹出【排序】对话框，然后单击【选项】按钮，弹出【排序选项】对话框，选中【按列排序】单选按钮。

排序选项

□ 区分大小写(C)

方向
◉ 按列排序(T)
○ 按行排序(L)   单击

方法
◉ 字母排序(S)
○ 笔划排序(R)

确定   取消

❸ 单击【确定】按钮，返回【排序】对话框，在【主要关键字】右侧的下拉列表中选择"语文"选项。

选择【语文】选项

❹ 单击【确定】按钮，返回工作表，可以看到"语文"一列已经按要求排序。

	A	B	C	D	E	F
1	学号	姓名	语文	数学	英语	理综
2	006	张欣然	82	97	121	230
3	015	王宇	83	91	139	251
4	003	赵孟	87	103	128	237
5	008	刘景	89	102	124	199
6	011	赵玲	89	137	102	258
7	004	李婷	91	143	87	227
8	001	黄艳明	95	138	112	241
9	007	李强	97	142	109	231
10	002	刘林	101	125	107	
11	005	刘彦雨	103	136	127	
12	009	王磊	106	128	134	250
13	010	马勇	107	134	105	248

最终效果

提示 按列排序时，要先选定该列的某个数据，再进行排序，不能选择该列中的空单元格。当列的值相同时，可以进行多列排序，方法同"多条件排序"。

14.1.5 自定义排序

在 Excel 中，当使用上述排序方法仍然达不到要求时，可以使用自定义排序，具体的操作步骤如下。

❶ 打开随书光盘中的"素材 \ch14\学生成绩表.xlsx"文件，选择数据区域内的任一单元格。

打开素材

❷ 选择需要自定义排序的单元格区域，然后选择【文件】选项卡，在弹出的列表中选择【选项】选项，弹出【Excel 选项】对话框。

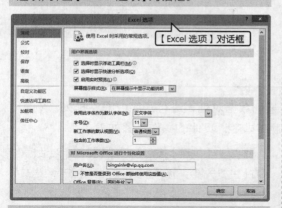

❸ 在【高级】选项中的【常规】区域中，单击【编辑自定义列表】按钮。

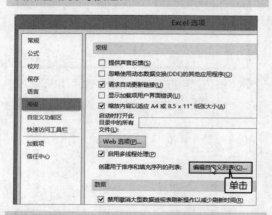

❹ 弹出【自定义序列】对话框，选择【自定义序列】选项卡，在【输入序列】文本框中输入如图所示的序列，然后单击【添加】按钮。

❺ 单击【确定】按钮，返回【Excel 选项】对话框，再单击【确定】按钮，接着选择数据区域内的任一单元格。

	A	B	C	D	E	F
1	学号	姓名	语文	数学	英语	理综
2	001	黄艳明	95	138	112	241
3	002	刘林	101	125	107	258
4	003	赵孟	87	103	128	237
5	004	李婷	91	143	87	227
6	005	刘彦雨	103	136	127	239
7	006	张欣然	82	97	121	230
8	007	李强	97	142	109	231
9	008	刘景	89	102	124	199
10	009	王磊	106	128	134	250
11	010	马勇	107	134	105	248

❻ 在【数据】选项卡中，单击【排序和筛选】选项组中的【排序】按钮，弹出【排序】对话框，在【主要关键字】下拉列表中选择【部门名称】选项，在【次序】下拉列表中选择【自定义序列】选项。

❼ 弹出【自定义序列】对话框，选择相应的序列，然后单击【确定】按钮，返回【排序】对话框，单击【选项】按钮，选择【按列排序】，返回【排序】对话框，在【主要关键字】中选择【行 1】选项。

❽ 单击【确定】按钮，即可按自定义的序列对数据进行排序，效果如图所示。

	A	B	C	D	E	F	G
1	总分	理综	语文	数学	英语	姓名	学号
2	#REF!	241	95	138	112	黄艳明	001
3	#REF!	258	101	125	107	刘林	002
4	#REF!	237	87	103	128	赵孟	003
5	#REF!	227	91	143	87	李婷	004
6	#REF!	239	103	136	127	刘彦雨	005
7	#REF!	230	82	97	121	张欣然	006
8	#REF!	231	97	142	109	李强	007
9	#REF!	199	89	102	124	刘景	008
10	#REF!	250	106	128	134	王磊	009
11	#REF!	248	107	134	105	马勇	010
12	#REF!	258	89	137	102	赵磊	011
13	#REF!	241	116	123	105		012

最终效果

提示 由于【总分】列中是由公式计算所得，所以这里以"=#REF!"显示，表示与原有公式相关联的表格不存在了，或是定义域出问题等。

14.2 数据的筛选

本节视频教学录像：10 分钟

在数据清单中，如果用户要查看一些特定数据，就需要对数据清单进行筛选，即从数据清单中选出符合条件的数据，将其显示在工作表中，不满足筛选条件的数据行将自动隐藏。

14.2.1 自动筛选

使用自动筛选功能可以在工作表中只显示那些满足特定条件的数据行，其具体操作步骤如下。

❶ 打开随书光盘中的"素材\ch14\学生成绩表.xlsx"文件。单击工作表区域的任意一个单元格，如A1单元格。单击【数据】选项卡下【排序和筛选】选项组中的【筛选】按钮 ▼。

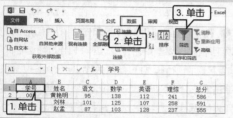

 提示 先选中需要筛选的单元格区域，执行自动筛选命令，Excel 2013 会自动筛选所选单元格区域中的数据。否则将对工作表中的所有数据进行筛选。

❷ 此时工作表第 1 行的列标题显示为下拉列表形式，多了一个下拉箭头 ▼。

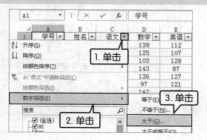

❸ 单击要筛选的列右侧的下拉箭头 ▼，如单击【语文】列右侧的下拉箭头 ▼，在弹出的下拉菜单中选择【数字筛选】选项，在其下一级子菜单中选择【大于】菜单命令。

❹ 弹出【自定义自动筛选方式】对话框，在【显示行】下【语文】左侧的下拉列表中选择【大于】选项，在右侧的文本选择框中输入"85"，单击【确定】按钮。

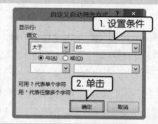

❺ 返回工作表，可以看到仅显示满足语文成绩大于 85 的行，不满足条件的行已经被隐藏。

	A	B	C	D	E
1	学号	姓名	语文	数学	英语
2	001	黄艳明	95	138	112
3	002	刘林	101	125	107
4	003	赵孟	87	103	128
5	004	李婷	91	143	87
6	005	刘彦南	103	136	127
7	007	李强	97	142	109
8	008	刘景	89	102	124
9	009	王磊	106	128	134
10	010	马勇	107	134	105

❻ 此时【语文】右侧的下拉箭头变为 ▼ 形状。单击该下拉箭头，在出现的下拉菜单中选择【从"语文"中清除筛选】菜单项，即可恢复所有行的显示。

 提示 如果要退出自动筛选，再次单击【数据】选项卡【排序和筛选】选项组中的【筛选】按钮 ▼ 即可。

14.2.2 自定义筛选

自定义筛选可分为模糊筛选、范围筛选和通配符筛选 3 类。

1. 模糊筛选

将学生成绩表中姓名为"刘"的学生筛选出来，具体的操作步骤如下。

❶ 打开随书光盘中的"素材 \ch14\ 学生成绩表 .xlsx"文件，选择数据区域内的任一单元格。

❷ 在【数据】选项卡中，单击【排序和筛选】选项组中的【筛选】按钮，进入【自动筛选】状态，此时在标题行每列的右侧会出现一个下拉箭头。单击【姓名】列右侧的下拉箭头，在弹出的下拉列表中选择【文本筛选】➤【开头是】选项。

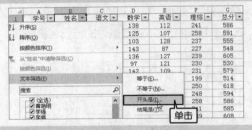

❸ 弹出【自定义自动筛选方式】对话框，在【姓名】区域右侧的下拉列表文本框中输入"刘？"。

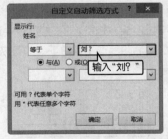

❹ 单击【确定】按钮，效果如图所示。

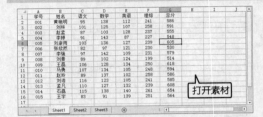

2. 范围筛选

将学生成绩表中总成绩大于等于560分，小于等于600分的学生筛选出来。

❶ 打开随书光盘中的"素材 \ch14\ 学生成绩表 .xlsx"文件，选择数据区域内的任一单元格。

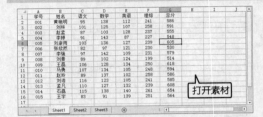

❷ 在【数据】选项卡中，单击【排序和筛选】选项组中的【筛选】按钮，进入【自动筛选】状态，此时在标题行每列的右侧会出现一个下拉箭头。单击【总分】列右侧的下拉箭头，在弹出的下拉列表中选择【数字筛选】➤【介于】选项。

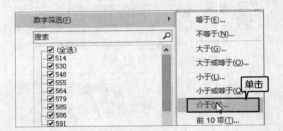

❸ 弹出【自定义自动筛选方式】对话框，在【总成绩】区域中【大于或等于】选项右侧的下拉列表文本框中输入"560"，选中【与】单选按钮，然后在【总成绩】区域中【小于或等于】选项右侧的下拉列表文本框中输入"600"。

❹ 单击【确定】按钮，效果如图所示。

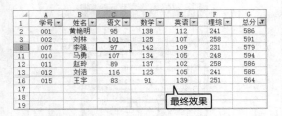

最终效果

3. 通配符筛选

将职工基本信息表中姓名为两个字的姓"王"的学生筛选出来，具体的操作步骤如下。

❶ 打开随书光盘中的"素材 \ch14\ 学生成绩表 .xlsx"文件，选择数据区域内的任一单元格。

打开素材

❷ 在【数据】选项卡中，单击【排序和筛选】选项组中的【筛选】按钮，进入【自动筛选】状态，此时在标题行每列的右侧会出现一个下拉箭头。单击【姓名】列右侧的下拉箭头，在弹出的下拉列表中选择【文字筛选】▶【自定义筛选】选项。

单击

❸ 弹出【自定义自动筛选方式】对话框，在【姓名】区域中【开头是】选项右侧的文本框中输入"王 *"。

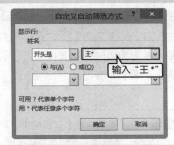

输入"王 *"

❹ 单击【确定】按钮，效果如图所示。

最终效果

 提示 通常情况下，通配符"？"表示任意一个字符，"*"表示任意多个字符。"？"和"*"需要在英文输入状态下输入。

14.2.3 高级筛选

若要通过复杂的条件来筛选单元格区域，则可使用高级筛选功能。进行高级筛选的具体操作步骤如下。

提示 高级筛选要求在一个与工作表中数据不同的地方指定一个单元格区域来存放筛选的条件，这个单元格区域称为条件区域。

❶ 打开随书光盘中的"素材 \ch14\ 学生成绩表 .xlsx"文件，在 E19 单元格中输入"理综"，在 E20 单元格中输入"＞230"，如下图所示。

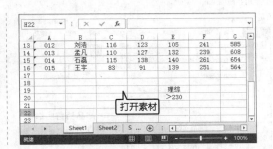

打开素材

❷ 选择任意一个单元格，单击【数据】选项卡下【排序和筛选】组中的【高级】按钮 ▽高级 。

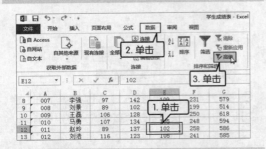

❸ 弹出【高级筛选】对话框，分别单击【列表区域】和【条件区域】文本框右侧的【折叠】按钮▦，设置列表区域和条件区域。设置完毕后，单击【确定】按钮。

❹ 即可筛选出符合条件区域的数据。

	A	B	C	D	E	F	G	H
1	学号	姓名	语文	数学	英语	理综	总分	
2	001	黄艳明	95	138	112	241	586	
3	002	刘林	101	125	107	258	591	
4	003	赵孟	87	103	128	237	555	
5	005	刘睿雨	103	136	127	239	605	
6	007	李强	97	142	109	231	579	
9	009	王磊	106	128	134	250	618	
10	010	马勇	107	134	105	248	594	
11	011	赵玲	89	137	102	258	586	
12	012	刘浩	116	123	105	241	585	
14	013	孟凡	110	127	132	239	608	
15	014	石磊	115	138	140	261	654	
16	015	王宇	83		139	251	564	
17								

筛选结果

> 📝 **提示** 在【高级筛选】对话框中，单击选中【将筛选结果复制到其他位置】单选项，则【复制到】输入框可以使用，选择复制到的单元格区域，筛选的结果将自动复制到所选的单元格区域。

14.3 数据的分类汇总

🎬 本节视频教学录像：7 分钟

　　分类汇总是先对数据清单中的数据进行分类，然后在分类的基础上进行汇总。分类汇总时，用户不需要创建公式，系统会自动创建公式，对数据清单中的字段进行求和、求平均值和求最大值等函数运算。分类汇总的计算结果，将分级显示出来。

14.3.1 简单分类汇总

　　简单分类汇总是指对数据表格的一个字段仅统一做一种方式的汇总。在数据列表中，使用分类汇总求定货总值，创建简单分类汇总的具体步骤如下。

❶ 打开随书光盘中的"素材 \ch14\ 产品销售明细清单 .xlsx"文件，选择数据区内任一单元格，单击【数据】选项卡中的【升序】按钮🔼进行排序。

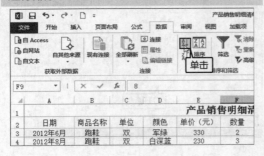

❷ 在【数据】选项卡中，单击【分级显示】选项组中的【分类汇总】按钮🔳，弹出【分类汇总】对话框。

❸ 在【分类字段】下拉列表中选择【商品名称】选项，表示以"商品名称"字段进行分类汇总，然后在【汇总方式】下拉列表中选择【求和】选项。

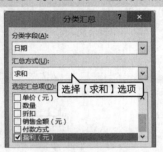

❹ 单击【确定】按钮，进行分类汇总的效果如图所示。

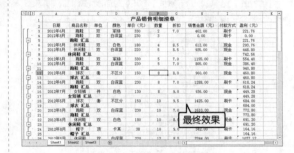

14.3.2 多重分类汇总

在 Excel 中，可以根据两个或更多个分类项，对工作表中的数据进行分类汇总，具体的操作步骤如下。

❶ 打开随书光盘中的"素材 \ch14\ 产品销售明细清单 .xlsx"文件，选择数据区域中的任意一个单元格，单击【数据】选项卡【排序和筛选】选项组中的【排序】按钮，弹出【排序】对话框。

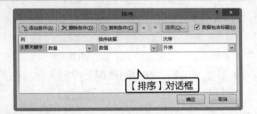

❷ 按照如图所示进行设置。

❸ 单击【确定】按钮，排序后的工作表如图所示。

❹ 单击【分级显示】选项组中的【分类汇总】按钮，弹出【分类汇总】对话框。在【分类字段】下拉列表中选择【商品名称】选项；在【汇总方式】下拉列表中选择【求和】选项；在【选定汇总项】列表框中选中【盈利（元）】复选框，并选中【汇总结果显示在数据下方】复选框，然后单击【确定】按钮，进行分类汇总后的工作表如图所示。

❺ 单击【确定】按钮，效果如图所示。

❻ 再次单击【分类汇总】按钮 ，弹出【分类汇总】对话框，在【分类字段】下拉列表中选择【产品】选项，并撤选【替换当前分类汇总】复选框，如图所示。

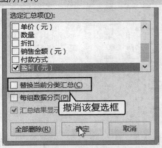

撤消该复选框

❼ 单击【确定】按钮，此时即可建立两重分类汇总。

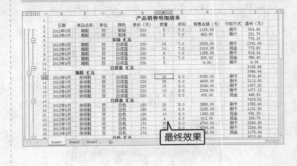

最终效果

14.3.3 分级显示数据

在建立的分类汇总工作表中，数据是分级显示的，并在左侧显示级别。如进行多重分类汇总后，在工作表的左侧列表中显示了 4 级分类。

❶ 单击行标左侧的 1 按钮，则显示一级数据，即盈利的总和。

一级数据

❷ 单击行标左侧的 2 按钮，则显示一级和二级数据，即盈利和商品名称汇总。

一、二级数据

❸ 单击 3 按钮，则显示一二三级数据，即对盈利、商品名称和颜色汇总。

一、二、三级数据

❹ 单击 4 按钮，则显示所有汇总的详细信息。

所有数据

❺ 单击 − 按钮，则会隐藏明细数据。

❻ 单击 + 按钮，则会显示明细数据。

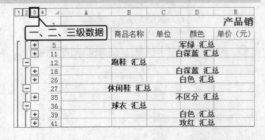

14.3.4 清除分类汇总

如果不再需要分类汇总，可以将其清除。

❶ 接上面的操作，选择分类汇总后工作表数据区域内的任一单元格。在【数据】选项卡中，单击【分级显示】选项组中的【分类汇总】按钮，弹出【分类汇总】对话框。

【分类汇总】对话框

❷ 单击【全部删除】按钮，即可清除分类汇总。

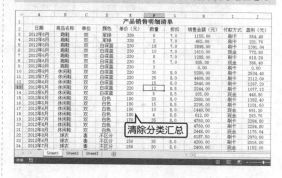

清除分类汇总

14.4 合并运算

本节视频教学录像：7 分钟

若要汇总多个单独的工作表的结果，可以将每个工作表中的数据合并到一个主工作表中。这些工作表可以和主工作表在同一个工作簿中，也可以位于不同的工作簿中。合并计算数据的具体操作步骤如下。

14.4.1 按位置合并计算

按位置进行合并计算，就是按同样的顺序排列所有工作表中的数据，将它们放在同一位置中。如将工作表"工资 2"中的数据合并到工作表"工资 1"中。

❶ 打开随书光盘中的"素材 \ch14\ 合并计算 .xlsx"文件，选择"工资 1"工作表的A1:F14 单元格区域。

选择单元格区域

❷ 单击【公式】选项卡下【定义的名称】选项组中的【定义名称】按钮，弹出的【新建名称】对话框，在【名称】文本框中输入"工资 1"，单击【确定】按钮。

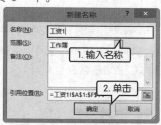

1. 输入名称

2. 单击

❸ 选择"工资 2"工作表的 D1:F14 单元格区域。

选择单元格区域

❹ 在【公式】选项卡下【定义的名称】选项组中的【定义名称】按钮，弹出的【新建名称】对话框，在【名称】文本框中输入"工资 2"，单击【确定】按钮。

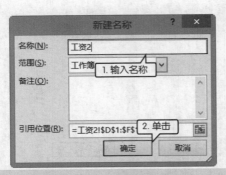

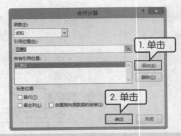

⑤ 选择"工资 1"工作表中的单元格 G1，单击【数据】选项卡下【数据工具】选项组中的【合并计算】按钮，在弹出的【合并计算】对话框中的【引用位置】文本框中输入"工资2"，单击【添加】按钮，把"工资2"添加到【所有引用位置】列表框中，单击【确定】按钮。

⑥ 即可将名称为"工资2"的区域合并到"工资1"区域中。

> **提示** 合并前要确保每个数据区域都采用列表格式，第一行中的每列都具有标签，同一列中包含相似的数据，并且在列表中没有空行或空列。

14.4.2 由多个明细表快速生成汇总表

如果数据分散在各个明细表中，需要将这些数据汇总到 1 个总表中，也可以使用合并计算，具体的操作步骤如下。

❶ 打开随书光盘中的"素材 \ch14\ 合并计算 .xlsx"文件，其中包含了两个工资表，现需要将这两个工资表的数据合并到 1 个工资表中。

❷ 在工作表"工资 2"后添加一个"Sheet3"工作表，并选择"Sheet3"中的 A1 单元格。

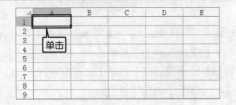

❸ 在【数据】选项卡中，单击【数据工具】选项组中的【合并计算】按钮，弹出【合并计算】对话框，单击"引用位置"文本框中的按钮，然后选择"工资 1"工作表中的 A1:F14 单元格区域，单击【合并计算 –引用位置】对话框中的按钮，然后单击【添加】按钮。

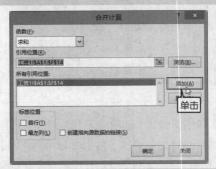

❹ 重复此操作，添加"工资 2"工作表中的数据区域，并选中【首行】和【最左列】两个复选框。

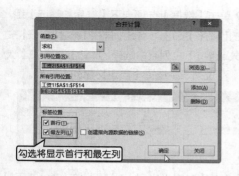

勾选将显示首行和最左列

❺ 单击【确定】按钮，调节列宽，合并计算
后的数据如图所示。单元格区域 B 列和 C 列
由于属于文本格式，所以合并后会以空白显示。

合并后的效果

14.5 综合实战 1——制作公司收支明细表

本节视频教学录像：4 分钟

公司收支明细表是公司在一段时间内，将收入和支出一一列举出来的，并通过收支明细
表为下一阶段做好预算。

【案例效果展示】

效果图

【案例涉及知识点】

- 使用公式计算结果
- 数据的筛选
- 数据的排序

【操作步骤】

第 1 步：计算一年中合计款项

❶ 打开随书光盘中的"素材 \ch14\ 公司收支
明细表 .xlsx"文件，选中单元格 G2。

第二季度	第三季度	第四季度	合计
¥1,190,000	¥1,300,000	¥1,600,000	
¥345,000	¥349,000	¥344,000	
¥300,500	¥430,000	¥500,000	
¥170,000	¥160,000	¥190,000	
¥11,000	¥9,000	¥11,000	
¥300,000	¥300,000	¥300,000	
¥290,000	¥280,000	¥300	
¥980,000	¥1,000,000	¥1,200,000	
¥8,000	¥8,000	¥7,900	
¥450,000	¥440,000	¥460,000	

单击

❷ 在 G2 单元格中输入公式 "=C2+D2+E2
+F2"，按【Enter】键，并使用填充柄快速填
充单元格区域 G3:G17，如图所示。

填充后的效果

第 2 步：筛选数据

❶ 选择数据区域的任一单元格，单击【数据】
选项卡下【排序和筛选】组中的【筛选】按钮，
进入筛选状态。

单击

❷ 单击 B2 单元格右侧的下拉按钮 ▼，在弹出的下拉列表中撤销选中【全选】复选框，单击选中【收入】复选框，单击【确定】按钮。

❸ 筛选后的结果如下图所示。

第 3 步：将收支排序

❶ 单击 B2 单元格右侧的下拉按钮 ▼，在弹出的下拉列表中选中【全选】复选框，单击【确定】按钮。

❷ 单击【数据】选项卡下【排序和筛选】组中的【排序】按钮，弹出【排序】对话框，在【主要关键字】下拉列表中选择【收支】选项，在【次序】下拉列表中选择【自定义序列】选项。

❸ 弹出【自定义序列】对话框，在【输入序列】中输入如图所示文本，单击【添加】按钮，在【自定义序列】中选中【收入，支出】选项，单击【确定】按钮。

❹ 返回【排序】对话框，在【次序】下拉列表中选择【收入，支出】选项，单击【确定】按钮。如图所示，收支将以收入和支出的次序排列。

14.6 综合实战 2——制作汇总销售记录表

🎦 本节视频教学录像：4 分钟

汇总销售记录表是公司对一段时间收入和支出的汇总表，公司可以根据汇总销售表清晰地看出某一项目在一段时间内的收入或支出金额。

【案例效果展示】

【案例涉及知识点】

- ❖ 数据的排序
- ❖ 数据的分类汇总

【操作步骤】

第 1 步：对数据排序

❶ 打开随书光盘中的"素材 \ch14\ 汇总销售记录 .xlsx"文件，选中 B 列的任一单元格。

1	汇总销售记录			
2	客户代码	所属地区	发货额	回款额
3	K-009	河南	¥53,200.00	¥52,400.00
4	K-010	河南	¥62,540.00	¥58,630.00
5	K-003	山东	¥48,520.00	¥36,520.00
6	K-008	山东	¥45,000.00	¥32,400.00
7	K-011	山东	¥32,000.00	¥25,600.00
8	K-002	湖北	¥36,520.00	¥23,510.00
9	K-004	湖北	¥56,800.00	¥54,200.00
10	K-005	湖北	¥76,203.00	¥62,000.00
11	K-012	湖北	¥45,203.00	¥43,200.00

（单击）

❷ 在【数据】选项卡中，单击【排序和筛选】选项组中的【升序】按钮 ↓，对"所属地区"列进行升序排序。

1	汇总销售记录			
2	客户代码	所属地区	发货额	回款额
3	K-001	安徽	¥75,620.00	¥65,340.00
4	K-006	安徽	¥75,621.00	¥75,000.00
5	K-007	安徽	¥85,230.00	¥45,060.00
6	K-014	安徽	¥75,264.00	¥75,000.00
7	K-009	河南	¥53,200.00	¥52,400.00
8	K-010	河南	¥62,540.00	¥58,630.00
9	K-002	湖北	¥36,520.00	¥23,510.00
10	K-004	湖北	¥56,800.00	¥54,200.00
11	K-005	湖北	¥76,203.00	¥62,000.00
12	K-012	湖北	¥45,203.00	¥43,200.00
13	K-013	湖北	¥20,054.00	¥19,000.00

（升序排列）

第 2 步：汇总销售记录

❶ 选择任一单元格，在【数据】选项卡中，单击【分级显示】选项组中的【分类汇总】按钮 ，弹出【分类汇总】对话框。

（【分类汇总】对话框）

❷ 在【分类字段】下拉列表中选择【所属地区】选项，在【选定汇总项】列表框中选中【发货额】和【回款额】两个复选框，撤选【回款率】复选框。

（撤消选择）

❸ 单击【确定】按钮，汇总结果如图所示。

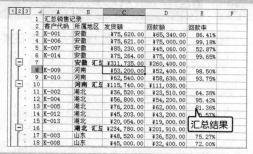

（汇总结果）

❹ 选择任一单元格，在【数据】选项卡中，单击【分级显示】选项组中的【分类汇总】按钮 ，弹出【分类汇总】对话框，在【汇总方式】下拉列表中选择【平均值】选项，在【选定汇总项】列表框中选中【发货额】和【回款额】两个复选项，撤选【替换当前分类汇总】复选框。

（撤消选择）

❺ 单击【确定】按钮，即可得到多级汇总结果，如图所示。

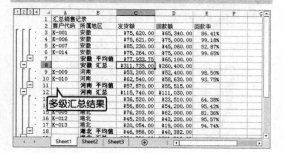

（多级汇总结果）

❻ 若销售记录太多，可以将部分结果隐藏起来（如将"湖北"的汇总结果隐藏起来）。单击"湖北"销售记录左侧 ③ 按钮下方的 ⊟ 按钮，即可隐藏"湖北"3 级的数据。

高手私房菜

本节视频教学录像：3 分钟

技巧：使用合并计算核对多表中的数据

核对在下图显示的数据中，"销量 A"和"销量 B"是否一致的具体操作步骤如下。

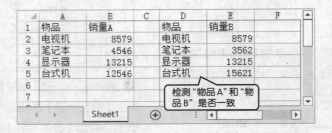

❶ 选择 G1 单元格，单击【数据】选项卡下【数据工具】选项组中的【合并计算】按钮，弹出【合并计算】对话框，添加 A1:B5 和 D1:E5 两个单元格区域，并单击选中【首行】和【最左列】两个复选框。

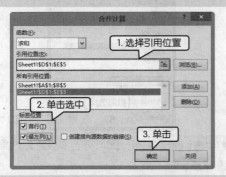

❷ 单击【确定】按钮，得到合并结果。

❸ 在 J2 单元格中输入公式"=H2=I2"，按【Enter】键。

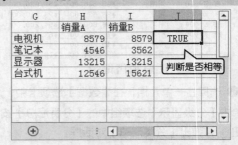

❹ 使用填充柄填充 J3:J5 单元格区域，显示"FALSE"表示"销量 A"和"销量 B"中的数据不一致。

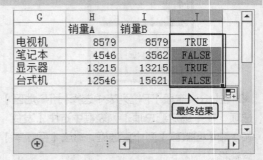

第15章

数据的条件格式与有效性验证

本章视频教学录像：30 分钟

高手指引

在 Excel 中，使用条件格式可以方便、快捷地将符合要求的数据突出显示出来，使工作表中的数据一目了然。本章将详细介绍 Excel 2013 中的条件格式。

重点导读

+ 了解条件格式
+ 掌握套用数据条格式的方法
+ 使用数据有效性
+ 检测无效的数据

15.1 使用条件格式

 本节视频教学录像：4分钟

在 Excel 2013 中可以使用条件格式，将符合条件的数据突出显示出来。

15.1.1 条件格式综述

条件格式是指当条件为真时，Excel 自动应用于所选的单元格格式（如单元格的底纹或字体颜色），即在所选的单元格中符合条件的以一种格式显示，不符合条件的以另一种格式显示。

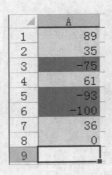 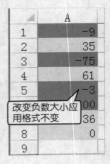

设定条件格式，可以让用户基于单元格内容有选择地和自动地应用单元格格式。例如，通过设置，使区域内的所有负值有一个浅红色的背景色。当输入或者改变区域中的值时，如果数值为负数，背景就变化，否则就不应用任何格式。

 提示 另外，应用条件格式还可以快速地标识不正确的单元格输入项或者特定类型的单元格，而使用一种格式（例如，红色的单元格）来标识特定的单元格。

15.1.2 设置条件格式

对一个单元格或者单元格区域应用条件格式的具体步骤如下。

❶ 选择单元格或者单元格区域，单击【开始】选项卡【样式】组中的【条件格式】按钮 ，弹出如图所示的列表。

❷ 在【突出显示单元格规则】选项中，可以设置【大于】、【小于】、【介于】等条件规则。

❸ 在【数据条】选项中，可以使用内置样式设置条件规则，设置后会在单元格中以各种颜色显示数据的分类。

❹ 单击【新建规则】选项，弹出【新建格式规则】对话框，从中可以根据自己的需要来设定条件规则。

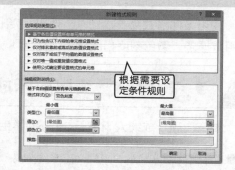

根据需要设定条件规则

15.1.3 管理和清除条件格式

设定条件格式后，可以对其进行管理和清除。

1. 管理条件格式

❶ 选择设置条件格式的区域，在【开始】选项卡中，单击【样式】选项组中的【条件格式】按钮 ，在弹出的列表中选择【管理规则】选项。

❷ 弹出【条件格式规则管理器】对话框，在此列出了所选区域的条件格式，可以在此新建、编辑和删除设置的条件规则。

【条件格式规则管理器】对话框

2. 清除条件格式

除了在【条件格式规则管理器】对话框中删除规则外，还可以通过以下方式删除。

选择设置条件格式的区域，在【开始】选项卡中，单击【样式】选项组中的【条件格式】按钮 条件格式·，在弹出的列表中选择【清除规则】选项，在其子列表中选择【清除所选单元格的规则】选项，即可清除选择区域中的条件规则；选择【清除整个工作表的规则】选项，则可清除此工作表中所有设置的条件规则。

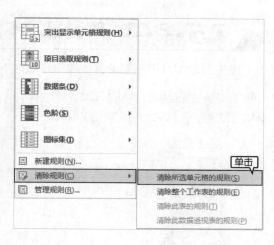

15.2 突出显示单元格效果

本节视频教学录像：8 分钟

使用条件格式易于达到以下效果：突出显示所关注的单元格或单元格区域；强调异常值；使用数据条、颜色刻度和图标集来直观地显示数据。

15.2.1 突出显示成绩优秀的学生

要突出显示成绩大于等于 90 分的学生，具体的操作步骤如下。

❶ 打开随书光盘中的"素材 \ch15\ 成绩表 .xlsx"文件，选择单元格区域 E3:E15。

❷ 在【开始】选项卡中，选择【样式】选项组中的【条件格式】按钮，在弹出的下拉列表中选择【突出显示单元格规则】▶【大于】选项。

❸ 在弹出的【大于】对话框的文本框中输入"89"，在【设置为】下拉列表中选择【黄填充色深黄色文本】选项。

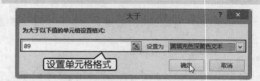

❹ 单击【确定】按钮，即可突出显示成绩优秀（大于等于 90 分）的学生。

15.2.2 突出显示本月销售额

突出显示本月销售额的具体操作步骤如下。

❶ 打开随书光盘中的"素材 \ch15\ 销售单 .xlsx"文件，选择 A2:A10 单元格区域。

❷ 在【开始】选项卡中，选择【样式】选项组中的【条件格式】按钮，在弹出的下拉列表中选择【突出显示单元格规则】▶【发生日期】选项。

❸ 在弹出的【发生日期】对话框的下拉列表中选择【本月】选项，在【设置为】下拉列表中选择【浅红填充色深红色文本】选项。

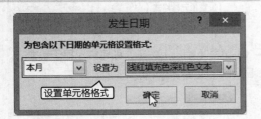

❹ 单击【确定】按钮，即可为本月（假设目前为 8 月份）的销售额添加突出显示样式。

 ## 15.2.3 突出显示有关李小林的记录

以 15.2.1 小节中出现的成绩表为例，突出显示学生李小林相关记录的具体步骤如下。

❶ 打开随书光盘中的"素材 \ch15\ 成绩表 .xlsx"文件，选择单元格区域 B3:B15。

❷ 在【开始】选项卡中，选择【样式】选项组中的【条件格式】按钮，在弹出的下拉列表中选择【突出显示单元格规则】➤【文本包含】选项。

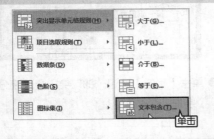

❸ 在弹出的【文本中包含】对话框的文本框中输入"李小林"，在【设置为】下拉列表中选择【浅红色填充】选项。

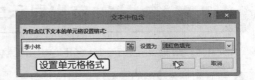

❹ 单击【确定】按钮，即可突出显示内容为"李小林"的文本。

 ## 15.2.4 突出显示包含 Excel 的文件

以文件表为例，要突出显示格式是 Excel 的文件类型，具体的操作步骤如下。

❶ 打开随书光盘中的"素材 \ch15\ 文件表 .xlsx"文件，选择单元格区域 B2:B11。

❷ 在【开始】选项卡中，选择【样式】选项组中的【条件格式】按钮，在弹出的下拉列表中选择【突出显示单元格规则】▶【文本包含】选项。

❸ 在弹出的【文本中包含】对话框的文本框中输入"Excel 文件"，在【设置为】下拉列表中选择【浅红色填充】选项。

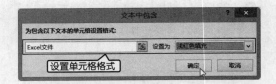

❹ 单击【确定】按钮，即可突出显示包含 Excel 的文件。

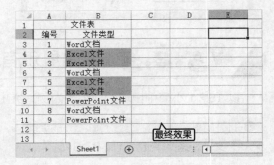

15.2.5 突出显示成绩位居前 10 名的学生

突出显示成绩位居前 10 名的学生的具体操作步骤如下。

❶ 打开随书光盘中的"素材 \ch15\ 成绩表 .xlsx"文件，选择单元格区域 E3:E15。

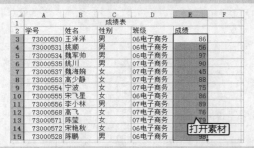

❷ 在【开始】选项卡中，选择【样式】选项组中的【条件格式】按钮，在弹出的下拉列表中选择【项目选取规则】▶【前 10 项】选项。

❸ 在弹出的【前 10 项】对话框的微调框中输入"10"，在【设置为】下拉列表中选择【浅红填充色深红色文本】选项。

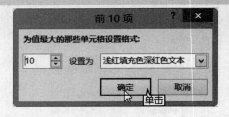

❹ 单击【确定】按钮，即可突出显示高分的 10 个学生。

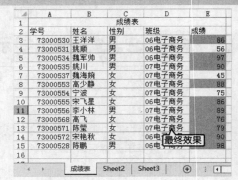

15.2.6 突出显示高于平均分的学生

突出显示高于平均分的学生的具体操作步骤如下。

❶ 打开随书光盘中的"素材 \ch15\ 成绩表 . xlsx"文件，选择单元格区域 E2:E15。

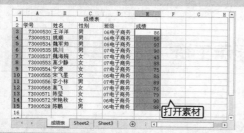

❷ 在【开始】选项卡中，选择【样式】选项组中的【条件格式】按钮 条件格式·，在弹出的下拉列表中选择【项目选取规则】▶【高于平均值】选项。

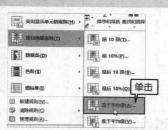

❸ 在弹出的【高于平均值】对话框的下拉列表中选择【绿填充色深绿色文本】选项。

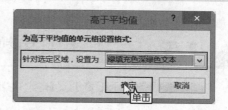

❹ 单击【确定】按钮，即可突出显示高于平均分的学生。

15.3 套用数据条格式

📽 本节视频教学录像：3 分钟

使用数据条，可以查看某个单元格相对于其他单元格的值。数据条的长度代表单元格中的值。数据条越长，表示值越高；数据条越短，表示值越低。在观察大量数据中的较高值和较低值时，数据条尤其有用。

15.3.1 用蓝数据条显示成绩

要突出显示成绩大于等于 90 分的学生，具体的操作步骤如下。

❶ 打开随书光盘中的"素材 \ch15\ 成绩表 . xlsx"文件，选择单元格区域 E3:E15。

❷ 在【开始】选项卡中，选择【样式】选项组中的【条件格式】按钮 条件格式·，在弹出的下拉列表中选择【数据条】▶【蓝色数据条】选项，成绩就会以蓝色数据条显示，成绩越高，数据条越长。

15.3.2 用红色数据条显示工资

用红色数据条显示工资的具体操作步骤如下。

❶ 打开随书光盘中的"素材 \ch15\ 工资表.xlsx"文件，选择"实发工资"列。

❷ 单击【开始】选项卡【样式】组中的【条件格式】按钮 条件格式·，在弹出的下拉列表中选择【数据条】▶【红色数据条】选项，实发工资就会以红色数据条显示。

15.3.3 用橙色数据条显示销售总额

用橙色数据条显示销售总额的具体操作步骤如下。

❶ 打开随书光盘中的"素材 \ch15\ 销售表.xlsx"文件，选择"总额"列。

❷ 单击【开始】选项卡【样式】组中的【条件格式】按钮 条件格式·，在弹出的下拉列表中选择【数据条】▶【橙色数据条】选项，实发工资就会以橙色数据条显示。

15.4 设置数据有效性

🎬 本节视频教学录像：6分钟

在向工作表中输入数据时，为了防止输入错误的数据，可以为单元格设置有效的数据范围，限制用户只能输入制定范围内的数据，这样可以极大地减小数据处理操作的复杂性。

15.4.1 设置数据有效性的条件

在【数据有效性】对话框中可以方便有效地设置数据有效性，其具体的操作步骤如下。

❶ 单击【数据】选项卡【数据工具】选项组中的【数据验证】按钮 数据验证 右侧的倒三角箭头。

❷ 在弹出的下拉列表中选择【数据验证】选项，弹出【数据验证】对话框。

在【设置】选项卡的【允许】下拉列表中有多种类型的数据格式，设置数据有效性的数据必须满足以下几点，具体说明如下。

(1)【任何值】：默认选项，对输入数据不作任何限制，表示不使用数据有效性。

(2)【整数】：指定输入的数值必须为整数。

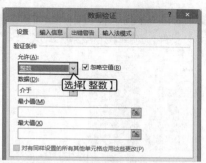

(3)【小数】：指定输入的数值必须为数字或小数。

(4)【序列】：为有效性数据指定一个序列。

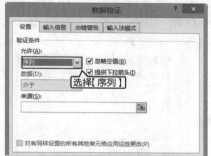

(5)【时间】：指定输入的数据必须为时间。

(6)【日期】：指定输入的数据必须为日期。

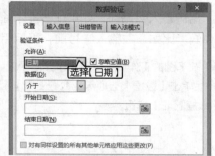

(7)【文本长度】：指定有效数据的字符数。

(8)【自定义】：使用自定义类型时，允许用户使用定义公式、表达式或引用其他单元格的计算值，来判定输入数据的有效性。

15.4.2 设置输入错误时的警告信息

当输入的数据不符合要求时，就会弹出如图所示的警告框。

❶ 打开随书光盘中的"素材\ch15\成绩表.xlsx"文件，选择单元格区域 C3:C15。

打开素材

❷ 在【数据】选项卡中，单击【数据工具】选项组中的【数据验证】按钮 数据验证 右侧的倒三角箭头，在弹出的下拉列表中选择【数据验证】选项，弹出【数据验证】对话框，在【允许】下拉列表中选择【自定义】选项，在【公式】文本框中输入"男女"。

输入"男女"

❸ 选择【出错警告】选项卡，在【样式】下拉列表中选择【警告】选项，在【标题】和【错误信息】文本框中输入如图所示的内容。

输入警告信息

❹ 单击【确定】按钮，返回工作表，在 C3:C15 单元格中输入不符合要求的数字或文字时，就会提示如图所示的警告信息。

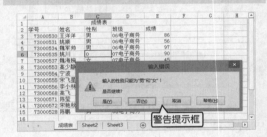
警告提示框

15.4.3 设置输入前的提示信息

用户输入数据前，如果能够提示输入什么样的数据才是符合要求的，那么出错率就会大大降低。比如，在输入学号前，提示用户应输入 8 位数的学号，具体的操作步骤如下。

❶ 在下图的工作簿中，选中单元格区域 B2:B5。单击【数据】选项卡【数据工具】组中的【数据验证】按钮 数据验证 。

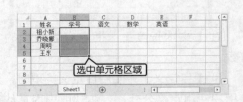
选中单元格区域

❷ 弹出【数据验证】对话框，选择【输入信息】选项卡，在【标题】和【输入信息】文本框中，输入如图所示的内容。

输入内容

❸ 单击【确定】按钮，返回工作表。当单击 B2:B5 单元格区域的任一单元格时，就会提示如图所示的信息。

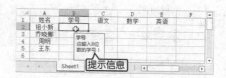

15.4.4 清除数据有效性设置

设置了数据有效性后，如果不再需要数据有效性，可以清除这些设置，具体的操作步骤如下。

❶ 打开随书光盘中的"素材 \ch15\ 采购表 . xlsx"文件，选择单元格区域 A2:A6。

❷ 单击【数据】选项卡【数据工具】组中的【数据验证】按钮，弹出【数据验证】对话框，选择【设置】选项卡。

❸ 将【允许】下拉列表项改为"任何值"，即可清除此处的数据有效性设置。

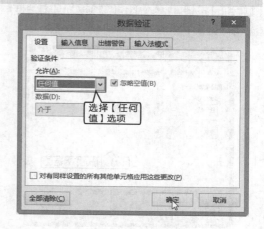

 提示 单击【全部清除】按钮，即可清除工作表中所选择单元格区域所有的数据有效性设置。

15.5 检测无效的数据

本节视频教学录像：3 分钟

如果已经输入了数据，那么如何快速检测这些数据是否符合要求呢？可以通过圈定无效数据的功能将这些数据显示出来。

15.5.1 圈定无效数据

圈定无效数据是指系统自动地将不符合要求的数据用红色的圈标注出来，以便查找和修改，具体的操作步骤如下。

❶ 打开随书光盘中的"素材 \ch15\ 成绩表 . xlsx"文件，选中单元格区域 E3:E15。

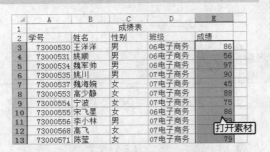

打开素材

❷ 单击【数据】选项卡【数据工具】组中的【数据验证】按钮 弹出【数据验证】对话框，选择【设置】选项卡。

【数据验证】对话框

❸ 选择【设置】选项卡，在【允许】下拉列表中选择【整数】，其余的选项按如图所示进行设置，设置完毕单击【确定】按钮。

设置验证条件

❹ 单击【数据工具】选项组中的【数据验证】按钮 右侧的倒三角箭头，在弹出的下拉列表中选择【圈释无效数据】选项，此区域中无效的数据就会以红色的椭圆标注出来。

最终效果

15.5.2 清除圈定数据

圈定了这些无效数据后，就可以方便地找到并修改为正确、有效的数据。具体的操作步骤如下。

清除红色椭圆标注的方法有以下两种。

方法 1：修改为正确的数据后，标注会自动清除。

标注消失

方法 2：在【数据】选项卡中，单击【数据工具】选项组中的【数据验证】按钮 ，在弹出的下拉列表中选择【清除验证标识圈】选项，这些红色的标识圈就会自动消失。

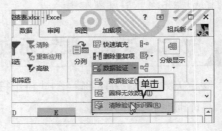

单击

15.6 综合实战——挑出不及格学生的成绩

📹 本节视频教学录像：4 分钟

在设置数据有效性时，有多处选项需要设置。下面以学生成绩表为例，挑出不及格学生的成绩，具体的操作步骤如下。

【案例效果展示】

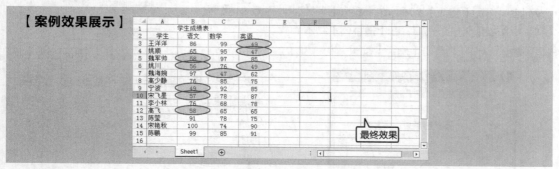

最终效果

【案例涉及知识点】

- 🔷 使用条件格式
- 🔷 突出显示单元格效果
- 🔷 设置数据的有效性
- 🔷 检测无效的数据

【操作步骤】

第 1 步：突出显示不及格成绩

❶ 打开随书光盘中的"素材 \ch15\ 学生成绩表 .xlsx"文件，选中单元格区域 B3:D15。

打开素材

❷ 单击【开始】选项卡【样式】组中的【条件格式】按钮，在弹出的下拉列表中选择【突出显示单元格规则】▶【小于】选项。

单击

❸ 弹出【小于】对话框，输入如图所示数据，单击【确定】按钮。

设置单元格格式

❹ 设置后的效果如图所示。

设置后的效果

第 2 步：圈定不及格的成绩

❶ 再次选中单元格区域 B3:D15。

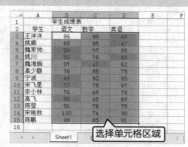

选择单元格区域

❷ 单击【数据】选项卡【数据工具】选项组中的【数据验证】按钮 右侧的倒三角箭头，在弹出的下拉列表中选择【数据验证】选项。

❸ 弹出【数据验证】对话框，在【允许】下拉列表中选择【整数】选项，在【数据】下拉列表中选择【大于】选项，在【最小值】文本框中输入"60"，单击【确定】按钮。

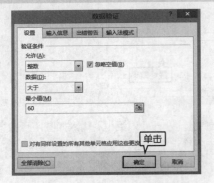

❹ 返回工作簿中，单击【数据】选项卡【数据工具】选项组中的【数据验证】按钮右侧的倒三角箭头，在弹出下拉列表中选择【圈释无效数据】选项。

❺ 最终效果如图所示，将不及格的成绩全部圈释出来。

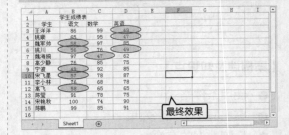

高手私房菜

本节视频教学录像：2 分钟

技巧：将条件格式转换为单元格格式

如果条件格式所依赖的数据被删除，条件格式将重新进行运算从而结果失效。为此可以将条件格式转换为单元格格式，具体的操作步骤如下。

❶ 单击鼠标右键，在弹出的快捷菜单中选择【剪切】菜单项。

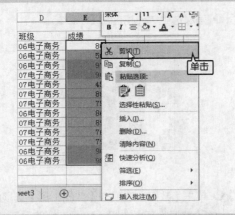

❷ 在【开始】选项卡中，单击【剪贴板】选项组右下角的 按钮，弹出剪贴板。

❸ 从中选择要粘贴的目标单元格，单击剪贴板中的内容，即可粘贴为单元格格式。

第

16

章

更专业的数据分析——使用数据透视表和数据透视图

 本章视频教学录像：26 分钟

高手指引

通过数据透视表和数据透视图可以清晰地展示出数据的汇总情况，对于数据的分析、决策起到至关重要的作用。本章主要介绍了创建数据表、美化数据表等内容。

重点导读

+ 掌握创建数据透视表的方法
+ 掌握编辑数据透视表的方法
+ 掌握数据透视表中数据的操作
+ 了解设置数据透视表格式的方法

16.1 数据透视表与数据透视图

本节视频教学录像：2 分钟

数据透视表对于汇总、分析、浏览和呈现汇总数据非常有用。数据透视图则有助于形象呈现数据透视表中的汇总数据，便于用户轻松查看和比较。

1. 数据透视表

数据透视表是一种对大量数据快速汇总和建立交叉列表的交互式动态表格，能够帮助用户分析、组织既有数据，是 Excel 中的数据分析利器。

用户可以从 4 种类型的数据源中创建数据透视表。

(1) Excel 数据列表。Excel 数据列表是最常用的数据源。如果以 Excel 数据列表作为数据源，则标题行不能有空白单元格或者合并的单元格，否则不能生成数据透视表，会出现如图所示的错误提示。

(2) 外部数据源。文本文件、Microsoft SQL Server 数据库、Microsoft Access 数据库、dBASE 数据库等均可作为数据源。Excel 2000 及以上版本还可以利用 Microsoft OLAP 多维数据集创建数据透视表。

(3) 多个独立的 Excel 数据列表。数据透视表可以将多个独立 Excel 表格中的数据汇总到一起。

(4) 其他数据透视表。创建完成的数据透视表也可以作为数据源来创建另外一个数据透视表。

在实际工作中，用户的数据往往是以二维表格的形式存在的，如下左图所示。这样的数据表无法作为数据源创建理想的数据透视表。只能把二维的数据表格转换为如下右图所示的一维表格，才能作为数据透视表的理想数据源。数据列表就是指这种以列表形式存在的数据表格。

	A	B	C	D	E
1		系统软件	办公软件	开发工具	游戏软件
2	第1季度	438,567	651,238	108,679	563,297
3	第2季度	549,765	736,489	264,597	789,961
4	第3季度	645,962	824,572	376,821	986,538
5	第4季度	799,965	999,968	563,289	1,108,976
6			二维表格		
7					

	A	B	C
1	产品类别	季度	销售
2	系统软件	第1季度	438,567
3	办公软件	第2季度	651,238
4	开发工具	第3季度	108,679
5	游戏软件	第4季度	563,297
6	系统软件	第1季度	549,765
7	办公软件	第2季度	736,489
8	开发工具	第3季度	264,597
9	游戏软件	第4季度	789,961
10	系统软件	第1季度	645,962
11	办公软件	第2季度	824,572
12	开发工具	第3季度	376,821
13	游戏软件	第4季度	986,538
14	系统软件	第1季度	799,965
15	办公软件	第2季度	999,968
16	开发工具	第3季度	563,289
17	游戏软件	第4季度	1,108,976
18		一维表格	

2. 数据透视图

数据透视图是数据透视表的图形表现形式。与数据透视表一样，数据透视图也是交互式的。创建数据透视图时，数据透视图将筛选显示在图表中，以便排序和筛选数据透视图的基本数据。

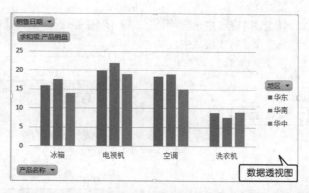

数据透视图

16.2 创建数据透视表

本节视频教学录像：3 分钟

使用数据透视表可以深入分析数值数据，创建数据透视表的具体操作步骤如下。

❶ 打开随书光盘中的"素材 \ch16\ 销售表 .xlsx"文件。

素材文件

❷ 单击【插入】选项卡下【表格】选项组中的【数据透视表】按钮。

单击

❸ 弹出【创建数据透视表】对话框，在【请选择要分析的数据】区域单击选中【选择一个表或区域】单选项，在【表 / 区域】文本框中设置数据透视表的数据源，单击其后的圙按钮，用鼠标拖曳选择 A1:C7 单元格区域即可。在【选择放置数据透视表的位置】区域单击选中【新工作表】单选项，单击【确定】按钮。

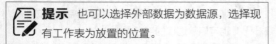

提示　也可以选择外部数据为数据源，选择现有工作表为放置的位置。

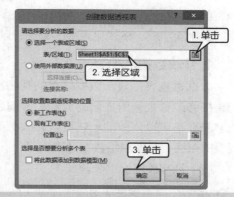

❹ 弹出数据透视表的编辑界面，工作表中会出现数据透视表，在其右侧是【数据透视表字段】任务窗格。在【数据透视表字段】任务窗格中选择要添加到报表的字段，即可完成数据透视表的创建。此外，在功能区会出现【数据透视表工具】的【分析】和【设计】两个选项卡。

【数据透视表】字段窗格

❺ 将"销售"字段拖曳到【Σ值】区域中，"季度"和"软件类别"分别拖曳至【行】区域中，如下图所示。

设置数据表字段

❻ 创建的数据透视表如图所示。

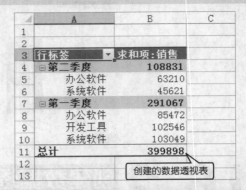

创建的数据透视表

16.3 编辑数据透视表

本节视频教学录像：6分钟

创建数据透视表以后，就可以对它进行编辑了，对数据透视表的编辑包括修改其布局、添加或删除字段、格式化表中的数据，以及对透视表进行复制和删除等操作。

1. 修改数据透视表

数据透视表是显示数据信息的视图，不能直接修改透视表所显示的数据项。但表中的字段名是可以修改的，还可以修改数据透视表的布局，从而重组数据透视表。

行、列字段互换的步骤如下。

❶ 选择 16.2 节创建的数据透视表，在右侧的【行】区域中单击"季度"并将其拖曳到【列】区域中。

将【季度】拖曳到【列】区域

❷ 此时左侧的透视表如下图所示。

修改后的数据透视表

❸ 将"软件类别"拖曳到【列】区域中，并将"软件类别"拖曳到"季度"上方，此时左侧的透视表如下图所示。

修改后的数据透视表

2. 添加或删除记录

用户可以根据需要随时向透视表添加或删除字段。

（1）添加字段

在右侧【选择要添加到报表的字段】区域中，单击选中要添加的字段复选框，即可将其添加到透视表中。

（2）删除字段

在右侧【选择要添加到报表的字段】区域中，撤消选中要删除的字段，即可将其从透视表中删除。

 提示 在【在以下区域间拖动字段】区域中选择已添加的字段名称，并将其拖曳到窗口外，也可删除选择的字段。

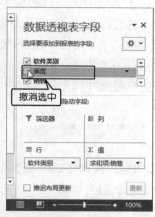

3. 设置数据透视表

选择 16.2 节创建的数据透视表，在功能区将自动激活【数据透视表工具】▶【分析】选项卡。

❶ 单击【分析】选项卡下的【数据透视表】按钮 _{数据透视表}，在弹出快捷下拉菜单中单击【选项】按钮右侧的下拉按钮 ▾ 。

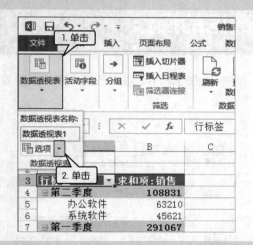

❷ 弹出快捷下拉菜单，选择【选项】命令。

❸ 弹出【数据透视表选项】对话框，在该对话框中可以设置数据透视表的布局和格式、汇总和筛选、显示等。

【分析】选项卡中各选项组的功能说明如下。

(1)【活动字段】选项组：可以设置活动字段，如分类汇总、布局和打印等。

(2)【分组】选项组：可以将所选内容组合分组或取消分组等。

(3)【筛选】选项组：可以筛选工作表中的数据透视表中的内容。

(4)【数据】选项组：可以更改和刷新数据源，得到正确的数据。

(5)【操作】选项组：可以选择、清除数据透视表中的特定内容和改变数据透视表的存放位置。

（6）【计算】选项组：可以进行公式计算、求解数据透视表中的数据以及在表格之间创建和编辑关系。

（7）【工具】选项组：可以得到与数据透视表对应的数据透视图或者选择推荐的数据透视表。

（8）【显示】选项组：可以显示或隐藏【字段列表】、【+/− 按钮】和【字段标题】等选项。

【设计】选项卡可以对数据透视表进行布局设计，各选项组功能说明如下。

（1）【布局】选项组：可以对数据透视表中的内容进行分类汇总、对行与列进行启用与禁用，进行报表布局和插入空行等操作。

（2）【数据透视表样式选项】选项组：可以设置数据透视表格样式。

（3）【数据透视表样式】选项组：可以选择数据透视表区域内容的表格样式。

16.4 数据透视表中数据的操作

本节视频教学录像：3 分钟

对创建的数据透视表的操作包括更新透视表的数据、进行排序、进行各种方式的汇总等。

1. 刷新数据透视表

当修改数据源中的数据时，数据透视表不会自动地更新，用户必须执行更新数据操作才能刷新数据透视表。刷新数据透视表的方法如下。

（1）单击【分析】选项卡下【数据】选项组中的【刷新】按钮，或在弹出的下拉菜单中选择【刷新】或【全部刷新】选项。

（2）在数据透视表数据区域中的任意一个单元格上单击鼠标右键，在弹出的快捷菜单中选择【刷新】选项。

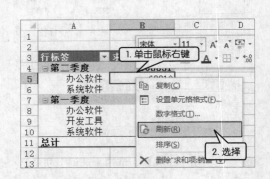

2. 数据透视表的排序

排序是数据透视表中的基本操作，用户总是希望数据能够按照一定的顺序排列。数据透视表的排序不同于普通工作表表格的排序。

❶ 选择 16.2 节创建的数据透视表，选择 B 列中的任意单元格。

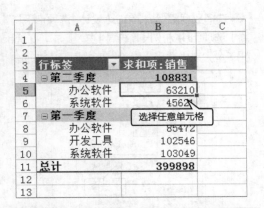

❷ 单击【数据】选项卡下【排序和筛选】选项组中的【升序】按钮 ↑↓ 或【降序】按钮 ↓↑，即可根据该列数据进行排序。

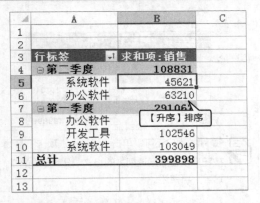

3. 改变数据透视表的汇总方式

Excel 数据透视表默认的汇总方式是求和，用户可以根据需要改变透视表中数据项的汇总方式，具体的操作步骤如下。

❶ 选择 16.2 节创建的数据透视表，单击右侧【∑数值】列表中的【求和项：销售】右侧的下拉按钮，在弹出的下拉菜单中选择【值字段设置】选项。

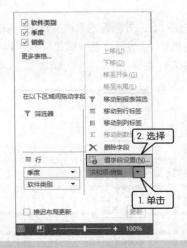

❷ 弹出【值字段设置】对话框，可以设置值汇总的方式。

❸ 单击【数字格式】按钮，在弹出的【设置单元格格式】对话框中可以设置单元格的数字格式。

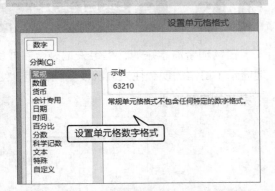

16.5 设置数据透视表中的格式

本节视频教学录像：2 分钟

在工作表中插入数据透视表后，还可以对数据表的格式进行设置，使数据透视表更加美观。

❶ 选择 16.2 节创建的数据透视表，单击【设计】选项卡下【数据透视表样式】选项组中的【其他】按钮，在弹出的下拉列表中选择一种样式。

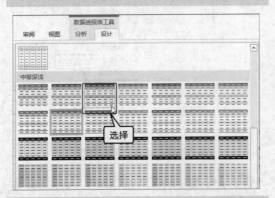

❷ 即可更改数据透视表的样式。

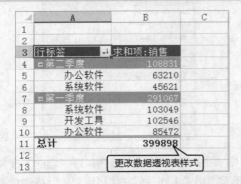

❸ 选择数据透视表，单击【设计】选项卡下【布局】选项组中的【报表布局】按钮，在弹出的下拉列表中选择【以大纲形式显示】选项。

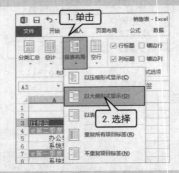

❹ 数据透视表即以大纲形式进行显示。

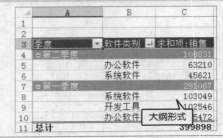

> **提示** 用户还可以单击【设计】选项卡下其他按钮来设置数据透视表的格式，设置方法类似，这里不再赘述。

16.6 综合实战——制作日常现金流水账簿

📽 本节视频教学录像：6 分钟

日常现金流水账簿，指每天记录金钱或货物出入的、不分类别的账目记录。它清楚明了地显示了日常的现金往来情况及变化幅度，便于我们查找不足，开源节流。

【案例效果展示】

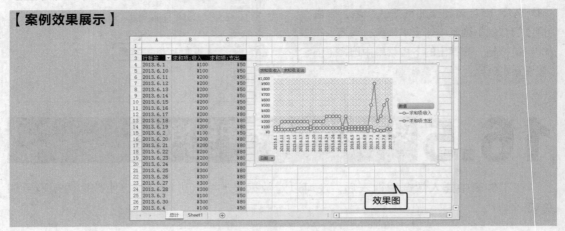

【案例涉及知识点】

- 创建数据透视表及数据透视图
- 设置数据透视表样式
- 美化数据透视图

【操作步骤】

第 1 步：创建数据透视表及数据透视图

本节主要涉及创建数据透视表和创建数据透视图等内容。

❶ 打开随书光盘中的"素材 \ch16\ 日常现金流水账簿表 .xlsx"文件，任意选择一个单元格，单击【插入】选项卡下【图表】组中的【数据透视图】按钮 的下拉按钮，在弹出的下拉列表中选择【数据透视表和数据透视图】选项。

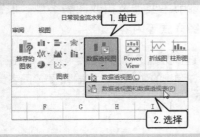

❷ 弹出【创建数据透视表及数据透视图】对话框，在【请选择要分析的数据】区域中单击选中【选择一个表或区域】单选项，在【表/区域】文本框中设置数据透视表的数据源；然后单击选中【选择放置数据透视表的位置】区域的【新工作表】单选项，然后单击【确定】按钮。

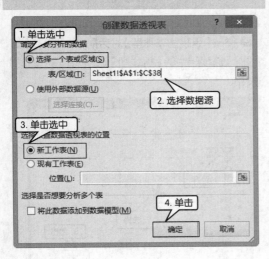

❸ 即可在新工作表中创建数据透视表和数据透视图编辑区域。

❹ 在【数据透视表字段】窗格中，将【日期】字段添加到【轴（类别）】区域，将【收入】和【支出】字段添加到【∑值】区域，最后效果如图所示。

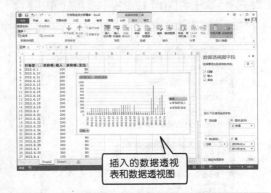

❺ 单击【数据透视表字段】窗格右上角的关闭按钮，关闭该窗格，然后将此工作表的标签重命名为"总计"。

第 2 步：设置数据透视表样式

本节主要涉及设置数据透视表样式、设置数据格式等内容。

❶ 在"总计"工作表中选择任一单元格，单击【设计】选项卡下【数据透视表样式】组中的 ▾ 按钮，在弹出的样式列表中选择一种样式。

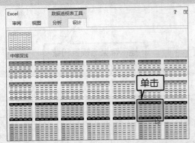

❷ 在"数据透视表"中双击【求和项：收入】单元格，弹出的【值字段设置】对话框，单击【数字格式】按钮。

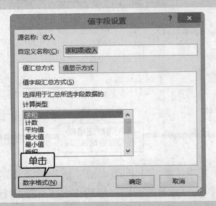

❸ 弹出【设置单元格格式】对话框，在【分类】列表框中选择【货币】选项，将【小数位数】设置为"0"，【货币符号】设置为"¥"，单击【确定】按钮。

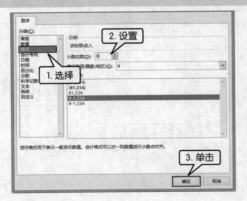

❹ 即可将数据透视表中的"数值"格式更改为"货币"格式，使用同样的方法使【求和项：支出】列也更改为"货币"格式。

第 3 步：美化数据透视图

本节主要涉及更改图表类型、设置数据透视图样式等内容。

❶ 选择数据透视图中的绘图区，单击鼠标右键，在弹出的快捷菜单中选择【更改图表类型】选项。

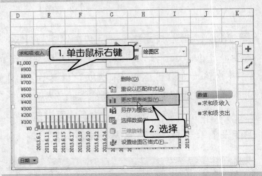

❷ 弹出【更改图表类型】对话框，此处选择【折线图】选项组中的【折线图】选项，单击【确定】按钮。

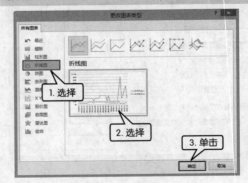

❸ 更改类型后的数据透视图如下图所示。

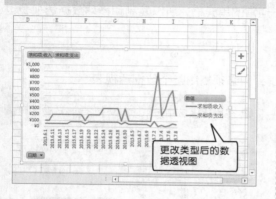

更改类型后的数据透视图

❹ 选中数据透视图，单击【数据透视图工具】▶【设计】选项卡下【图表样式】组中的 🔽 按钮，在弹出的下拉列表中选择一种图表样式，即可为数据透视图应用该样式。

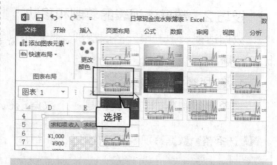

选择

❺ 最终效果如下图所示。

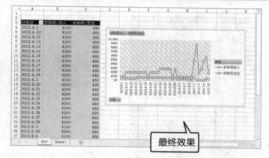

最终效果

至此，日常现金流量账簿数据透视表和数据透视图就制作完成了。

高手私房菜

📽 本节视频教学录像：4 分钟

技巧 1：将数据透视表变为图片

将数据透视表变为图片，在某些情况下发挥着特有的作用，比如发布到网页上或者粘贴到 PPT 中。

❶ 选择整个数据透视表，按【Ctrl+C】组合键复制图表。

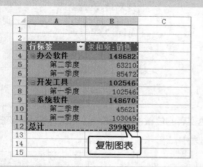

复制图表

❷ 单击【开始】选项卡下【剪贴板】选项组中的【粘贴】按钮的下拉按钮，在弹出的列表中选择【图片】选项。

1. 单击

2. 选择

❸ 即可将图表以图片的形式粘贴到工作表中。

粘贴的图片

技巧 2：数据透视表的复制和移动

数据透视表中的单元格很特别，他们不同于通常的单元格，所以复制和移动数据透视表也比较特殊。

1. 复制数据透视表

若希望复制后的工作表也是一个数据透视表，则必须复制整个数据透视表。

❶ 选择整个数据透视表，按【Ctrl+C】组合键复制。

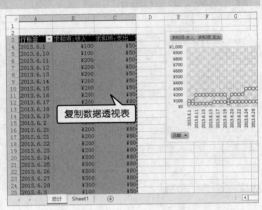

复制数据透视表

❷ 在目标区域中按【Ctrl+V】组合键粘贴即可。

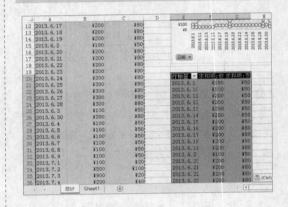

2. 移动数据透视表

❶ 选择整个数据透视表，单击【分析】选项卡下【操作】选项组中的【移动数据透视表】按钮，弹出【移动数据透视表】对话框。

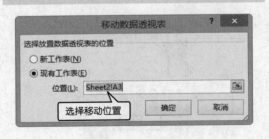

选择移动位置

❷ 选择放置数据透视表的位置后，单击【确定】按钮，即可将数据透视表移动到新位置。

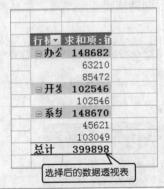

选择后的数据透视表

> **提示** 在【移动数据透视表】对话框中的【选择放置数据透视表的位置】区中选中【新工作表】单选按钮，然后单击【确定】按钮，数据透视表就会移动到另一个工作表中。

使用数据分析工具

本章视频教学录像：33 分钟

高手指引

当遇到专业的数据分析方法和原理的时候，不一定要借助 SPSS 等专业的数据分析工具，使用 Excel 的数据分析工具也可进行高级的数据分析。

重点导读

+ 掌握加载数据工具的方法
+ 掌握模拟分析的方法
+ 学会使用统计分析工具和方差分析工具
+ 学会使用相关系数工具和预测分析工具

17.1 加载数据工具

本节视频教学录像：2 分钟

默认情况下，Excel 是没有加载数据工具这一扩展功能的，在使用之前，需要加载数据工具，具体的操作步骤如下。

❶ 新建 Excel 工作表，单击【文件】选项卡，在弹出的列表中选择【选项】选项。

❷ 弹出【Excel 选项】对话框，选择【加载项】选项卡，在【加载项】列表框中选择【分析工具库】选项，单击【转到】按钮。

❸ 弹出【加载宏】对话框，单击选中【分析工具库】复选框，单击【确定】按钮。

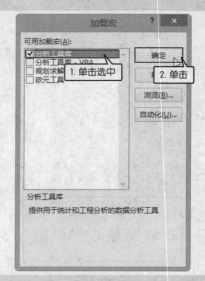

❹ 加载完成后，在【数据】选项卡下即可看到【数据分析】功能。

17.2 模拟分析的方法

本节视频教学录像：8 分钟

当用户在工作表中输入公式时，可以进行假设分析，查看如果公式中的某些值发生改变，其结果会怎样变化，模拟运算表就为这一操作提供了简便的方法。

模拟运算表是一个单元格区域，它可显示一个或多个公式中替换不同值时的结果。模拟运算表可以分为单变量模拟运算表和双变量模拟运算表。

单变量模拟运算表中，用户可以对一个变量键入不同的值，从而查看它对一个或多个公式的影响；双变量模拟运算表中，用户可以对两个变量输入不同值，进而查看它对一个公式的影响。

1. 单变量模拟运算

单变量模拟运算表主要用来分析当其他因素不变时，一个参数的改变对目标值的影响。单变量模拟运算表中必须包括输入值和相应的结果值。利用 PMT 函数计算买房时的贷款，在不同利率条件下的月还款额的具体操作步骤如下。

❶ 打开随书光盘中"素材 \ch17\ 贷款方案 .xlsx"文件，在 B7 单元格中输入公式"=PMT（A7/12,B2,B1）"，按【Enter】键计算出结果。

提示 公式"=PMT（A7/12,B2,B1）"第 1 个参数是利率，因为是还款是按月计算的，因此要除以 12，第 2 个参数是还款期数，第 3 个参数是贷款总额。

❷ 选择单元格区域 A7:B11，单击【数据】选项卡下【数据工具】选项组中的【模拟工具】按钮，在弹出的下拉列表中选择【模拟运算表】选项。

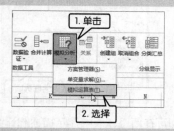

❸ 弹出【模拟运算表】对话框，在【输入引用列的单元格】中选取数据源，单击【确定】按钮。

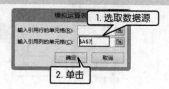

❹ 最终结果如下图所示。

提示 在【模拟运算表】对话框中有【输入引用行的单元格】和【输入引用列的单元格】两个选择项，在单变量模拟运算中，根据工作表情况选择其中一个即可。

2. 双变量模拟运算

当需要考察其他因素不变时，两个因素的变化对结果产生的影响时，需要使用双变量模拟运算表。计算不同利率、不同贷款期限对月还款额的影响的具体操作步骤如下。

❶ 打开随书光盘中"素材 \ch17\ 贷款方案 2.xlsx"文件，在 B6 单元格中输入公式"=PMT（A2/12,A3,B1）"，按【Enter】键计算出结果。

提示 公式"=PMT（A2/12,A3,B1）"用空白单元格 A2 作为年利率的输入单元格，空白单元格 A3 作为还款期数的输入单元格。在 B6 中输入公示后，会出现错误信息，不影响运算表的运行。

❷ 选择单元格区域 B7:E11，单击【数据】选项卡下【数据工具】选项组中的【模拟工具】按钮，在弹出的下拉列表中选择【模拟运算表】选项。弹出【模拟运算表】对话框，在【输入引用行的单元格】和【输入引用列的单元格】中选取数据源，单击【确定】按钮。

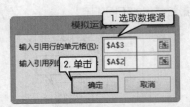

1. 选取数据源
2. 单击

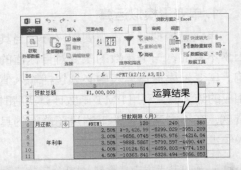

运算结果

❸ 最终结果如下图所示。

17.3 使用统计分析工具

🎬 本节视频教学录像：6 分钟

当用户得到一些数据后，需要了解这些数据主要的特点，希望把众多的数据变成简单明了的信息，这时就需要用到统计分析工具。

17.3.1 描述统计

描述统计的任务就是描述随机变量的统计规律性，重点在于对原始资料的收集、整理和分析。描述统计常用的统计量有均值、方差、协方差、标准差、相关系数、众数等。均值和方差都描述了随机变量的集中程度，这是两个最常用的数字特征。

下面以分析学生的成绩为例，介绍描述统计的方法，具体的操作步骤如下。

❶ 打开随书光盘中的"素材 \ch17\ 学生成绩表 .xlsx"文件，单击【数据】选项卡下【分析】选项组中的【数据分析】按钮。

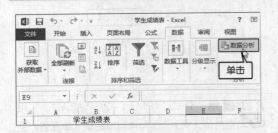

单击

❷ 弹出【数据分析】对话框，在【分析工具】列表框中选择【描述统计】选项，单击【确定】按钮。

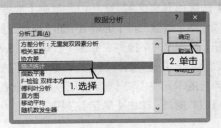

1. 选择　　2. 单击

❸ 弹出【描述统计】对话框，在【输入区域】中选取数据，单击选中【汇总统计】、【平均数量信度】、【第 K 大值】和【第 K 小值】复选框，其他选项默认即可，单击【确定】按钮。

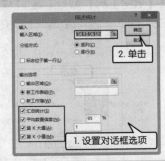

2. 单击　　1. 设置对话框选项

❹ 即可在新工作表中显示描述统计结果。其中众数由于缺值的缘故，出现了符号"#N/A"。

分析结果

17.3.2 假设检验

假设检验是常用的数据分析工具，其方法是运用统计工具对设定的原假设做出判断。在 Excel 数据分析库中主要包括 F-检验、t-检验和 z-检验 3 种。下面以【t-检验 双样本等方差假设】为例介绍使用假设检验的方法。

❶ 打开随书光盘中"素材 \ch17\ 假设检验 .xlsx"文件，单击【数据】选项卡下【分析】选项组中的【数据分析】按钮。

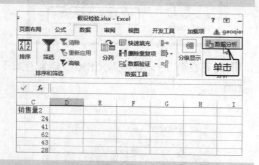

❷ 弹出【数据分析】对话框，在【分析工具】列表框中选择【t-检验 双样本等方差假设】选项，单击【确定】按钮。

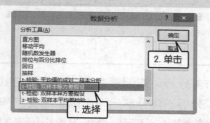

❸ 弹出【t-检验 双样本等方差假设】对话框，在【变量 1 的区域】和【变量 2 的区域】中选取数据，单击选中【标志】复选框，其他选项默认即可，单击【确定】按钮。

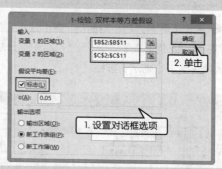

❹ 即可在新工作表中显示出检验结果，如下图所示。

17.4 使用方差分析工具

本节视频教学录像：5 分钟

方差分析也是一种假设分析，通过对全部数据的差异进行分解，将某种因素下各种样本数据之间可能存在的系统性误差和随机误差加以比较，从而推断各个中体之间是否存在显著差异。

17.4.1 单因素方差分析

单因素方差分析指比较一个变量对结果数据的影响。下面通过介绍 3 种不同的实验条件对实验结果所产生的影响来说明实验单因素方差分析的方法。

❶ 打开随书光盘中"素材\ch17\单因素方差分析.xlsx"文件，单击【数据】选项卡下【分析】选项组中的【数据分析】按钮。

❷ 弹出【数据分析】对话框，在【分析工具】列表框中选择【方差分析：单因素方差分析】选项，单击【确定】按钮。

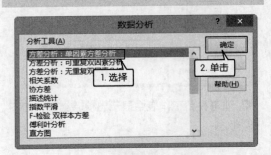

❸ 弹出【方差分析：单因素方差分析】对话框，在【输入区域】中选取数据，其他选项默认即可，单击【确定】按钮。

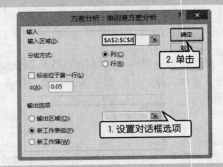

❹ 即可在新工作表中显示出检验结果，如下图所示。

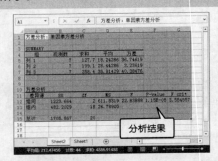

17.4.2 双因素方差分析

如果在实验中有两个因素的影响则成为双因素方差分析，双因素方差分析包括无重复双因素方差分析和可重复双因素方差分析。无重复方差分析不能分解出两个因素的交互作用，可重复方差分析不仅可以分析出两个因素对结果产生的影响，还可以分析出两个因素的交互作用对结果产生的影响。下面以使用可重复双因素方差分析，研究不同的燃料和不同的车型对车速所造成的影响。

❶ 打开随书光盘中"素材\ch17\双因素方差分析.xlsx"文件，单击【数据】选项卡下【分析】选项组中的【数据分析】按钮。

❷ 弹出【数据分析】对话框，在【分析工具】列表框中选择【方差分析：可重复双因素方差分析】选项，单击【确定】按钮。

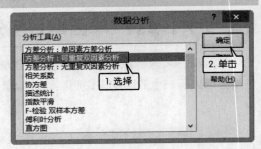

❸ 弹出【方差分析：可重复双因素方差分析】对话框，在【输入区域】中选取数据，在【每一样本的行数】为"2，"其他选项默认即可，单击【确定】按钮。

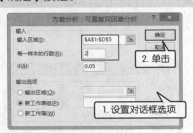

提示

【每一样本行数】指的是实验的重复次数。

❹ 即可在新工作表中显示出检验结果，如下图所示。

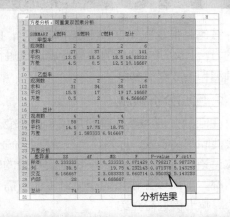

分析结果

17.5 使用相关系数工具

本节视频教学录像：2 分钟

相关系数是描述两个测量值变量之间的离散程度的指标。用于判断两个测量值变量的变化是否相关。即一个变量的较大值是否与另一个变量的较大值相关联；或者一个变量的较小值是否与另一个变量的较大值相关联；还是两个变量中的值互不关联。下面以销售员工作年数与销售量之间的关系的分析，介绍使用相关系数工具的方法。

❶ 打开随书光盘中"素材 \ch17\ 相关系数工具 .xlsx"文件，单击【数据】选项卡下【分析】选项组中的【数据分析】按钮。

❷ 弹出【数据分析】对话框，在【分析工具】列表框中选择【相关系数】选项，单击【确定】按钮。

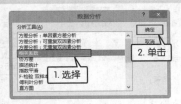

❸ 弹出【相关系数】对话框，在【输入区域】中选取数据，单击选【标志位于第一行】复选框，其他选项默认即可，单击【确定】按钮。

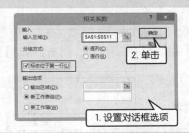

1. 设置对话框选项

❹ 即可在新工作表中显示出检验结果，如下图所示。

分析结果

17.6 使用预测分析工具

本节视频教学录像：6分钟

预测是指从已知事件测定未知事件，以准确的调查统计资料和统计数据为依据，运用科学的方法，对研究现象的未来发展前景进行测定。预测分析工具包括回归分析预测、移动平均预测和指数平滑预测。

1. 回归分析预测

在回归分析中最简单的是仅有两个变量的线性回归关系式，称为简单线性回归分析，它仅讨论一个自变量对一个特定因变量的影响情况。下面以工作量的变化对工作所需人数的影响为例进行介绍。

❶ 打开随书光盘中"素材 \ch17\ 回归预测 .xlsx"文件，单击【数据】选项卡下【分析】选项组中的【数据分析】按钮。

❷ 弹出【数据分析】对话框，在【分析工具】列表框中选择【回归】选项，单击【确定】按钮。

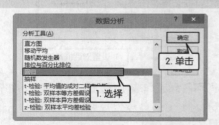

❸ 弹出【回归】对话框，在【Y 值输入区域】和【X 值输入区域】中选取数据，单击选中【标志】和【置信度】复选框，在【残差】区域中单击选中【残差】、【残差图】、【标准残差】和【线性拟合图】复选框，在【正态分布】区域中单击选中【正太概率图】复选框，其他选项默认即可，单击【确定】按钮。

❹ 即可在新工作表中显示出检验结果，如下图所示。

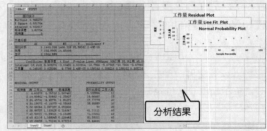

2. 移动平均预测

移动平均预测就是根据时间数据资料的推移，依次计算包含一定项数的平均值，反应现象变化的时间趋势。下面以随着月份的推移，销售量的变化的影响为例加以介绍。

❶ 打开随书光盘中"素材 \ch17\ 移动平均预测 .xlsx"文件，单击【数据】选项卡下【分析】选项组中的【数据分析】按钮。

❷ 弹出【数据分析】对话框，在【分析工具】列表框中选择【移动平均】选项，单击【确定】按钮。

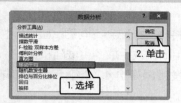

❸ 弹出【移动平均】对话框，在【输入区域】中选取数据，单击选中【标志位于第一行】复选框，设置【间隔】为"3"，在【输出选项】区域中选择【输出区域】并单击选中【图表输出】复选框，其他选项默认即可，单击【确定】按钮。

 提示

【间隔】：指定几组数据计算出的平均值。

❹ 分析结果如下图所示。

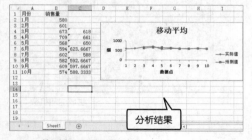

3. 指数平滑预测

指数平滑预测指预测以前所有时间序列数据的加权平均数，作为下一期的预测值。目的是消除时间序列数据的不规则变动。

❶ 打开随书光盘中"素材\ch17\移动平均预测.xlsx"文件，单击【数据】选项卡下【分析】选项组中的【数据分析】按钮。

❷ 弹出【数据分析】对话框，在【分析工具】列表框中选择【指数平滑】选项，单击【确定】按钮。

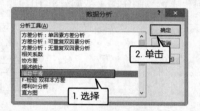

❸ 弹出【指数平滑】对话框，在【输入区域】中选取数据，单击选中【标志】复选框，设置【阻尼系数】为"0.3"，在【输出选项】区域中选择【输出区域】并单击选中【图表输出】复选框，其他选项默认即可，单击【确定】按钮。

 提示 【阻尼系数】：指数平滑预测需要使用阻尼系数，阻尼系数越小，近期实际数对预测结果的影响越大；反之，阻尼系数越大，近期实际数对实际预测的结果越小。

❹ 分析结果如下图所示。

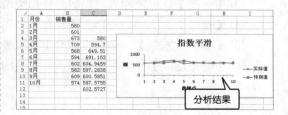

高手私房菜

本节视频教学录像：4 分钟

技巧：使用随机数发生器生成随机数

用户在需要从统计总体中抽取有代表性样本或者在将材料分配到不同的试验组等特殊情况下要用到随机数，逐个输入是非常麻烦的，这时可以使用随机数生成器生成随机数。

已知数值的平均值为 6，标准差为 1，使用随机数发生器得出 40 个符合均值和标准差的随机数字的具体操作步骤如下。

❶ 新建 Excel 工作表，单击【数据】选项卡下【分析】选项组中的【数据分析】按钮。

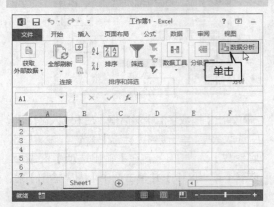

❷ 弹出【数据分析】对话框，在【分析工具】列表框中选择【移动平均】选项，单击【确定】按钮。

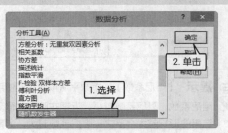

❸ 弹出【随机数发生器】对话框，设置【变量个数】为"4"，【随机数个数】为"10"，在【分布】下拉列表中选择【正态】，设置【平均值】为"6"，【标准偏差】为"1"，【随机数基数】为"0"，单击【确定】按钮。

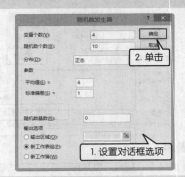

❹ 生成的随机数如下图所示。

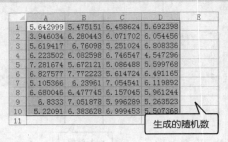

【随机数发生器】对话框中各个选项的作用如下。

(1)【变量个数】：输入随机数时所需要的列数。

(2)【随机数个数】：输入随机数时所包括的行数。

(3)【分布】：设定输入随机数的分布类型，如正态分布、离散分布等。

(4)【参数】：不同的分布类型会有不同的参数设定。

(5)【随机数基数】：用来设定产生随机数的初始值。

(6)【输出选项】：用来设定显示分布结构的位置。

第 5 篇
VBA 与宏的应用篇

第 **18** 章　宏与 VBA

VBA 的应用　第 **19** 章

第

18

章

宏与 VBA

 本章视频教学录像：26 分钟

高手指引

本章主要介绍 VBA 与宏的基础知识、包括认识宏与 VBA、创建宏以及 VBA 编程基础等知识。用户通过对这些知识的学习，能够实现任务执行的自动化，避免一系列费时而重复的操作。

重点导读

+ 认识宏与 VBA
+ 掌握创建宏、运行宏和管理宏的方法
+ 掌握 VBA 的编程环境
+ 了解 VBA 的编程基础

18.1 认识宏与 VBA

本节视频教学录像：4 分钟

在使用宏与 VBA 进行操作之前，应先认识一下宏与 VBA。

18.1.1 宏的定义

宏是由一系列的菜单选项和操作指令组成的、用来完成特定任务的指令集合。Visual Basic for Applications（VBA）是一种 Visual Basic 的宏语言。实际上宏是一个 Visual Basic 程序，这条命令可以是文档编辑中的任意操作或操作的任意组合。无论以何种方式创建的宏，最终都可以转换为 Visual Basic 的代码形式。

如果在 Excel 中重复进行某项工作，可用宏使其自动执行。宏是将一系列的 Excel 命令和指令组合在一起，形成一个命令，以实现任务执行的自动化。用户可以创建并执行一个宏，以替代人工进行一系列费时而重复的操作。

18.1.2 什么是 VBA

VBA 是 Visual Basic for Applications 的缩写，它是 Microsoft 公司在其 Office 套件中内嵌的一种应用程序开发工具。VBA 与 VB 具有相似的语言结构和开发环境，主要用于编写 Office 对象（如窗口、控件等）的时间过程，也可以用于编写位于模块中的通用过程。但是，VBA 程序保存在 Office 2013 文档内，无法脱离 Office 应用环境而独立运行。

18.1.3 VBA 与宏的关系

在 Microsoft Office 中，使用宏可以完成许多任务，但是有些工作却需要使用 VBA 而不是宏来完成。

VBA 是一种应用程序自动化语言。所谓应用程序自动化，是指通过脚本让应用程序（如 Microsoft Excel、Word）自动化完成一些工作。例如，在 Excel 里自动设置单元格的格式、给单元格充填某些内容、自动计算等，而使宏完成这些工作的正是 VBA。

VBA 子过程总是以关键字 Sub 开始的，接下来是宏的名称（每个宏都必须有一个唯一的名称），然后是一对括号，End Sub 语句标志着过程的结束，中间包含的该过程的代码。

宏有两个方面的好处：一是在录制好的宏基础上直接修改代码，减轻工作量；二是在 VBA 编写中碰到问题时，从宏的代码中学习解决方法。

但宏的缺陷就是不够灵活，因此我们应该在碰到以下情况时，尽量使用 VBA 来解决：使数据库易于维护；使用内置函数或自行创建函数；处理错误消息等。

18.2 创建宏

本节视频教学录像：4 分钟

宏的用途非常广泛，其中最典型的应用就是可将多个选项组合成一个选项的集合，以加速日常编辑或格式的设置，使一系列复杂的任务得以自动执行，从而简化所做的操作。本节主要介绍如何创建宏和使用 Visual Basic 创建宏。

18.2.1 录制宏

在 Word、Excel 或 PowerPoint 中进行的任何操作都能记录在宏中，可以通过录制的方法来创建"宏"，称为"录制宏"。在 Excel 中录制宏的具体操作步骤如下。

❶ 在功能区的任意空白处单击鼠标右键，在弹出的快捷菜单中选择【自定义功能区】命令。

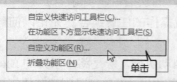

❷ 在弹出的对话框中单击选中【自定义功能区】列表框中的【开发工具】复选框。然后单击【确定】按钮，关闭对话框。

❸ 单击【开发工具】选项卡，可以看到在该选项卡的【代码】组中包含了所有宏的操作按钮。在该组中单击【录制宏】按钮。

❹ 弹出【录制宏】对话框，在此对话框中可设置宏的名称、快捷键、宏的保存位置、宏的说明，然后单击【确定】按钮，返回工作表。即可进行宏的录制，录制完成后单击【停止录制】按钮 ■ 停止录制 ，即可结束宏的录制。

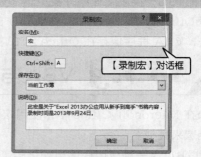

18.2.2 使用 Visual Basic 创建宏

还可以通过使用 Visual Basic 创建宏，具体的操作步骤如下。

❶ 单击【开发工具】选项卡下【代码】选项组中的【Visual Basic】按钮。

❷ 打开【Visual Basic】窗口，选择【插入】▶【模块】选项，弹出【工作簿 - 模块 2】窗口。

❸ 将需要设置的代码输入或复制到【工作簿 - 模块 2】窗口中。

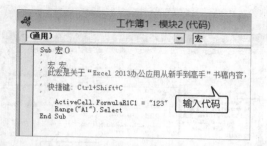

❹ 编写完宏后，选择【文件】➤【关闭并返回到 Microsoft Excel】选项，即可关闭窗口。

18.3 运行宏

本节视频教学录像：2 分钟

宏的运行是执行宏命令并在屏幕上显示运行结果的过程。在运行一个宏之前，首先要明确这个宏将进行什么样的操作。运行宏有多种方法，包括在【宏】对话框中运行宏、单步运行宏等。

1. 在【宏】对话框中运行宏

在【宏】对话框中运行宏是较常用的一种方法。单击【开发工具】选项卡下【代码】选项组中的【宏】按钮，弹出【宏】对话框。在【宏的位置】下拉列表框中选择【所有打开的工作簿】选项，在【宏名】列表框中就会显示出所有能够使用的宏命令，选择要执行的宏，单击【运行】按钮即可执行宏命令。

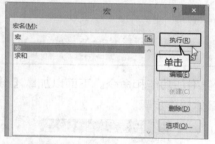

2. 单步运行宏

单步运行宏的具体操作步骤如下。

❶ 打开【宏】对话框，在【宏的位置】下拉列表框中选择【所有打开的工作簿】选项，在【宏名】列表框中选择宏命令，单击【单步执行】按钮。

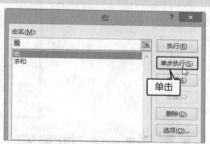

❷ 弹出编辑窗口。选择【调试】➤【逐语句】菜单命令，即可单步运行宏。

18.4 管理宏

本节视频教学录像：3 分钟

在创建及运行宏后，用户可以对创建的宏进行管理，包括编辑宏、删除宏和加载宏等。

18.4.1 编辑宏

在创建宏之后，用户可以在 Visual Basic 编辑器中打开宏并进行编辑和调试。

❶ 打开【宏】对话框，在【宏名】列表框中选择需要修改的宏的名字，单击【编辑】按钮。

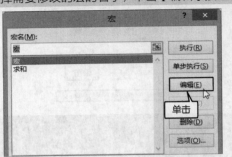

❷ 即可在打开的编辑窗口中修改宏命令。

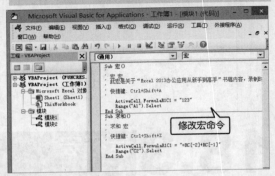

修改宏命令

18.4.2 删除宏

删除宏的操作非常简单，打开【宏】对话框，选中需要删除的宏名称，单击【删除】按钮即可将宏删除。选择需要修改的宏命令内容，按【Delete】键也可以将宏删除。

单击

18.4.3 加载宏

加载项是 Microsoft Excel 中的功能之一，它提供附加功能和命令。下面以加载【分析工具库】和【规划求解加载项】为例，介绍加载宏的具体操作步骤。

❶ 单击【开发工具】选项卡下【加载项】选项组中的【加载项】按钮。

单击

❷ 弹出【加载宏】对话框。

【加载宏】对话框

❸ 在【可用加载宏】列表框中单击选中【分析工具库】和【规划求解加载项】复选框，单击【确定】按钮。

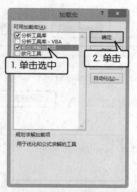

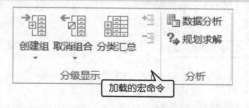

❹ 返回 Excel 2013 界面，选择【数据】选项卡，可以看到添加的【分析】选项组中包含加载的宏命令。

18.5 VBA 编程环境

本节视频教学录像：4 分钟

打开的【Visual Basic】窗口就是编写 VBA 程序的地方，在使用 VBA 编写程序之前，我们首先了解一下 VBA 的编程环境。

 18.5.1 打开 VBA 编辑器

打开 VBA 编辑器有以下几种方法。

1. 单击【Visual Basic】按钮

单击【开发工具】选项卡下【代码】选项组中的【Visual Basic】按钮，即可打开 VBA 编辑器。

2. 使用工作表标签

在 Excel 工作表标签上单击鼠标右键，在弹出的快捷菜单中选择【查看代码】选项，即可打开 VBA 编辑器。

3. 使用快捷键

按【Alt+F11】组合键即可打开 VBA 编辑器。

18.5.2 操作界面

进入 VBE 编辑器后，首先看到的就是 VBE 编辑器的主窗口，主窗口通常由【菜单栏】、【工具栏】、【工程资源管理器】和【代码窗口】组成，如下图所示。

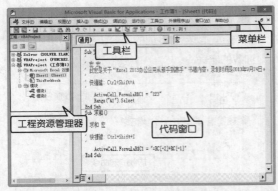 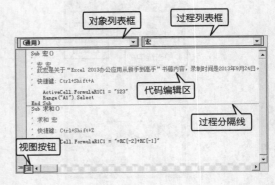

1. 菜单栏

VBE 的【菜单栏】和 Excel 2013 的菜单栏类似，包含了 VBE 中各种组件的命令。

2. 工具栏

默认情况下，工具栏位于菜单栏的下方，显示各种快捷操作工具。

3. 工程资源管理器

在【工程资源管理器】中可以看到所有打开的 Excel 工作簿和已加载的加载宏。【工程资源管理器】中最多可以显示工程里的 4 类对象，即 Excel 对象（包括 Sheet 对象和 ThisWorkbook 对象）、窗体对象、模块对象和类模块对象。

4. 代码窗口

【代码窗口】由对象列表框、过程列表框、代码编辑区、过程分隔线和视图按钮组成。

【代码窗口】是编辑和显示 VBA 代码的地方，【工程资源管理器】中的每个对象都拥有自己的【代码窗口】，如果想 VBA 程序写在某个对象里，首先应在【工程资源管理器】中双击以激活它的【代码窗口】。

18.6 VBA 编程基础

本节视频教学录像：4 分钟

在学习 VBA 编程之前，读者应该熟悉掌握 VBA 编程的一些基础知识，下面介绍一下 VBA 编程中一些基本概念。

18.6.1 常量和变量

常量用于储存固定信息，常量值具有只读特性。在程序运行期间，其值不能发生改变。在代码中使用常量可以增加代码的可读性，同时也可以使代码的维护升级更加容易。

变量用于存储在程序运行过程中需要临时保存的值或对象，在程序运行过程中其值可以改变。

用 Dim 语句可以创建一个变量，然后提供变量名和数据类型，如下所示。

Dim ＜变量＞ as ＜数据类型＞

Dim ＜变量＞ as ＜对象＞

18.6.2 运算符

运算符是代表 VBA 中某种运算功能的符号，常用的运算符有以下几种。

(1) 连接运算符：用来合并字符串的运算符，包括 "&" 运算符和 "+" 运算符两种。

(2) 算术运算符：用来进行数学计算的运算符。

(3) 逻辑运算符：用来执行逻辑运算的运算符。

(4) 比较运算符：用来进行比较的运算符。

如果在一个表达式中包含多种运算符，首先处理算术运算符，再处理比较运算符，最后处理逻辑运算符。字符串运算符不是算术运算符，但其优先级顺序在所有算术运算符之后，在所有比较运算符之前。所有比较运算符的优先级顺序都相同，按它们出现的顺序依次从左到右处理。算术运算符和逻辑运算符的优先级顺序如下表所示。

算术运算符	比较运算符	逻辑运算符
^（指数）	=（相等）	Not（非）
-（负号）	<>（不等于）	And（与）
*、/（乘法和除法）	<（小于）	Or（或）
\（整数除法）	>（大于）	Xor（异或）
Mod（求模运算）	<=（小于或相等）	Eqv（相等）
+、-（加法和减法）	>=（大于或相等）	Imp（隐含）
&（字符串连接）	Like、Is	

18.6.3 过程

过程是可以执行的语句序列单位，所有可执行的代码必须包含在某个过程中，任何过程都不能嵌套在其他过程中。VBA 有以下 3 种过程：Sub 过程、Function 过程和 Property 过程。

Sub 过程执行指定的操作，但不返回运行结果，以关键字 Sub 开头和关键字 End Sub 结束。可以通过录制宏生成 Sub 过程，或者在 VBA 编辑器窗口中直接编写代码。

Function 过程执行指定的操作，可以返回代码的运行结果，以关键字 Function 开头和关键字 End Function 结束。Function 过程可以在其他过程中被调用，也可以在工作表的公式中使用，就像 Excel 的内置函数一样。

Property 过程用于设定和获取自定义对象属性的值，或者设置对另一个对象的引用。

18.6.4 内置函数

VBA 有许多内置函数，可以帮助用户在程序代码设计时减少代码的编写工作常用的内置函数有以下 5 种。

1. 测试函数

在 VBA 中常用的测试函数有 IsNumeric(x) 函数（变量是否为数字）、IsDate(x) 函数（变量是否是日期）、IsArray(x) 函数（指出变量是否为一个数组）等。

2. 数学函数

在 VBA 中常用的数学函数有 Sin(X)、Cos(X)、Tan(X) 等三角函数、Log(x) 函数（返回 x 的自然对数）、Abs(x) 函数（返回绝对值）等。

3. 字符串函数

VBA 常用的字符串函数有：Trim(string) 函数（去掉 string 左右两端空白）、Ltrim(string) 函数（去掉 string 左端空白）、Rtrim(string) 函数（去掉 string 右端空白）等。

4. 转换函数

VBA 常用的转换函数有 CDate(expression) 函数（转换为 Date 型）、CDbl(expression) 函数（转换为 Double 型）、Val(string) 函数（转换为数据型）等。

5. 时间函数

在 VBA 中常用的时间函数有 Date 函数（返回包含系统日期的 Variant）、Time 函数（返回一个指明当前系统时间的 Variant）、Year(date) 函数（返回 Variant (Integer)，包含表示年份的整数）等。

18.6.5 语句结构

VBA 的语句结构和其他大多数变成语言相同或相似，下面介绍几种最基本的语句结构。

1. 条件语句

程序代码经常用到条件判断，并且根据判断结果执行不同的代码。在 VBA 中有 If…Then…Else 和 Select Case 两种条件语句。

下面以 If…Then…Else 语句根据单元格内容的不同而设置字体的大小。如果单元格内容是"龙马"则将其字体大小设置为"10"，否则将其字号设置为"9"的代码如下。

```
If ActiveCell.Value="龙马" Then
    ActiveCell.Font.Size=10
Else
    ActiveCell.Font.Size=9
End If
```

2. 循环语句

在程序中多次重复执行的某段代码就可以使用循环语句，在 VBA 中有多种循环语句，如 For…Next 循环、Do…Loop 循环和 While…Wend 循环。

如下代码中使用 For…Next 循环实现 1 到 10 的累加功能。

```
Sub ForNext Demo()
    Dim I As Integer,iSum As Integer
    iSum=0
    For i=1 To 10
        iSum=iSum+i
    Next
    Megbox iSum "For…Next 循环"
End Sub
```

3.With 语句

With 语句可以针对某个指定对象执行一系列的语句。使用 With 语句不仅可以简化程序代码，而且可以提高代码的运行效率。With…End With 结构中以 "." 开头的语句相当于引用了 With 语句中指定的对象，在 With…End With 结构中无法使用代码修改 With 语句所指定的对象，即不能使用 With 语句来设置多个不同的对象。

18.6.6　对象与集合

对象代表应邀程序中的元素，如工作表、单元格、窗体等。Excel 应用程序提供的对象按照层次关系排列在一起成为对象模型。Excel 应用程序中的顶级对象是 Application 对象，它代表 Excel 应用程序本身。 Application 对象包含一些其他队形，如 Windows 对象和 Workbook 对象等，这些对象均被称为 Application 对象的子对象，反之 Application 对象是上述这些对象的父对象。

> **提示**
> 仅当 Application 对象存在，即应用程序本身的一个实例正在运行，才可以在代码中访问这些对象。

集合是一种特殊的对象，它是一个包含多个同类对象的对象容器，Worksheets 集合包含所有的 Worksheet 对象。

一般来说，集合中的对象可以通过序号和名称两种不同的方式来引用，如当前工作簿中有 "工作表 1" 和 "工作表 2" 两个工作表，以下两个代码都是引用名称为 "工作表 2" 的 Worksheet 对象。

ActiveWorkbook.Worksheets（ "工作表 2" ）
ActiveWorkbook.Worksheets（2）

18.7　综合实战——利用宏制作考勤表

本节视频教学录像：3 分钟

在日常工作中，考勤表可以记录员工的考勤情况，对于评价员工的工作情况，统计员工的出勤率是非常重要的。这一节主要介绍利用宏快速制作考勤表的方法。

【案例效果展示】

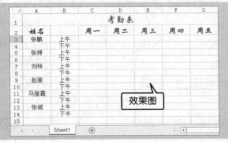

【案例涉及知识点】

- 使用 Visual Basic 创建宏
- 运行宏

【操作步骤】

第 1 步：使用 Visual Basic 创建宏

本节主要涉及打开【Visual Basic 编辑器】窗口宏以及使用 Visual Basic 创建宏、保存宏等内容。

❶ 新建一个 Excel 工作表。单击【开发工具】选项卡下【代码】组中的【Visual Basic】按钮。

单击

❷ 打开【Microsoft Visual Basic】窗口，双击【VBAProject（工作簿）】下的【ThisWorkbook】，打开【代码】编辑窗口。

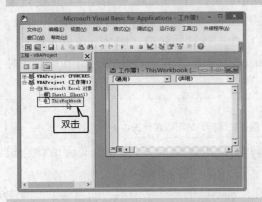

双击

❸ 在右侧的窗口中输入下列代码。

```
Sub 考勤表 ()
    Range("A1").Select
    ActiveCell.FormulaR1C1 = " 考勤表 "
    Range("A2").Select
    ActiveCell.FormulaR1C1 = " 姓名 "
    Range("A3").Select
    ActiveCell.FormulaR1C1 = " 张鹏 "
    Range("A5").Select
    ActiveCell.FormulaR1C1 = " 张婷 "
    Range("A7").Select
    ActiveCell.FormulaR1C1 = " 刘林 "
    Range("A9").Select
    ActiveCell.FormulaR1C1 = " 赵丽 "
    Range("A11").Select
    ActiveCell.FormulaR1C1 = " 马丽霞 "
    Range("A13").Select
    ActiveCell.FormulaR1C1 = " 张斌 "
    Range("B3").Select
    ActiveCell.FormulaR1C1 = " 上午 "
    Range("B4").Select
    ActiveCell.FormulaR1C1 = " 下午 "
    Range("B5").Select
    ActiveCell.FormulaR1C1 = " 上午 "
    Range("B6").Select
    ActiveCell.FormulaR1C1 = " 下午 "
    Range("B7").Select
    ActiveCell.FormulaR1C1 = " 上午 "
    Range("B8").Select
    ActiveCell.FormulaR1C1 = " 下午 "
    Range("B9").Select
    ActiveCell.FormulaR1C1 = " 上午 "
    Range("B10").Select
    ActiveCell.FormulaR1C1 = " 下午 "
    Range("B11").Select
    ActiveCell.FormulaR1C1 = " 上午 "
    Range("B12").Select
    ActiveCell.FormulaR1C1 = " 下午 "
    Range("B13").Select
    ActiveCell.FormulaR1C1 = " 上午 "
    Range("B14").Select
    ActiveCell.FormulaR1C1 = " 下午 "
    Range("C2").Select
    ActiveCell.FormulaR1C1 = " 周一 "
    Range("D2").Select
    ActiveCell.FormulaR1C1 = " 周二 "
    Range("E2").Select
    ActiveCell.FormulaR1C1 = " 周三 "
    Range("F2").Select
    ActiveCell.FormulaR1C1 = " 周四 "
    Range("G2").Select
    Range("G2").Select
    ActiveCell.FormulaR1C1 = " 周五 "
    / 以上代码表示在单元格中输入具体内容 /
    Range("A1:G1").Select
    With Selection
        .HorizontalAlignment = xlCenter
        .VerticalAlignment = xlCenter
        .WrapText = False
        .Orientation = 0
        .AddIndent = False
        .IndentLevel = 0
        .ShrinkToFit = False
        .ReadingOrder = xlContext
        .MergeCells = False
```

/ 设置 A1:G1 单元格区域居中显示 /
End With
Selection.Merge
ActiveCell.FormulaR1C1 = " 考勤表 "
With ActiveCsell.Characters(Start:=1,
Length:=3).Font
　　.Name = " 华文新魏 "
　　.FontStyle = " 常规 "
　　.Size = 18
　　.Strikethrough = False
　　.Superscript = False
　　.Subscript = False
　　.OutlineFont = False
　　.Shadow = False
　　.Underline = xlUnderlineStyleNone
　　.ColorIndex = 3
/ 设置工作表标题的字体、字号、颜色为红色 /
End With
Range("A2:G14").Select
With Selection
　　.HorizontalAlignment = xlCenter
　　.VerticalAlignment = xlCenter
　　.WrapText = False
　　.Orientation = 0
　　.AddIndent = False
　　.IndentLevel = 0
　　.ShrinkToFit = False
　　.ReadingOrder = xlContext
　　　.MergeCells = False
End With
/ 设置 A2:G14 单元格区域居中显示 /
Range("A2:G2").Select
With Selection.Font
　　.Name = " 华文新魏 "
　.Size = 16
　.Strikethrough = False
　.Superscript = False
　.Subscript = False
　.OutlineFont = False
　.Shadow = False
.Underline = xlUnderlineStyleNone
　.ColorIndex = xlAutomatic

/ 设置 A2:G2 单元格区域的字体、字号 /
　End With
End Sub

❹ 输入完代码，单击【保存】按钮，弹出【另存为】对话框，在【文件名】文本框中输入文件的名称，如 "考勤表"，然后在【保存类型】下拉列表中选择【Excel 启用宏的工作簿】选项。单击【保存】按钮，即可保存该文档。

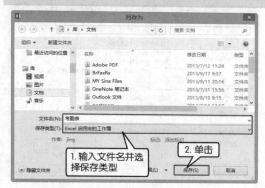

第 2 步：运行宏

本节主要涉及宏的运行等内容。

❶ 输入完代码，单击标准工具栏中的【运行子过程 / 运行窗体】按钮▶。

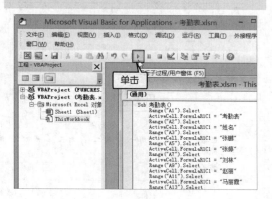

❷ 切换到 Excel 工作表，工作表中就会出现编写代码的结果。至此，一份简单的考勤表就制作完成了。

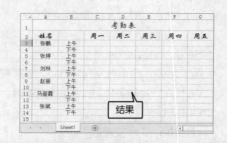

高手私房菜

📽 本节视频教学录像：2 分钟

技巧 1：宏安全性设置

合理设置宏的安全性，可以帮助用户有效降低使用宏的安全风险。

❶ 单击【开发工具】选项卡下【代码】组中的【宏安全性】按钮，打开【信任中心】对话框。在【宏设置】选项卡中单击选中【禁用所有宏，并发出通知】单选项，单击【确定】按钮。

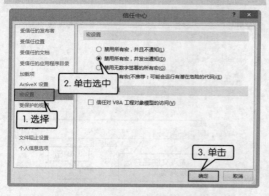

❷ 打开不受信任位置的包含宏的工作簿时，在 Excel 功能区下方会显示【安全警告】消息栏，提示用户该工作簿中的宏已被禁用。

技巧 2：启用工作簿中的宏功能

在宏安全性设置中单击选中【禁用所有宏，并发出通知】单选项后，打开包含代码的工作簿时，会出现【安全警告】消息栏，如果用户信任文件的来源，可以单击【安全警告】消息栏上的【启用内容】按钮，【安全警告】消息栏将自动关闭。工作簿中的宏功能即被启用。

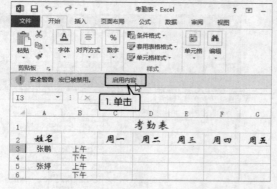

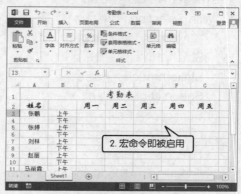

第

19

章

VBA 的应用

本章视频教学录像：22 分钟

高手指引

　　人事管理是企事业单位日常管理的主要内容之一。通过掌握人员基本信息，可以加强和规范自身管理行为，造就和培养一支高素质的员工队伍，从而促进单位的稳定和健康发展。本章主要讲解人事管理系统的制作方法和制作技巧。

重点导读

+ 掌握插入用户窗体的方法
+ 掌握插入窗体控件的方法
+ 了解 VBA 的实例应用

19.1 窗体

本节视频教学录像：4 分钟

窗体是 VBA 应用中十分重要的对象，是用户和数据库之间的主要接口，为用户提供了查阅、新建、编辑和删除数据的界面。本节主要对窗体的应用作简要的介绍。

19.1.1 插入窗体

窗体是一种文档，可以用来收集信息。它包括两部分，一部分是由窗体设计者输入的，填写窗体的人无法更改的文字或图形；另一部分是由窗体填写者输入的，用于从填写窗体者处收集信息并进行整理的空白区域。

❶ 启动 Excel 2013，按组合键【Alt+F11】进入 VBA 编辑器。

❷ 单击【插入】菜单中的【用户窗体】菜单命令。

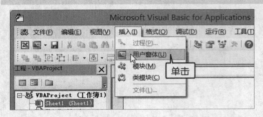

❸ 即可在代码界面中插入一个用户窗体，默认窗体名称为"UserForm 1"。

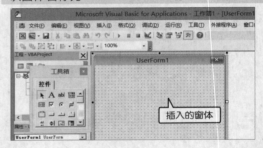

19.1.2 设置窗体

在【Microsoft Visual Basic For Applications】窗口中插入窗体之后，还可以对窗体进行简单设置，以满足用户需求。

1. 调整窗体大小

选中窗体后，在窗体右侧边、下侧边以及右下角分别出现了一个矩形块，将鼠标放到任意矩形框上，鼠标变为向两侧发散的箭头，拖动鼠标即可调整窗体的大小。

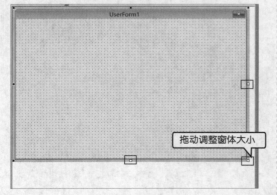

2. 设置窗体属性

在【属性】窗口中可以修改窗体属性，如窗体名称，背景、边框颜色，大小等。如将【名称】属性修改为"Form"，将【Caption】属性修改为"我的窗体"。

19.1.3 关闭窗体

关闭窗体的具体操作步骤如下。

❶ 在 打 开【Microsoft Visual Basic For Applications】窗口中，单击菜单栏右侧的【关闭】按钮☒即可。

❷ 如要重新进入窗体界面，可以双击左侧【工程 -VBAProject】窗口列表中的【Form】（窗体的名称，默认为 UserForm1）。

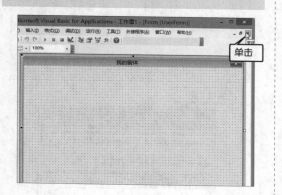

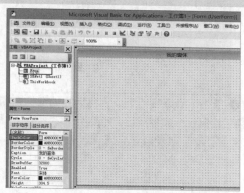

19.2 窗体控件

📽 本节视频教学录像：3 分钟

控件是指在窗体上用于显示数据、执行操作或装饰窗体的对象，而窗体的所有数据信息都包含在控件中。

19.2.1 认识控件

单击插入窗体时，会弹出【工具箱】窗口，在【工具箱】窗口中包含了多种窗体控件。

窗体控件主要包括的控件类型有：选定对象、文本框、标签、复合框、列表框、复选框、选项按钮、切换按钮、框架、命令按钮、TabStrip、多页、滚动条、旋转按钮、图像和 RefEdit。如右图所示。

19.2.2 使用控件

在用户窗体中，用户可以根据需要选择插入不同的控件，插入之后还可以设置空间的属性，包括控件名称、大小、字体、边框、底纹、字体大小和颜色等。具体的操作如下。

❶ 在【工具箱】中单击选择【文本框】按钮 abl，此时鼠标变为十字形 ⁺，拖动鼠标在窗体中绘制一个矩形，松手后即可成功添加了文本框控件。

❷ 单击【命令按钮】⌐，然后拖动鼠标在窗体中绘制一个命令按钮，如图所示。

❸ 在【属性】窗口中，修改命令按钮的【姓名】属性为"CommandBut1"【Caption】属性为"增加"，效果如图所示。

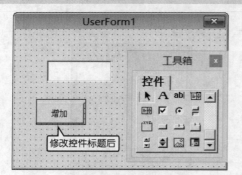

❹ 使用同样方法可以绘制其他控件，绘制后在【属性】窗口中修改需要的属性即可。

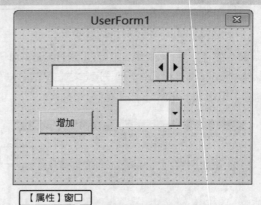

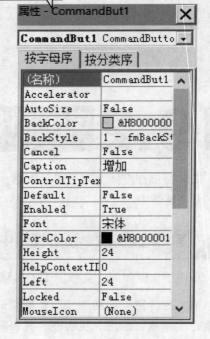

📝 **提示** 如果不需要绘制的控件，可以将其删除。选中控件后，单击【Delete】键即可。

19.3 使用 VBA 实现数据的统计和查询

🖳 本节视频教学录像：2 分钟

使用 VBA 可以快速地统计和查询数据，如在一个多行多列的区域中有许多重复的数据，如果想显示出各数据重复出现的次数，一般的做法是把所有列中的数据分别复制，再分别粘贴到同一个列中，依次向下排列，然后对这一列使用"高级筛选 – 选择不重复记录"，再用 COUNTIF 函数统计重复次数，这种方法虽然可行但是比较麻烦。如果使用一段 VBA 代码，就会非常快捷地得出统计结果。

❶ 打开 Excel 2013，在【Sheet】中输入数据，如图所示。

要进行统计分析的数据

❷ 在工作表标签【Sheet】上单击鼠标右键，在弹出的菜单中选择【查看代码】菜单命令。

❸ 在 VB 编辑器窗口，输入以下代码。

```
Sub 统计 ()
y1 = 1 ' 开始列为 A 列（在 EXCEL 中，A 列
的列号为 1）
y2 = 6 ' 结束列为 D 列（在 EXCEL 中，D 列
的列号为 6）
x = 2
n1 = 255 ' 辅助列
n2 = y2 + 2 ' 结果显示列，结果显示在源数据
列的右侧，中间间隔一列。
For i = y1 To y2
s = Cells(65536, y1).End(xlUp).Row ' 各列
数据的数量
Range(Cells(1, i), Cells(s, i)).Copy Cells(x,
n1) ' 把所有数据复制到辅助列中
x = x + s
```

```
Next
Cells(1, n1) = " 数据 ": Cells(1, n2 + 1) = "
次数 "
' 使用"高级筛选"功能将不重复数据显示在"结
果显示列"中
Columns(n1).AdvancedFilter 2, , Cells(1,
n2), 1
s1 = Cells(65536, n2).End(xlUp).Row
' 下面代码用 COUNTIF 函数统计重复次数
For i = 2 To s1
Cells(i, n2 + 1) = WorksheetFunction.
CountIf(Columns(n1), Cells(i, n2))
Next
' 消除辅助列内容
Columns(n1) = ""
End Sub
```

输入代码

❹ 单击【运行】按钮，返回到 Excel 工作表中可以看到，已经统计出重复数据，并且显示了重复数据的次数。

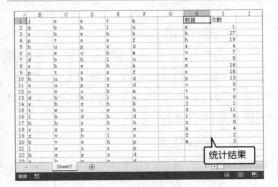

统计结果

19.4 综合实战——使用 VBA 制作人事信息管理系统

本节视频教学录像：11分钟

人事信息管理系统是企事业单元的一个重要应用，包括聘用、培训、考核和晋升等多个方面，在对人事进行管理时，需要查询大量的信息，人事管理系统就可以解决这个问题。本节以 VBA 在人事资料管理中的应用为例进行讲解。

【案例效果展示】

【案例涉及知识点】

- VBA 编辑器
- 创建用户窗体
- 设置窗体属性
- 插入窗体控件
- 设置控件属性
- 使用 VB 代码

【案例系统分析】

人事管理系统虽然单位的大小可能不同，但功能大同小异，基本类似。在此以最常用的应用功能为基础来设计人事管理系统，达到学习目的。

1. 设计思路

人事管理系统主要是对员工资料进行管理。常用功能包括新增员工登记、查询和修改员工资料，实例掌握本单位员工信息和员工信息更新的目的。

2. 关键技术

(1) 用户窗体的创建和控制

创建一个窗体，并在窗体上绘制控件用来接收用户的输入，或者显示相应的信息。向窗体添加控件有以下几种方法。

方法一：单击【工具箱】中的控件，然后在窗体单击，控件以默认大小出来，可以通过拖动来改变其大小。

方法二：将控件从【工具箱】中拖到窗体，控件同样以默认大小出来。

方法三：当创建多个相同控件时，可双击【工具箱】中所需的控件，然后在窗体中每单击一次便可创建一个控件。

利用窗体的属性可以修改其外观。例如大小、颜色、位置及动作等。同时在编写事件时也会显示各种初始化的设置。

(2) 用户窗体和控件的事件

在人事管理系统中会用到很多用户窗体和控件的事件，本章以以下几个事件为例重点讲解。

事件一：Initialize 事件

Initialize 事件发生在加载对象后，显示对象前。该事件的语法格式如下：

Private Sub object_Initialize()

事件二： BeforeUpdate 事件

在 控 件 中 的 数 据 要 改 变 前，BeforeUpdate 事件触发。该事件的语法格式如下：

Private Sub object_BeforeUpdate (ByVal Cancel As MSForms. ReturnBoolean)

事件三： Click 事件

鼠标单击控件时触发 Click 事件，该事件的语法格式如下：

Private Sub object_Click()

【操作步骤】

第 1 步：设计登录窗体

人事管理系统最重要的常用功能是新增员工和查询修改，设计登录窗体时主要体现这两个功能。

人事管理系统最重要的一个环节是保存员工基本信息的员工基本信息表，首先设计员工基本信息表，用来在管理系统中调用。然后在表格中设计主窗体、界面标题和界面按钮即可。

❶ 启动 Excel 2013，设计表格如下，并且将其保存为"人事信息管理系统 .xlsx"。

❷ 修改工作表 Sheet1 标签为"员工信息基本信息表"，新建工作表 Sheet2，将名称修改为"登录界面"。然后在【视图】选项卡中，将【显示 / 隐藏】选项组中的【编辑栏】、【网格线】和【标题】三个按钮前的复选项取消。

❸ 在【插入】选项卡中，选择【插图】选项组中【形状】命令，并单击。在下拉菜单中选择【矩形】命令，然后按鼠标左键直接拖曳绘制图形，并且设置形状如下图所示。

❹ 在绘制的主窗体上输入界面标题"人事信息管理系统"，然后在【开始】选项卡下设置字体大小和颜色。

❺ 在绘制的主窗体上再插入一个小矩形，设置喜欢的矩形样式后，右击矩形，在弹出的列表中选择"编辑文字"，输入矩形块名称为"新增员工"，然后在【格式】选项卡下设置字体样式，设置完成后如图所示。

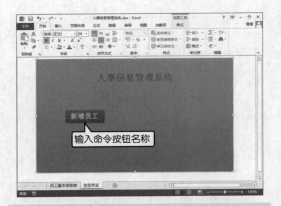

⑥ 重复步骤**⑤**，绘制一个矩形"查询修改"。也可以选择复制【新增员工】按钮后，在主窗体中粘贴出一个按钮，将新复制的【新增员工】按钮，改为【查询修改】即可。

② 选择【名称】，并将属性设为"UserForm1"，同时将【Caption】的属性改为"新增员工资料"。

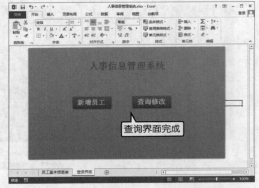

第2步：设计新增员工信息窗体

人事管理系统完成主界面设计后，接下来需要完成功能模块设计，主要是新增员工和查询修改两个功能模块，本节首先设计新增员工模块。

新增员工模块的功能是收集整理新员工的基本资料，并添加到员工基本信息表中。虽然可以直接在员工信息表中添加，但表中所有数据处在一个可修改范围，容易误操作破坏原来数据。而本节所设计的是通过一个用户窗体添加数据到原始的员工基本信息表中，隔离原始数据，提高了安全性。

❶ 在【开发工具】选项卡中，选择【代码】选项组中的【Visual Basic】命令，或直接使用快捷键【Alt+F11】进入VBA环境。选择【插入】菜单下的【用户窗体】菜单命令。

❸ 单击【工具箱】中的【标签】按钮A。

❹ 在窗体中绘制一个标签，在左侧设置其【AutoSize】属性设为"Ture"，使标签控件的大小与输入的内容自动适应以改变大小，将【Caption】的属性设为"员工编号"。

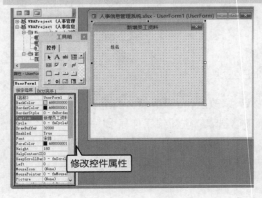

❺ 重复本步的❶~❸，完成如下窗体建设。

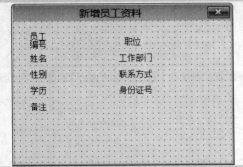

❻ 单击【工具箱】中的【文本框】按钮 abl 。

❼ 在窗体中紧接"姓名"后绘制一个文本框，在左侧设置其【名称】属性设为"TextName"，将【MaxLength】的属性设为"4"。

❽ 重复本步的❻~❼，完成如下窗体建设。并将"身份证号"后的文本框【名称】属性设为"TextID"、"工作部门"后的文本框【名称】属性设为"TextDep"、"联系方式"后的文本框【名称】属性设为"TextPhone"和"备注"后的文本框【名称】属性设为"TextMemo"。

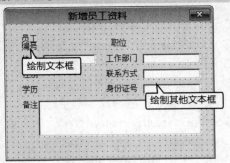

❾ 单击【工具箱】中的【选项按钮】按钮 ⓒ ，在窗体中紧接"性别"后绘制一个【选项按钮】，在左侧依次将【名称】属性设为"OptionMan"、【AutoSize】属性设为"Ture"、【Caption】属性设为"男"、【GroupName】属性设为"GroupSex"和【Value】属性设为"Ture"。

❿ 然后再同样绘制一个【选项按钮】，依次将【名称】属性设为"OptionWoman"、【AutoSize】属性设为"Ture"、【Caption】属性设为"女"、【GroupName】属性设为"GroupSex"和【Value】属性设为"False"。

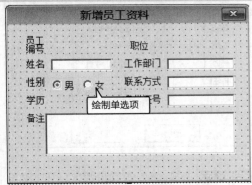

⓫ 单击【工具箱】中的【复合框】按钮 国 ，在窗体的"学历"后绘制一个【复选框】，在左侧设置其【名称】属性设为"ComboBoxEdu"。

⓬ 然后为"员工编号"和"职务"分别绘制两个【复选框】，并将其各自的【名称】属性分别设为"ComboBoxNum"和"ComboBoxDuty"。

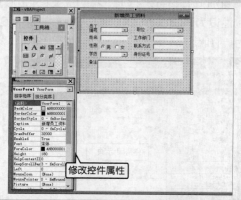

修改控件属性

⓭ 单击【工具箱】中的【命令按钮】，在窗体的低端分别建立两个名称为"增加"和"取消"的按钮，并将其各自的【名称】属性分别设为"CmdSave"和"CmdCancel"。

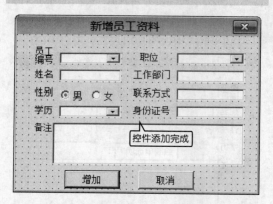

控件添加完成

 提示 完成人事信息管理新增员工的主窗体设计，但没有后台代码的支持还是无法实现新增员工的功能，需要进一步设计后台代码。

⓮ 单击【保存】按钮，在弹出的窗口中选择"否"，弹出窗口【另存为】，在【保存类型】中选择【Excel 启用宏的工作簿】命令，单击【保存】按钮，即保存为工作簿"人事管理系统 .xlsm"。

单击

第 3 步：设计人事信息管理代码

当用户窗体创建好各控件，并设置好各控件属性时，就可以开始编写代码了。

❶ 打开上节完成的工作簿"人事管理系统 .xlsm"，进入 VBA 环境。双击"新增员工资料"【用户窗体】打开代码窗口。并选择右侧的下拉箭头，选择"Initialize"事件。

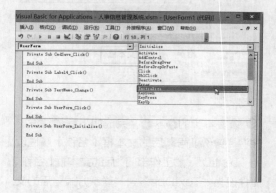

❷ 在光标闪烁处输入以下代码：

```
' 添加项目到"学历"复合框
ComboBoxEdu.AddItem " 硕士 "
ComboBoxEdu.AddItem " 本科 "
ComboBoxEdu.AddItem " 专科 "
ComboBoxEdu.AddItem " 其他 "
' 添加项目到"员工编号"复合框
ComboBoxNum.AddItem "01"
ComboBoxNum.AddItem "02"
ComboBoxNum.AddItem "03"
```

```
ComboBoxNum.AddItem "04"
ComboBoxNum.AddItem "05"
' 添加项目到 "职位" 复合框
ComboBoxDuty.AddItem " 总经理 "
ComboBoxDuty.AddItem " 厂长 "
ComboBoxDuty.AddItem " 主任 "
ComboBoxDuty.AddItem " 科长 "
ComboBoxDuty.AddItem " 组长 "
```

❸ 选择【对象】下拉菜单中的 "TextID" 命令，然后选择右侧【过程】下拉菜单中的 "BeforeUpdate" 事件。

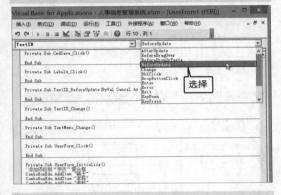

❹ 在光标闪烁处输入以下代码：

```
Dim strid As String            ' 暂存身份证号
    strid = TextID.Value
    If Len(strid) <> 15 And Len(strid) <> 18
Then
        MsgBox " 身份证号错误，请重新输入
15 或 18 位的身份证号！ ",," 提示 "
        TextID.SelStart = 0
```

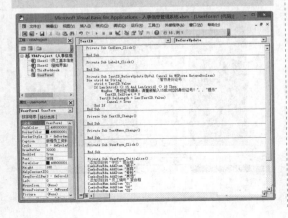

❺ 选择【对象】下拉菜单中的 "CmdCancel" 命令，在光标闪烁处输入以下代码：

```
    Me.Hide              ' 隐藏用户窗体
    Sheets(" 登录界面 ").Activate    ' 激活登
录界面工作表
```

❻ 选择【对象】下拉菜单中的 "CmdSave" 命令，在光标闪烁处输入以下代码：

```
    If TextName.Value = " " Then      ' 判
断姓名是否为空
        MsgBox " 请输入姓名！ ",," 提示 "    '
显示提示信息
        TextName.SetFocus            ' 设置
焦点到姓名框
        Exit Sub                ' 退出子过程
    End If
    Add                ' 调用添加数据子过程
```

❼ 选择【对象】下拉菜单中的 "通用" 命令，选择【插入】菜单中的【过程】菜单命令。将弹出窗口【添加过程】的【名称】内输入 "add"，并单击【确定】按钮。

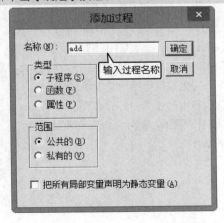

249

❽ 在光标闪烁处输入以下代码：

```
Dim intRow As Integer          '定义变量，
保存行数
    Dim strBh As String          '定义变量，
保持编号
    Sheets(" 员工基本信息表 ").Activate   '激
活 " 员工基本信息表 "
    Sheets(" 员工基本信息表 ").Range("A1").
Select
        '获取员工基本信息表已有数据行数
    intRow = ActiveCell.CurrentRegion.
Rows.Count
    strBh = Cells(intRow, 1)   '取得最后编号
        '按规则产生新的编号
    intRow = intRow + 1
        '将用户窗体上的数据填充到 " 员工基本
信息表 " 的新行上
    Cells(intRow, 1) = ComboBoxNum.
Value
    Cells(intRow, 2) = TextName.Value
    If OptionMan.Value Then
        Cells(intRow, 3) = " 男 "
    Else
        Cells(intRow, 3) = " 女 "
    End If
    Cells(intRow, 4) = ComboBoxEdu.
Value
    Cells(intRow, 5).NumberFormatLocal =
TextID.Value     '设置身份证列为文本格式
    Cells(intRow, 5) = TextID.Value
    Cells(intRow, 6) = ComboBoxDuty.
Value
    Cells(intRow, 7) = TextDep.Value
    Cells(intRow, 8).NumberFormatLocal =
"@"    '设置联系电话为文本格式
    Cells(intRow, 8) = TextPhone.Value
    Cells(intRow, 9) = TextMemo.Value
End Sub
```

❾ 选择【插入】菜单中的【模块】菜单命令，在新插入的"模块 1"窗口下，选择【插入】中的【过程】菜单命令，弹出【添加过程】对话框，在【名称】后面的文本框中输入"新增员工"，单击【确定】按钮。

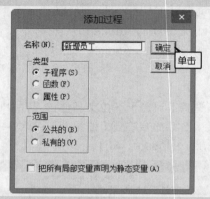

❿ 在光标闪烁处输入以下代码。
UserForm1.Show

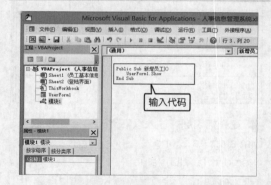

⓫ 切换到工作簿"人事管理系统 .xlsm"的登录界面。单击【新增员工】自选按钮，在选择框上单击右键，选择弹出菜单【指定宏】菜单命令。

⑫ 弹出【宏】对话框，单击选择【新增员工】子过程，并单击【确定】按钮。

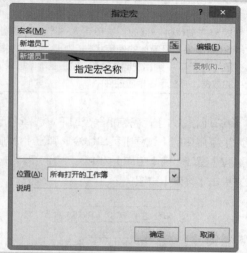

⑬ 选择【审阅】选项卡下【更改】选项卡组的【保护工作表】按钮。单击【保存】按钮，保存对工作簿所做的修改。

第 4 步：测试人事信息管理窗体

完成人事信息管理新增员工的主窗体代码设计后，需要测试其功能是否达到需求。

❶ 打开工作簿"人事管理系统 .xlsm"，再切换到"登录界面"，将鼠标移至【新增员工】按钮上，鼠标变为手形。

❷ 单击【新增员工】按钮，弹出"新增员工资料"窗体。在各控件中逐条输入内容，如果身份证输入错误，将弹出错误提示，单击【确定】按钮继续输入。

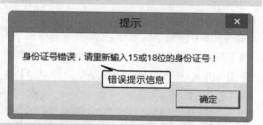

❸ 当各项内容输入完毕后，单击【增加】按钮保存数据，返回到员工基本信息页面即可看到新增的员工资料。

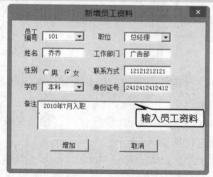

提示 可以重复在"新增员工资料"窗体中输入员工资料，当完成输入后单击【取消】按钮即可退出该窗体，返回主界面。

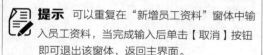

第 5 步：设计数据有效性代码

查询修改是人事管理系统的另一重要功能模块，通过查询可以从大量的数据中找出需要的信息，可以极大地提高工作效率，方便对信息的管理。

设计查询功能时，先通过 InputBox 函数接收用户的输入，然后在"员工基本信息表"中进行查询，若查询有此数据，便显示在用户窗体。

设计查询功能时，要输入一定查询依据，一般情况是输入查询员工的编号或姓名，并且需要判断是否有效。

❶ 打开工作簿"人事管理系统 .xlsm"，单击【开发工具】选项卡中的【Visual Basic】按钮，进入 VBA 环境。双击左侧列表中的【模块 1】菜单命令。

❷ 在代码编辑器窗口顶端光标闪烁处输入以下代码：

Public strStatus As String   '全局变量，保存窗体的使用状态

Public intCurrentRow As Integer ' 全局变量，保存已找到数据的行数

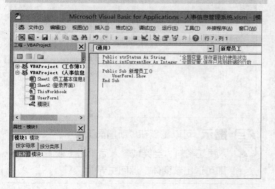

> **提示** 在查询时，将查询到的数据显示在上节创建的用户窗体中，但上节创建的用户窗体只考虑了新增数据功能，为了可以显示查询数据，需对用户窗体进行修改。这里引入一个全局变量 strStatus 来记录窗体的使用状态，如果 strStatus 变量为"查询"，则用户窗体读取"员工基本信息表"中的数据，并显示在相应控件中。

❸ 在【模块 1】代码编辑器窗口下，选择【插入】菜单中的【过程】菜单命令。弹出【添加过程】窗口，在【名称】内输入"查询资料"，并单击【确定】按钮。

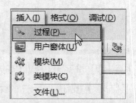

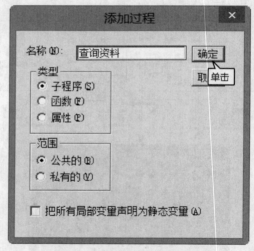

❹ 在光标闪烁处，输入代码如下。

　　Dim strS As String   '保存 InputBox 函数的输入值

　　Dim intRow As Integer '暂存查找到的数据行，保存编号和姓名列

　　Dim rngNo As Range, rngName As Range   '单元格区域对象，

　　' 通过 InputBox 函数接收用户输入值，可为编号或姓名

　　strS = InputBox(" 请输入员工的编号或姓

名进行查询: "," 查询员工资料 ")

　If strS <> "" Then

　　　' 在员工基本信息表中, 查找编号和姓名列

　　　Set rngNo = Sheets(" 员工基本信息表 ").UsedRange.Find(" 编号 ")

　　　Set rngName = Sheets(" 员工基本信息表 ").UsedRange.Find(" 姓名 ")

　　　If rngNo Is Nothing Or rngName Is Nothing Then

　　　　MsgBox " 员工基本信息表错误, 请通知系统维护员 !":

　　　End If

　　' 查询前先将 intRow 变量设为 -1, 方便后面进行判断

　　intRow = -1

　　　' 在员工基本信息表的编号列查询是否有输入的字符串

　　　Set rngNo = rngNo.EntireColumn.Find(strS)

　　　' 如果在编号列中找到, 则将数据所在行数赋值给 intRow 变量

　　If rngNo Is Nothing Then

　　　' 在员工基本信息表的姓名列查询是否有输入的字符串

　　　　Set rngName = rngName.EntireColumn.Find(strS)

　　　' 如果在姓名列中找到, 则将数据所在行数赋值给 intRow 变量

　　　If Not (rngName Is Nothing) Then

　　　　intRow = rngName.Row

　　　End If

　　　Else

　　　intRow = rngNo.Row

　　　End If

　　　' 如果变量 intRow 的值大于 0, 则表示已找到数据

　　If intRow > 0 Then

　　　strStatus = " 查询 "

　　　intCurrentRow = intRow

　　　UserForm1.Show

　Else

　　MsgBox " 没找到 ""& strS &"" 相关的数据! ",," 提示 "

　End If

End If

> **提示** 此代码的设计主要是判断输入数据的有效性, 若符合查询要求, 即可显示相关数据, 判断有效性也是进行查询的开始。

❺ 双击【UserForm1】, 切换 "新增员工资料" 窗体。

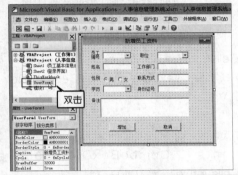

❻ 双击 "新增员工资料"【用户窗体】打开代码窗口。并选择右侧的下拉箭头, 选择 "Initialize" 事件。

❼ 在原来代码不变的基础上, 在后面输入如下代码:

　CmdSave.Caption = " 增加 "　' 在非查询模式下, 按钮标题为 " 增加 "

　Me.Caption = " 新增员工资料 "

　If strStatus = " 查询 " Then

　　Dim intRow As Integer

　　intRow = intCurrentRow　　　' 将所找到数据的行数保存到一个局部变量中

　　' 将员工基本信息表中相应数据逐项填写

到用户窗体中

```
    With Sheets("员工基本信息表")
            ComboBoxNum.Value =
.Cells(intRow, 1).Value
        TextName.Value = .Cells(intRow,
2).Value
        If .Cells(intRow, 3).Value = "男"
Then
            OptionMan.Value = True
        Else
            OptionWoman.Value = True
        End If
            ComboBoxEdu.Value =
.Cells(intRow, 4).Value
        TextID.Value = .Cells(intRow,
5).Value
        TextDep.Value = .Cells(intRow,
6).Value
            ComboBoxDuty.Value =
.Cells(intRow, 7).Value
        TextPhone.Value = .Cells(intRow,
8).Value
        TextMemo.Value = .Cells(intRow,
9).Value
    End With
    CmdSave.Caption = "保存"   '将原来
的"增加"按钮标题改为"保存"
    Me.Caption = "查询/修改员工资料" '
修改窗口标题
    End If
```

❽ 选择【对象】下拉菜单中的"通用"命令，选择【过程】的"add"子过程。

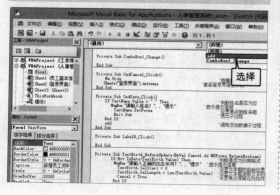

❾ 修改原"add"子过程代码如下：

```
Dim intRow As Integer            '定义变量,
保存行数
    Dim strBh As String             '定义变量,
保持编号
    Sheets("员工基本信息表").Activate  '激
活"员工基本信息表"
    If strStatus = "查询" Then
        intRow = intCurrentRow
    Else
            Sheets("员工基本信息表
").Range("A1").Select
    '获取员工基本信息表已有数据行数
        intRow = ActiveCell.CurrentRegion.
Rows.Count
        strBh = Cells(intRow, 1)  '取得最后编
号
        '按规则产生新的编号
    Cells(intRow, 1) = ComboBoxNum.
Value
    End If
    Cells(intRow, 2) = TextName.Value
    If OptionMan.Value Then
        Cells(intRow, 3) = "男"
    Else
        Cells(intRow, 3) = "女"
    End If
    Cells(intRow, 4) = ComboBoxEdu.
Value
    Cells(intRow, 5).NumberFormatLocal =
"@"   '设置身份证列为文本格式
    Cells(intRow, 6) = ComboBoxDuty.
Value
    Cells(intRow, 7) = TextDep.Value
    Cells(intRow, 8).NumberFormatLocal =
"@"   '设置联系电话为文本格式
    Cells(intRow, 8) = TextPhone.Value
    Cells(intRow, 9) = TextMemo.Value
```

❿ 切换到"登录界面"，选择【审阅】选项卡【更改】选项组中的【撤销工作表保护】按钮。在【查询修改】按钮上右击，在选择框上单击右键，

选择弹出菜单【指定宏】菜单命令。

⓫ 弹出【宏】对话框，单击选择【查询资料】子过程，并单击【确定】按钮。然后再次单击【保护工作表】按钮，弹出【保护工作表】对话框，单击【确定】按钮后单击【保存】按钮保存对工作表的修改。

第 6 步：测试查询修改功能

完成了查询修改这种常用功能设计，下面进行查询修改功能的测试，既要测试查询到数据时修改的功能，又要测试查询不到时的情况。

❶ 把"人事管理系统 .xlsm"切换到"登录界面"，将鼠标移至【查询修改】按钮，将变为手形 查询修改 ，单击后，弹出"查询员工资料"窗体。

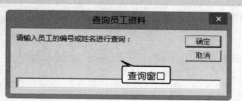

❷ 在文本框中输入内容，这里输入工作表中已增加的内容，如"乔乔"，单击【确定】按钮。

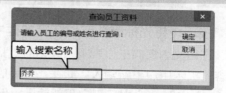

❸ 弹出【查询 / 修改员工资料】窗体，可以对窗体内容进行修改，并保存更新。

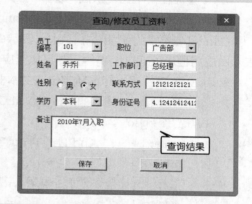

❹ 重复步骤❶，在打开的【查询员工资料】对话框中输入一个"员工基本资料信息表"中没有的数据，如"张三"，单击【确定】按钮。

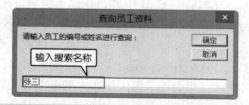

❺ 则弹出【提示】窗体，提示无此信息。

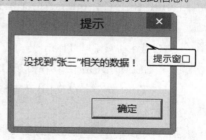

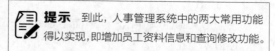

提示 到此，人事管理系统中的两大常用功能得以实现，即增加员工资料信息和查询修改功能。

高手私房菜

本节视频教学录像：2 分钟

技巧：将光标重新定位在文本框中

在用文本框向工作表录入数据时，验证输入的数据是否正确，如果错误则会清空文本框内容，提示用户重新输入。如在"人事信息管理系统"中输入身份证号，如果身份证号不是15 位或 18 位，会提示用户重新输入，但此时光标已经不在文本框中，需要重新选择文本框才能输入，此时可以在 Exit 事件中设置 Cancel 参数值使光标停留在当前文本框中。

Exit 事件在一个控件从同一窗体的另一个控件实际接收到焦点之前发生，语法如下：
Private Sub object_Exit(ByVal Cancel As MSForms.ReturnBoolean)

Cancel 参数为事件状态。False 表示由该控件处理这个事件（这是默认方式）。True 表示由应用程序处理这个事件，并且焦点应当留在当前控件上。

使用 Exit 事件将光标重新定位在文本框中的代码如下。

```
Private Sub TextBox1_Exit(ByVal Cancel As MSForms.ReturnBoolean)
    With TextBox1
        If .Text <> "" And Len(Trim(.Text)) <> 15 And Len(Trim(.Text)) <> 18 Then
            .Text = ""
            MsgBox "身份证号码录入错误!"
            Cancel = True
        End If
    End With
End Sub
```

文本框的 Exit 事件，在输入身份证号码后即将把焦点转移到录入按钮控件之前检查输入的身份证号码是否正确。使用 Len 函数和 Trim 函数检查输入的身份证号码是否为 15 位或 18 位。在 Exit 事件中，之所以把文本框为空也做为通过验证的条件之一，是因为如果不加上"TextBox1.Text <> """这一条件，那么在窗体显示后，如果用户取消输入或关闭输入窗体，也会提示输入错误。所以在录入到工作表之前再验证文本框是否为空，如下面的代码所示。

```
Private Sub CommandButton1_Click()
    With TextBox1
        If .Text <> "" Then         // 在输入到工作表前检查文本框是否为空
            Sheet1.Range("a65536").End(xlUp).Offset(1, 0) = .Text
            .Text = ""   // 如果文本框不为空，录入数据到工作表并清空文本框内容
        Else
            MsgBox "请输入身份证号码!"    // 如果文本框为空，提示用户输入数据
        End If
            .SetFocus         // 使用 SetFocus 方法将光标返回到文本框中以便重新输入
    End With
End Sub
```

第6篇
案例实战篇

第**20**章　Excel 在行政管理中的应用

Excel 在人力资源管理中的应用　第**21**章

第**22**章　Excel 在财务管理中的应用

第

20

章

Excel 在行政管理中的应用

 本章视频教学录像：38 分钟

本章导读

　　行政管理过程中，会遇到大量类似资源归档、日程安排、客户管理等繁琐的工作。如果能充分利用 Excel，则一切都会变得井井有条。

重点导读

✚ 掌握制作资料归档管理表的方法
✚ 掌握制作领导日程安排表的方法
✚ 掌握制作会议议程安排表的方法
✚ 掌握制作公司客户接洽表的方法

20.1 设计在职人员入司时间管理

本节视频教学录像：7 分钟

每个企业都会建立一个员工基本资料表，便于归档管理。本节主要介绍如何设计一个员工基本资料表。

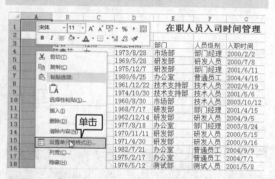

最终效果

第 1 步：填写员工信息

❶ 打开随书光盘中的 "素材 \ch20\ 在职人员入司时间管理 .xlsx" 工作簿，选中单元格区域 A 列，在 A 列中单击鼠标右键，在弹出的快捷菜单中选择【插入】选项。

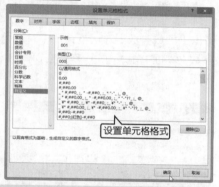

设置单元格格式

❷ 选中新插入的列，单击鼠标右键，在弹出的快捷菜单中选择【设置单元格格式】选项。

❸ 弹出【单元格格式】对话框，在【数字】选项卡下【分类】区域中选择【自定义】选项，在【类型】文本框中输入 "000"，单击【确定】按钮。

❹ 合并 A1:B1 单元格区域，在 A2 单元格中输入 "员工编号"，在 A4 单元格中输入 "001"，在 A5 单元格中输入 "002"，使用填充柄快速填充单元格区域 A4:A25。

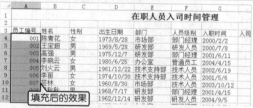

填充后的效果

第 2 步：使用日期函数提取入司年份

❶ 选中 H4 单元格，单击【编辑栏】右侧的【插入函数】按钮 fx。

单击

❷ 弹出【插入函数】对话框，在【或选择类别】下拉列表中选择【日期与时间】函数，在【选择函数】列表中选择【YEAR】选项，单击【确定】按钮。

❸ 弹出【函数参数】对话框，在【YEAR】函数参数文本框中输入"G4"单元格，单击【确定】按钮。

❹ 将 G4 单元格中的年份提取出来，使用填充功能填充 H4:H25 单元格区域。

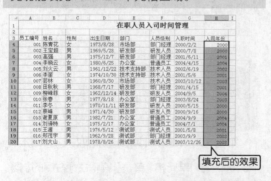

填充后的效果

第 3 步：统计同一年入司的人数

❶ 选中 K4 单元格，单击【编辑栏】右侧的【插入函数】按钮 _f_ₓ，弹出【插入函数】对话框，在【或选择类别】下拉列表中选择【统计】函数，在【选择函数】列表中选择【COUNTIF】选项，单击【确定】按钮。

❷ 弹出【函数参数】对话框，在【Range】文本框中输入"H$4:H$25"，在【Criteria】文本框中输入"J4"，单击【确定】按钮。

❸ 计算出 2000 年入司的人数，使用填充功能填充 K4:K8 单元格区域，最终效果如图所示。

最终效果

20.2 设计领导日程安排表

本节视频教学录像：7 分钟

为了有计划地安排工作，并有条不紊地开展工作，就需要设计一个工作日程安排表，以直观地安排近期要做的工作和了解已经完成的工作。

最终效果

第 1 步：建立表头

❶ 打开 Excel 2013 应用软件，新建一个工作簿，在 A2:F2 单元格区域中，分别输入表头"日期、时间、工作内容、地点、准备内容及参与人员"。

输入文字

❷ 选择 A1:F1 单元格区域，在【开始】选项卡中，单击【对齐方式】选项组中的【合并后居中】按钮 。选择 A2:F2 单元格区域，在【开始】选项卡中，设置字体为"华文楷体"，字号为"16"，对齐方式为"居中对齐"。

设置字体格式

❸ 单击【插入】选项卡下【文本】选项组中的【艺术字】按钮 ，在弹出的下拉列表中选择一种艺术字。

单击

❹ 工作表中即可出现艺术字体的"请在此放置您的文字"，输入"工作日程安排表"文本内容，并设置字体大小为"40"。

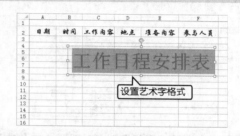

设置艺术字格式

❺ 适当地调整第 1 行的行高，将艺术字拖拽至 A1:F1 单元格区域位置处。

调整行高和列宽

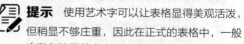
提示 使用艺术字可以让表格显得美观活泼，但稍显不够庄重，因此在正式的表格中，一般应避免使用艺术字。

❻ 在 A3:F5 单元格区域内，依次输入日程信息，并适当地调整行高和列宽。

提示 通常单元格的默认格式为【常规】，输入时间后都能正确显示，往往会显示一个 5 位数字。这时可以选中要输入日期的单元格，单击鼠标右键，在弹出的快捷菜单中选择【设置单元格格式】菜单项，弹出【设置单元格格式】对话框，选择【数字】选项卡。在【分类】列表框中选择【日期】选项，在右边的【类型】中选择适当的格式。将单元格格式设置为【日期】类型，可避免出现显示不当等一类的错误。调整列宽之后，将艺术字拖曳至单元格区域 A1:F1 中间。

第 2 步：设置条件格式

❶ 选择 A3:A10 单元格区域，切换到【开始】选项卡，单击【样式】选项组中的【条件格式】按钮，在弹出的快捷菜单中选择【新建规则】菜单项。

❷ 弹出【新建格式规则】对话框，在【选择规则类型】列表框中选择【只为包含以下内容的单元格设置格式】选项，在【编辑规则说明】区的第 1 个下拉列表中选择【单元格值】选项、第 2 个下拉列表中选择【大于】选项，在右侧的文本框中输入"=TODAY()"，然后单击【格式】按钮。

提示 函数 TODAY() 用于返回日期格式的当前日期。例如，电脑系统当前时间为 2013-7-27，输入公式"=TODAY()"时，返回当前日期"2013-7-27"。大于"=TODAY()"表示大于今天的日期，即今后的日期。

❸ 打开【设置单元格格式】对话框，选择【填充】选项卡，在【背景色】中选择【绿色】，在【示例】区可以预览效果，单击【确定】按钮，回到【新建格式规则】对话框，然后单击【确定】按钮。

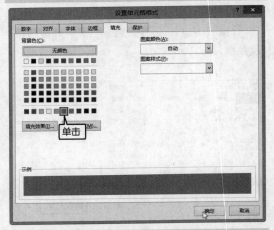

❹ 继续输入日期，已定义格式的单元格就会遵循这些条件，显示出绿色的背景色。

提示 如果编辑条件格式时，不小心多设了规则或设错了规则，可以在【开始】选项卡中，单击【样式】选项组中的【条件格式】按钮，在弹出的菜单中选择【管理规则】菜单项，在打开的【条件格式规则管理器】对话框中，可以看到当前已有的规则，单击其中的【新建规则】、【编辑规则】和【删除规则】等按钮，即可对条件格式进行添加、更改和删除等设置。

第3步：设置表格

❶ 选择 A2:F10 单元格区域，在【开始】选项卡中，单击【字体】选项组中【边框】按钮⊞右侧的倒三角箭头，在弹出的下拉菜单中选择【所有框线】菜单项。

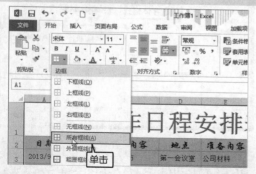

❷ 制作完成后，将其保存为"工作日程安排表 .xlsx"最终效果如图所示。

20.3 设计会议议程记录表

本节视频教学录像：10 分钟

在日常的行政管理工作中，经常会举行有关不同内容的大大小小的会议。比如，通过会议来进行某个工作的分配、某个文件精神的传达或某个议题的讨论等，那么就需要通过会议记录，来记录会议的主要内容和通过的决议等。本节将重点介绍如何设计会议记录表。

第1步：填写会议召开项

❶ 打开 Excel 2013 应用软件，新建一个工作簿，在工作表标签"Sheet1"上单击鼠标右键,在弹出快捷菜单中选择【重命名】菜单项,将工作表命名为"会议议程记录表"。

❷ 依次选择 A1:A7 单元格区域，分别输入表头"会议议程记录表、召开时间、记录人、会议主题、参加者、缺席者及发言人"。

❸ 分别选择 E2、E3、B7 和 F7 单元格，输入文字"召开地点、主持人、内容提要和备注"。

输入文字

第2步：设置文字格式

❶ 选择 A1:F1 单元格区域，单击鼠标右键，在弹出的快捷菜单中选择【设置单元格格式】菜单项。

单击

❷ 弹出【设置单元格格式】对话框，选择【对齐】选项卡，在【水平对齐】和【垂直对齐】下拉列表中选择【居中】选项，在【文本控制】区选中【合并单元格】复选框。

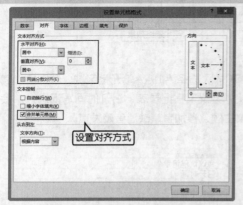

设置对齐方式

❸ 切换到【字体】选项卡，在【字体】列表框中选择"华文新魏"，在【字形】列表框中选择"加粗"，在【字号】列表框中选择"18"，单击【确定】按钮。

设置字体格式

❹ 依次合并 B2:D2、B3:D3、B4:F4、B5:F5 和 B6:F6、B7:E7、B8:E8 单元格区域，并将其"字号"均设置为"12"。

合并单元格

❺ 选择 A2:A6 和 E2:E3 单元格区域，在【开始】选项卡中，单击【字体】选项组中【字体】文本框后面的下拉箭头，在弹出的下拉列表中选择"华文楷体"，在【字号】文本框中输入"14"，并适当地调整列宽以适应文字。

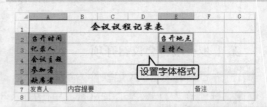

设置字体格式

❻ 选择 A7:F7 单元格区域，设置字体为"楷体"，字号为"16"，单击【加粗】按钮。设置 A8 单元格字体为"新宋体"，字号为"12"。

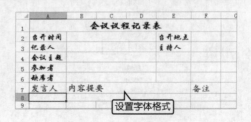

设置字体格式

⑦ 选择 B8 单元格，在【开始】选项卡中，单击【剪贴板】选项组中的【格式刷】按钮，并双击，然后使用带格式刷的光标选中 B9:E12 单元格区域，该区域样式会变得和 B8 单元格一样。

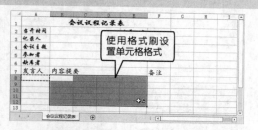

使用格式刷设置单元格格式

第 3 步：添加表格边框

❶ 选择 A1:F12 单元格区域，在【开始】选项卡中，单击【字体】选项组中【边框】按钮右侧的倒三角箭头，在弹出的下拉菜单中选择【所有框线】菜单项。

单击

❷ 制作完成后，将其保存为"会议议程记录表.xlsx"最终效果如下图所示。

最终效果

20.4 设计公司客户接洽表

本节视频教学录像：6 分钟

在行政管理中，难免会有不同的客户来公司访问，这样就有必要设计一个公司客户接洽表进行记录，以便查询管理。

最终效果

第 1 步：制作表头

❶ 打开 Excel 2013 应用软件，新建一个工作簿，选择单元格区域 A1:G1，单击【开始】选项卡下【对齐方式】选项组中的【合并后居中】按钮。

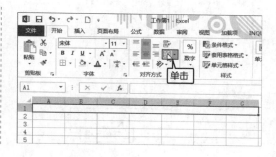

单击

❷ 在合并后的单元格中输入"客户访问接洽表"，在单元格区域 A2:G2 中分别输入如图所示文本内容。

❸ 选中 A1 单元格，设置其字体为"华文行楷"，字号为"22"。

第 2 步：制作表格内容

❶ 在单元格 A3 中输入数字"1"，使用填充柄快速填充单元格区域 A3:A17，单击填充柄右侧的 按钮，在弹出的下拉列表中选择【填充序列】选项。

❷ 填充后的效果如图所示，分别合并合并单元格区域 A18:B18、A19:B19、D19:G19、A20:C22、D20:G22，并输入如图所示文本内容。

第 3 步：设置表格

❶ 选中单元格区域 A1:G18，单击【字体】选项组中【边框】按钮 右侧的倒三角箭头，在弹出的下拉菜单中选择【所有框线】菜单项。

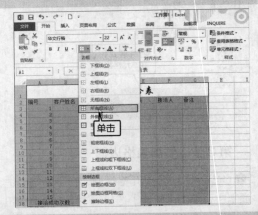

❷ 选中单元格区域 A19:G22，单击【字体】选项组中【边框】按钮 右侧的倒三角箭头，在弹出的下拉菜单中选择【粗匣框线】菜单项。

❸ 制作完成后，将其保存为"客户访问接洽表 .xlsx"即可。

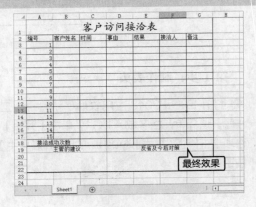

20.5 设计办公用品采购统计表

本节视频教学录像：8 分钟

制作一份办公用品采购统计表，有利于管理办公用品的数量及使用情况。下面就介绍制作办公用品采购统计表的具体步骤。

最终效果

第 1 步：制作表头

❶ 打开 Excel 2013 应用软件，新建一个工作簿，在单元格 A1 中输入"办公用品采购统计表"，选择单元格区域 A1:F1，单击【开始】选项卡下【对齐方式】选项组中的【合并后居中】按钮。

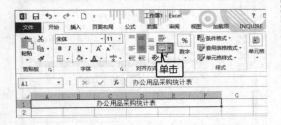

❷ 依次选择各个单元格区域，分别输入如图所示文本内容（或打开随书光盘中的"素材\ch20\差办公用品采购统计表 .xlsx"）。

输入数据

❸ 合并单元格区域 A2:F2、A7:F7、B10:C10……B19:C19，并设置单元格区域 A2:F2、A7:F7 的对齐方式为"左对齐"，设置单元格 B8 的对齐方式为"居中对齐"，如图所示。

设置对齐方式

第 2 步：设置字体

❶ 选择 A1 单元格，设置字体为"方正楷体简体"，字号为"18"。

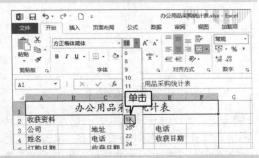

单击

❷ 选择 A2:F19 单元格区域，设置字体为"方正书宋简体"，字号为"12"。

设置字体格式

第3步：设置表格

❶ 选中单元格区域 A2:F6，单击【字体】选项组中【边框】按钮右侧的倒三角箭头，在弹出的下拉菜单中选择【外侧框线】菜单项。

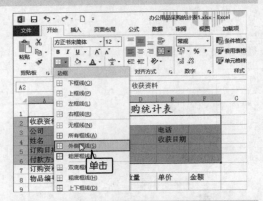

❷ 使用同样的方法设置单元格区域 A7:F19 的边框线同样为"外侧框线"。

第4步：设置单元格格式

❶ 在单元格 A9 中输入数字"1"，使用填充柄快速填充单元格区域 A9:A18，单击填充柄右侧的 按钮，在弹出的下拉列表中选择【填充序列】选项。

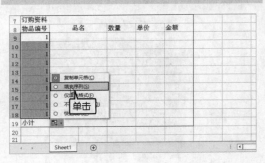

❷ 填充后的效果如图所示，选择单元格区域 E9:F19，单击鼠标右键，在弹出的快捷菜单中选择【设置单元格格式】选项。

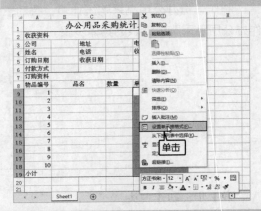

❸ 弹出【设置单元格格式】对话框，在【数字】选项卡下【分类】区域中选择【货币】选项，设置小数位数为"1"，选择一种货币符号，单击【确定】按钮。

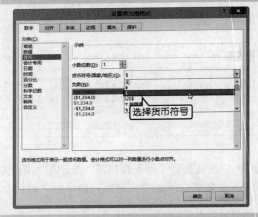

❹ 制作完成后，将其保存为"办公用品采购统计表 .xlsx"即可。

第 21 章

Excel 在人力资源管理中的应用

本章视频教学录像：35 分钟

高手指引

　　在人力资源管理中，经常会用到表格的设计和建立、系统的建立和信息的筛选，利用
Excel 2013 可以让这些工作达到事半功倍的效果。

重点导读

✚ 掌握设计工作表的方法
✚ 掌握美化工作表的方法
✚ 掌握一些基本的计算公式
✚ 掌握分析工作表数据的方法

21.1 设计招聘者基本情况登记表

📹 本节视频教学录像：6分钟

人力资源管理中，最重要的一项工作就是招聘，制作好一份详细的招聘者基本情况登记表，不仅有助于招聘工作的顺利进行，而且可以提高工作的效率。

【案例效果展示】

效果图

【案例涉及知识点】

- ♦ 输入文本
- ♦ 合并单元格并设置自动换行
- ♦ 设置行高与列宽
- ♦ 设置文本格式和表格边框线

【操作步骤】

第1步：输入文本并设置格式

本节主要涉及新建工作表、在工作表中输入文本等内容。

❶ 新建一个工作表并保存为"招聘者基本情况登记表 .xlsx"文件。

新建工作表

❷ 输入招聘者基本情况登记表的相关内容，如下图所示。

第2步：合并单元格并设置自动换行

本节主要涉及合并单元格、设置自动换行等内容。

输入相关内容

❶ 选择单元格区域 A1:I1，单击【开始】选项卡下【对齐方式】选项组中的【合并后居中】按钮。

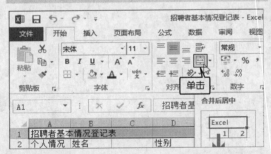

单击

❷ 即可合并单元格，合并后的单元格如下图所示。

③ 按照同样的方法合并单元格，合并单元格后的工作表如下图所示。

④ 选择单元格 A8，单击【开始】选项卡下【对齐方式】选项组中的【自动换行】按钮 ，即可将该单元格设置为自动换行。

第 3 步：设置行高与列宽

本节主要涉及设置单元格的行高和列宽等内容。

❶ 选择单元格区域 A1:I18，单击【开始】选项卡下【单元格】选项组中的【格式】按钮，在弹出的下拉列表中选择【行高】选项。

② 弹出【行高】对话框，设置【行高】为"25"，单击【确定】按钮。

③ 即可设置单元格区域的行高。

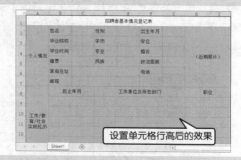

④ 使用同样的方法设置 D 列【列宽】为"6"，F 列【列宽】为"11"，如下图所示。

第 4 步：设置文本格式和表格边框线

本节主要涉及设置文本格式和表格边框线等内容。

❶ 选择标题行文本"招聘者基本情况登记表"，在【开始】选项卡下【字体】选项组中设置其【字体】为"黑体"，【字号】为"18"。

② 选择 A2:I18 单元格区域，设置其【字体】为"宋体"，【字号】为"12"。

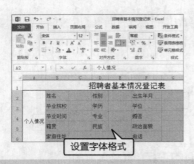

设置字体格式

❸ 选择单元格区域 A1:I18，单击【开始】选项卡下【字体】选项组中的【边框】按钮，在弹出的下拉列表中选择【所有框线】选项。

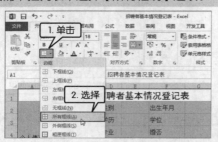

1. 单击

2. 选择

❹ 即可为选择的区域添加框线，招聘者基本情况登记表的最终效果如下图所示。

设置框线效果

至此，招聘者基本情况登记表就制作完成了。

21.2 设计人事变更统计表

本节视频教学录像：5 分钟

员工之间的职位变动在日常工作中是非常常见的，在繁琐的人力资源工作中，制作一份美观大方的人事变更统计表，会让人心情愉悦，从而提高工作的积极性。

【案例效果展示】

效果图

【案例涉及知识点】

- 💎 插入艺术字
- 💎 设置表格填充效果
- 💎 套用单元格格式

【操作步骤】

第 1 步：插入艺术字

本节主要涉及插入艺术字、调整表格行高等内容。

❶ 打开随书光盘中的"素材 \ch21\ 人事变更统计表 .xlsx"文件，删除工作表中的标题文字，适当调整 A1 单元格的行高，如下图所示。

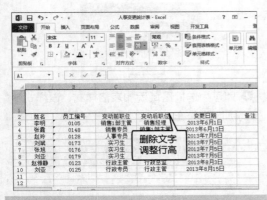

❷ 单击【插入】选项卡下【文本】选项组中的【艺术字】按钮,在弹出的下拉列表中选择一种艺术字样式。

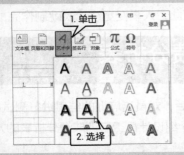

❸ 即可在工作表中插入【艺术字】文本框,删除预定的文本,输入"人事变更统计表",并设置其【字体】为"隶书",【字号】为"40"。

❹ 调整【艺术字】文本框位置后如下图所示。

第 2 步:设置表格填充效果

本节主要涉及设置表格填充效果的内容。

❶ 选择 A1 单元格,单击鼠标右键,在弹出的快捷菜单中选择【设置单元格格式】选项。

❷ 弹出【设置单元格格式】对话框,选择【填充】选项卡,单击【图案样式】右侧的下拉按钮,在弹出的下拉列表中选择一种图案样式,这里选择"6.25% 灰色",并选择一种填充颜色,在【示例】中可以看到预览效果,单击【确定】按钮。

❸ 即可为单元格添加填充效果。

第 3 步:套用单元格格式

本节主要涉及套用单元格格式,设置文本格式等内容。

❶ 选择 A2:F10 单元格区域,在【开始】选项卡下【字体】选项组中设置其【字体】为"宋体",【字号】为"14"。

❷ 单击【开始】选项卡下【样式】选项组中的【套用表格格式】按钮，在弹出的下拉列表中选择一种表格的样式。

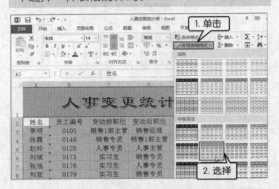

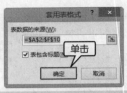

❸ 弹出【套用表格式】对话框，单击【确定】按钮。

❹ 即可为选择区域添加表格样式，该样式默认添加筛选按钮。

至此，人事变更统计表就制作完成了。

21.3 设计员工培训成绩分析表

本节视频教学录像：4 分钟

公司招聘新员工后，会进行员工培训。在员工培训后，对员工培训的结果进行测试有利于充分掌握员工各方面的能力以及学习的态度，本节主要介绍设计员工培训成绩分析表的方法。

【案例效果展示】

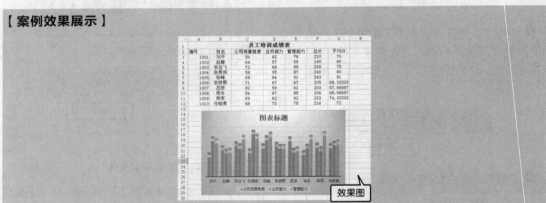

效果图

【案例涉及知识点】

- ❖ 运用公式计算结果
- ❖ 填充数据
- ❖ 插入并美化图表

【操作步骤】

第 1 步：运用公式计算结果

本节主要涉及输入公式、插入公式计算结果等内容。

❶ 打开随书光盘中的"素材 \ch21\ 员工培训成绩表 .xlsx"文件，选择 F3 单元格，在编辑栏中输入公式"=C3+D3+E3"，按【Enter】键计算出结果。

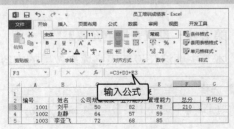

输入公式

❷ 选择单元格 G3，单击【公式】选项卡下【函数库】选项组中的【自动求和】按钮右侧的下拉按钮，在弹出的下拉列表中选择【平均值】选项。

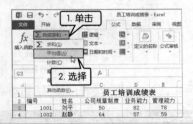

❸ 在编辑栏中出现平均值的计算公式，选择需要计算的数据源范围，按【Enter】键计算出结果。

第 2 步：填充数据

本节主要介绍使用填充柄填充数据的方法。

❶ 选择 F3 单元格，将鼠标光标定位到 F3 单元格的右下角，鼠标光标变成➕形状，向下拖曳鼠标光标至需要填充的单元格后，释放鼠标即完成数据的填充。

❷ 使用同样的方法填充 G 列数据，结果如下图所示。

第 3 步：插入并美化图表

本节主要涉及插入图表、美化图表等内容。

❶ 选择 B2:E12 单元格区域，单击【插入】选项卡下【图表】选项组中的【插入柱形图】按钮，在弹出的下拉列表中选择【簇状柱形图】选项。

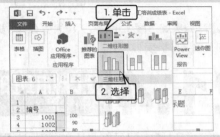

❷ 即可在工作表中插入柱形图，调整柱形图的位置。

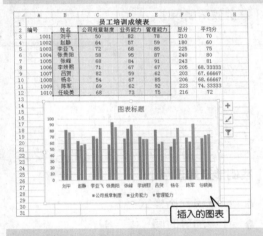

❸ 选择插入的图表，单击【设计】选项卡下【图表样式】选项组中的【其他】按钮，在弹出的下拉列表中选择一种图表样式。

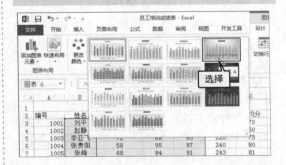

❹ 即可更改图表的样式。

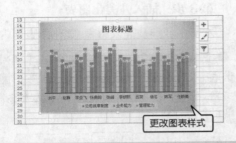

更改图表样式

❺ 最终效果如下图所示。将工作表保存为"员工培训成绩分析表"。

最终效果

至此，员工培训成绩分析表就制作完成了。

21.4 设计加班时间记录表

本节视频教学录像：8 分钟

在工作过程中记录好员工的加班时间并计算出合理的加班工资，有助于提高员工的工作积极性和工作效率，从而确保公司工作的顺利完成。

【案例效果展示】

效果图

【案例涉及知识点】

- ❖ 设置单元格样式
- ❖ 计算加班时间
- ❖ 计算加班费

【操作步骤】

第 1 步：设置单元格样式

本节主要介绍设置单元格样式方面的内容。

❶ 打开随书光盘中的"素材 \ch21\ 员工加班记录表 .xlsx"文件，单击行号 2，选择第 2 行整行，单击【开始】选项卡下【样式】选项组中的【单元格样式】按钮 单元格样式▾ ，在弹出的下拉列表中选择一种样式。

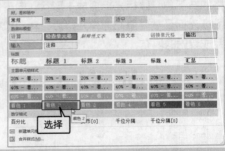

选择

❷ 即为标题行添加一种样式。

添加样式

第 2 步：计算加班时间

本节主要涉及输入公式计算、填充数据等内容。

❶ 选择单元格 E3，在编辑栏中输入公式"=WEEKDAY（D3,1）"，按【Enter】键计算出结果。

提示 公式"=WEEKDAY（D3,1）"的含义为返回 D3 单元格日期默认的星期数，此时单元格格式为常规，显示为"2"。

❷ 更改"星期"列单元格格式的【分类】为"日期"，设置【类型】为"星期三"，单击【确定】按钮。

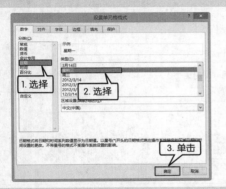

❸ 单元格 E3 显示为"星期一"，利用快速填充功能填充其他单元格。

❹ 选择单元格 H3，在编辑栏中输入公式"=HOUR(G3-F3)*60+MINUTE(G3-F3)"，按【Enter】键即可显示出加班的分钟数。

提示 公式"=HOUR(G3-F3)*60+MINUTE(G3-F3)"中的"HOUR(G3-F3)"计算出加班的小时数，1 小时等于 60 分钟，因此再乘以 60；"MINUTE(G3-F3)"计算出加班的分钟数。

❺ 利用快速填充功能计算出其他员工的加班分钟数。

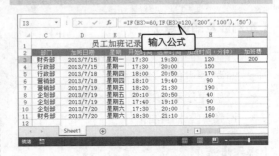

第 3 步：计算加班费

本节主要涉及输入公式计算、填充数据等内容。

❶ 选择单元格 I3，在编辑栏中输入公式"=IF(H3>=60,IF(H3>=120,"200","100"),"50")）"，按【Enter】键即可显示出该员工的加班费。

提示 公式"=IF(H3>=60,IF(H3>=120,"200","100"),"50")）"表示的意思是：如果加班不超过 1 个小时，加班费为 50 元；如果加班时间超过 1 个小时，但不超过 2 个小时，加班费为 100 元；如果加班时间超过 2 个小时，加班费为 200 元。

❷ 利用快速填充功能计算出其他员工的加班工资。

❸ 员工加班记录表的最终效果如下图所示。

至此，员工加班记录表就制作完成了。

21.5 设计销售部门业绩分析表

🎬 本节视频教学录像：4 分钟

通过对销售部门的业绩进行分析，可以了解公司的销售情况，并对员工的工作情况有个大致的了解，便于对工作进行下一步的规划与调整。

【案例效果展示】

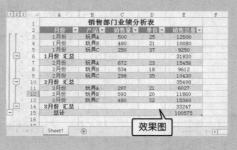

【案例涉及知识点】

- 🔷 计算销售额
- 🔷 对数据进行分类汇总
- 🔷 分级显示和创建组
- 🔷 设置单元格样式

【操作步骤】

第 1 步：计算销售额

本节主要涉及输入公式计算数据，填充数据等内容。

❶ 打开随书光盘中的"素材 \ch21\ 销售部分业绩分析表 .xlsx"文件，选择单元格 E3，输入公式"=C3*D3"，按【Enter】键计算结果。

❷ 使用快速填充功能填充其他单元格。

第 2 步：对数据进行分类汇总

本节主要涉及对数据进行分类汇总的内容。

❶ 选择任一单元格，单击【数据】选项卡下【分级显示】选项组中的【分类汇总】按钮。弹出【分类汇总】对话框，在【分类字段】下拉列表中选择【月份】选项，单击【确定】按钮。

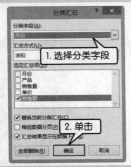

1. 选择分类字段

2. 单击

❷ 即可对数据进行汇总，结果如下图所示。

数据汇总效果

第 3 步：分级显示和创建组

本节主要涉及隐藏或显示明细数据、创建组等内容。

❶ 选择任一单元格，单击【数据】选项卡下【分级显示】选项组中的【隐藏明细数据】按钮，可以隐藏明细数据；单击【显示明细数据】按钮，可以显示明细数据。

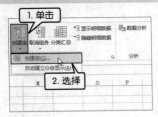

隐藏一月份明细数据

❷ 单击【数据】选项卡下【分级显示】选项组中的【创建组】按钮右侧的下拉按钮，在弹出的下拉列表中选择【创建组】选项。

1. 单击

2. 选择

❸ 弹出【创建组】对话框，单击选中【行】单选项，单击【确定】按钮。

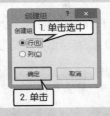

1. 单击选中

2. 单击

❹ 即可创建按行的组合。

创建按行的组合

第 4 步：设置单元格样式

本节主要涉及设置单元格样式的内容。

❶ 选择 A2:E15 单元格区域，单击【开始】选项卡下【样式】选项组中的【套用表格格式】按钮，在弹出的下拉列表中选择一种样式。

1. 单击

2. 选择

❷ 即可为表格添加该样式，保存制作好的工作表。

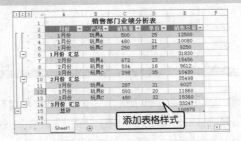

添加表格样式

至此，销售部门业绩分析表就制作完成了。

21.6 设计员工年度考核表

本节视频教学录像：8分钟

人事部门一般都会在年终或季末对员工的表现进行一次考核，这不但可以对员工的工作进行督促和检查，还可以根据考核的情况发放奖金。

【案例效果展示】

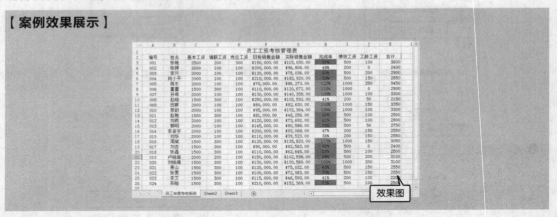

效果图

【案例涉及知识点】

- ❖ 计算完成率
- ❖ 计算绩效工资和合计工资
- ❖ 设置条件格式

【操作步骤】

第1步：计算完成率

本节主要涉及输入公式计算数据，设置数据格式、填充数据等内容。

❶ 打开随书光盘中的"素材\ch21\员工年度考核表.xlsx"工作簿，在单元格H3中输入公式"=G3/F3"。

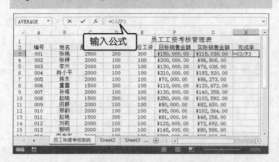

输入公式

❷ 按【Enter】键确认，发现计算结果格式不正确。选择H3单元格，单击【开始】选项卡下【数值】选项组中的【百分比样式】按钮 %。

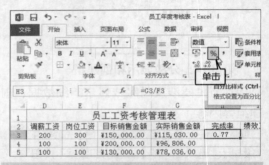

单击

❸ 即可看到单元格H3显示的计算结果为"77%"。

计算结果

❹ 使用填充柄填充H4:H26单元格区域，显示结果如下图所示。

填充数据

第 2 步：计算绩效工资和合计工资

本节主要涉及输入公式计算数据、填充数据等内容。

❶ 在单元格 I3 中输入公式"=IF(H3>=50%,IF(H3>=100%,1000,500),200)"，按【Enter】键确认。

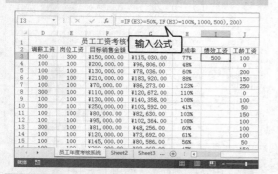

提示 公式"=IF(H3>=50%,IF(H3>=100%,1000,500),200)"表示如果员工销售完成率小于 50%，则绩效工资为 200，如果完成率在 50%~100%，则绩效工资为 500，如果完成率大于 100%，则绩效工资为 1000。

❷ 即可计算出绩效工资，使用填充柄填充 I4:I26 单元格区域，如下图所示。

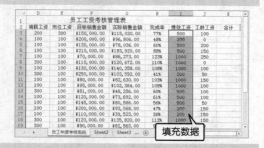

❸ 选择单元格 K3，单击【公式】选项卡下【函数库】选项组中的【插入函数】按钮。

❹ 弹出【插入函数】对话框，在【选择函数】列表框中选择【SUM】函数，单击【确定】按钮。

❺ 弹出【函数参数】对话框，在【Number1】文本框中输入"C3"，【Number2】文本框中输入"D3"，【Number3】文本框中输入"E3"，【Number4】文本框中输入"I3"，【Number5】文本框中输入"J3"，单击【确定】按钮。

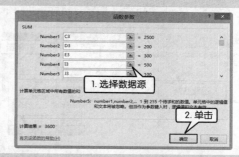

❻ 即可计算出合计工资，使用填充柄填充 K4:K26 单元格区域，如下图所示。

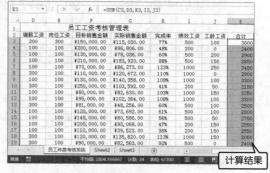

第 3 步：设置条件格式

本节主要涉及设置条件格式、填充数据等内容。

❶ 选择单元格区域 H3:H26，单击【开始】选项卡下【样式】选项组中的【条件格式】按钮，在弹出的下拉列表中选择【突出显示单元格规则】➤【介于】选项。

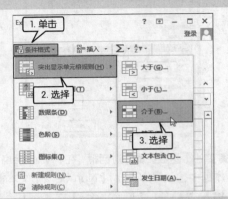

❷ 弹出【介于】对话框，在【为介于以下值之间的单元格设置格式】下设置值为"50% 到 100%"，单击【设置为】右侧的下拉按钮，在弹出的下拉列表中选择【自定义格式…】选项。

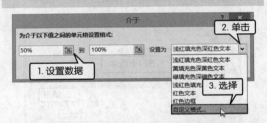

❸ 弹出【设置单元格格式】对话框，切换到【填充】选项卡，选择【填充颜色】为"浅蓝色"，单击【图案样式】右侧的下拉按钮，在弹出的下拉列表中选择一种图案样式，单击【确定】按钮。

❹ 返回【介于】对话框，单击【确定】按钮。即可为完成率在 50% 到 100% 之间的单元格设置填充效果。

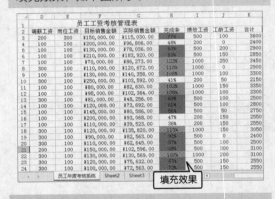

❺ 使用同样的方法，使用【大于】突出显示单元格规则，设置完成率大于 100% 的单元格填充效果，如下图所示。

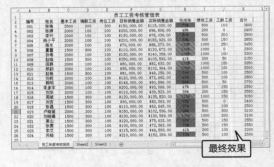

❻ 员工年度考核系统的最终效果如下图所示。

至此，员工年度考核系统就制作完成了。

第 22 章

Excel 在财务管理中的应用

本章视频教学录像：34 分钟

高手指引

在财务管理中，Excel 表格的使用会使繁杂的核算工作变得简单快捷且正确可靠。本章主要介绍 Excel 2013 在财务管理中应用的具体方法。

重点导读

- ✚ 掌握设计工作表的方法
- ✚ 掌握美化工作表的方法
- ✚ 掌握使用公式计算数据
- ✚ 掌握分析数据的方法
- ✚ 了解 VBA 的使用

22.1 设计产品销售分析图

本节视频教学录像：6 分钟

人力资源管理最重要的一项工作就是招聘，制作一份详细的招聘者基本情况登记表，有助于招聘工作的顺利进行，从而提高工作的效率。

【案例效果展示】

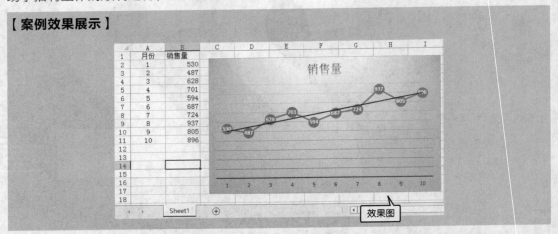

效果图

【案例涉及知识点】

- 插入销售图表
- 设置图表格式
- 添加趋势线
- 预测销售量

【操作步骤】

第 1 步：插入销售图表

本节主要涉及在工作表中插入图表的有关内容。

❶ 打开随书光盘中的"素材 \ch22\ 产品销售统计表 .xlsx"文件。

素材文件

❷ 选择 A1:B11 单元格区域，单击【插入】选项卡下【图表】选项组中的【折线图】按钮，在弹出下拉列表中选择【带数据标记的折线图】选项。

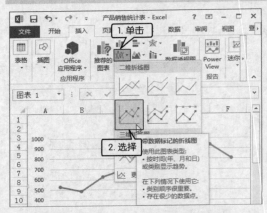

1. 单击
2. 选择

❸ 即可在工作表中插入图表，调整图表到合适的位置后，如下图所示。

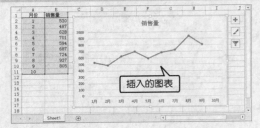

插入的图表

第2步：设置图表格式

本节主要通过改变图表的样式，美化图表文字来修饰图表。

❶ 选择图表，单击【设计】选项卡下【图表样式】选项组中的【其他】按钮，在弹出的下拉列表中选择一种图表的样式。

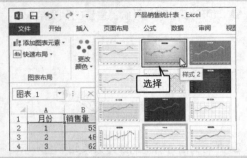

❷ 即可更改图表的样式。

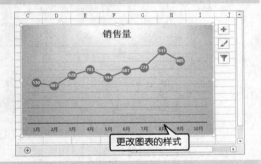

❸ 选择图表的标题文字，单击【格式】选项卡下【艺术字样式】选项组中的【其他】按钮，在弹出的下拉列表中选择一种艺术字样式。

❹ 即可为图表标题添加艺术字效果。

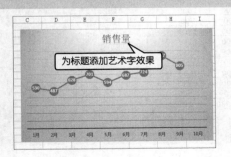

第3步：添加趋势线

本节主要涉及为图表添加趋势线、美化趋势线的方法。

❶ 选择图表，单击【设计】选项卡下【图表布局】选项组中的【添加图表元素】按钮，在弹出的下拉列表中选择【趋势线】➤【线性】选项。

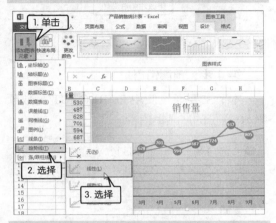

❷ 即可为图表添加线性趋势线。

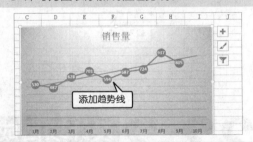

❸ 选中趋势线，单击【添加图表元素】按钮，在弹出的下拉列表中选择【趋势线】➤【其他趋势线选项】选项，工作表右侧弹出【设置趋势线格式】窗格，在此窗格中可以设置趋势线的填充线条、效果等。

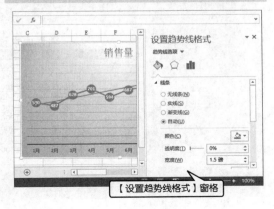

❹ 设置好趋势线线条并填充颜色后的最终图表效果见下图。

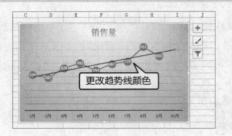

更改趋势线颜色

第 4 步：预测销售量

本节主要通过使用 FORECAST 函数预测 10 月份的产品销售量。

❶ 选 择 单 元 格 B11，输 入 公 式 "=FORECAST(10,B2:B10,A2:A10)"。

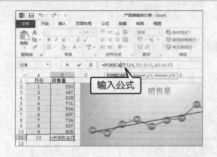

输入公式

提示 公式 "=FORECAST (10,B2: B10,A2: A10)" 是根据已有的数值计算或预测未来值。"10" 为进行预测的数据点，"B2:B10" 为因变量数组或数据区域，"A2:A10" 为自变量数组或数据区域。

❷ 即可计算出 10 月份销售量的预测结果。

预测结果

❸ 产品销售分析图的最终效果如下图所示。

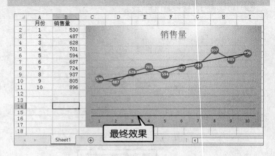

最终效果

至此，产品销售分析图就制作完成了。

22.2 设计项目成本预算分析表

本节视频教学录像：8 分钟

在每一个项目开始执行之前都要做好项目的成本预算，这样才能在项目的执行过程中保证每一项工作的顺利开展。本节主要介绍如何制作项目成本预算分析表。

【 案例效果展示 】

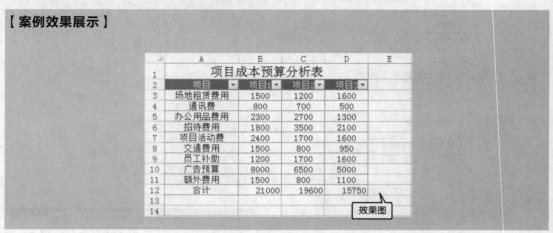

项目成本预算分析表			
项目	项目1	项目2	项目3
场地租赁费用	1500	1200	1600
通讯费	800	700	500
办公用品费用	2300	2700	1300
招待费用	1800	3500	2100
项目活动费	2400	1700	1600
交通费用	1500	800	950
员工补助	1200	1700	1600
广告预算	8000	6500	5000
额外费用	1500	800	1100
合计	21000	19600	15750

效果图

【案例涉及知识点】

◆ 设置数据验证

◆ 计算合计预算

◆ 美化工作表

◆ 数据的筛选

【操作步骤】

第 1 步：设置数据验证

本节主要涉及设置数据验证，输入数据等内容。

❶ 打开随书光盘中的"素材 \ch22\ 项目成本预算分析表 .xlsx"文件。

❷ 选择 B3:D11 单元格区域，单击【数据】选项卡下【数据工具】选项组中的【数据验证】按钮的下拉按钮，在弹出的下拉列表中选择【数据验证】选项。

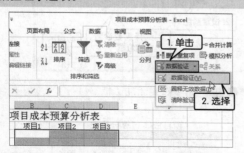

❸ 弹出【数据验证】对话框，在【允许】下拉列表框中选择【整数】，在【数据】下拉列表中选择【介于】，设置【最小值】为"500"，【最大值】为"10000"，单击【确定】按钮。

❹ 当输入的数字不符合要求时，会弹出如下警告框。

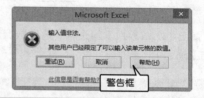

❺ 在工作表中输入数据，如下图所示。

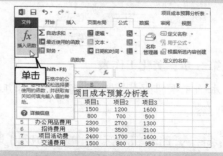

第 2 步：计算合计预算

本节主要涉及利用【插入函数】计算数据，填充数据等内容。

❶ 选择单元格 B12，单击【公式】选项卡下【函数库】选项组中的【插入函数】按钮。

❷ 弹出【插入函数】对话框，在【选择函数】列表框中选择【SUM】函数，单击【确定】按钮。

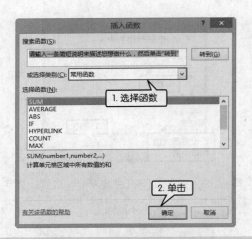

❸ 弹出【函数参数】对话框，选取数据源后单击【确定】按钮。

❹ 即可计算出项目 1 的合计预算费用，使用快速填充功能填充其他单元格。

第 3 步：美化工作表

本节主要涉及设置单元格样式、添加边框等内容。

❶ 选择 A2:B2 单元格区域，单击【开始】选项卡下【样式】选项组中的【单元格样式】按钮，在弹出的下拉列表中选择一种单元格样式。

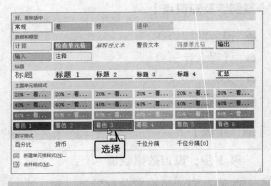

❷ 即可为选中的单元格添加样式。

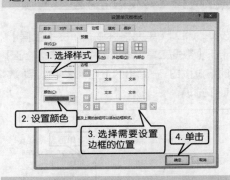

❸ 选择 A1:D12 单元格区域，单击【开始】选项卡下【字体】选项组中的【边框】按钮，在弹出的下拉列表中选择【其他边框】选项，弹出【设置单元格格式】对话框，在【线条样式】列表中选择一种线条样式，并设置边框的颜色，选择需要设置边框的位置，单击【确定】按钮。

❹ 即可为工作表添加边框。

第 4 步：数据的筛选

本节主要涉及数据的筛选等内容。

❶ 选择任一单元格，单击【数据】选项卡下【排序和筛选】选项组中的【筛选】按钮，在标题行的每列的右侧出现一个下拉按钮。

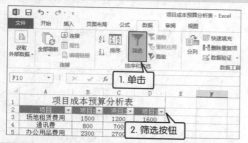

❷ 单击【项目 1】列标题右侧的下拉按钮，在弹出的下拉列表中选择【数字筛选】▶【大于】选项。

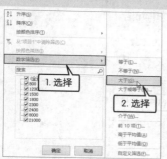

❸ 弹出【自定义自动筛选方式】对话框，在【大于】右侧的文本框中输入"2000"，单击【确定】按钮。

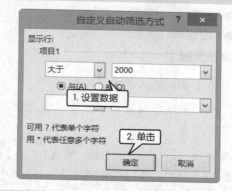

❹ 即可将预算费用大于 2000 元的项目筛选出来。

项目成本预算分析表			
项目	项目1	项目2	项目3
办公用品费用	2300	2700	1300
项目活动费	2400	1700	1600
广告预算	8000	6500	5000
合计	21000	19600	15750

筛选结果

至此，项目成本预算分析表就制作完成了。

22.3 设计信用卡银行对账单

本节视频教学录像：7 分钟

在日常生活中，信用卡因其使用的便利，日益受到消费者的喜爱。设计一张美观大方的信用卡对账单，可以使用户的体验度大大提升。

【案例效果展示】

效果图

【案例涉及知识点】

- 插入艺术字
- 输入表格内容并合并单元格
- 设置字体格式
- 设置单元格格式

【操作步骤】

第 1 步：插入艺术字

本节主要涉及插入艺术字、设置艺术字格式等内容。

❶ 选择 A1:G4 单元格区域，单击【开始】选项卡下【对齐方式】选项组中的【合并后居中】按钮合并单元格。

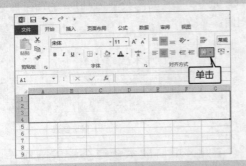

❷ 单击【插入】选项卡下【文本】选项组中的【艺术字】按钮，在弹出的下拉列表中选择一种艺术字样式。

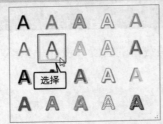

❸ 删除预定的文本，输入"XX 信用卡银行对账单"，设置【字体】为"方正舒体"，【字号】为"36"，调整艺术字的位置。

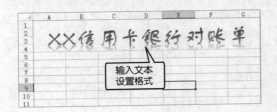

第 2 步：输入表格内容并合并单元格

本节主要涉及输入表格内容、合并单元格、设置数据格式等内容。

❶ 输入信用卡银行对账单的相关内容，如下图所示。

❷ 选择 A6:B6 单元格区域，单击【开始】选项卡下【对齐方式】选项组中的【合并后居中】按钮合并单元格。

❸ 使用同样的方法合并其他相关的单元格，如下图所示。

第 3 步：设置字体格式

本节主要涉及设置字体格式、设置数据类型等内容。

❶ 选择"账户交易明细"文本，在【开始】选项卡下设置其【字体】为"方正舒体"，【字号】为"24"，【字体颜色】为"蓝色"。

设置字体格式

❷ 使用同样的方法设置其他文本【字体】为"黑体"，【字号】为"12"，并设置字体为居中显示。

设置字体格式

❸ 选择 C7 单元格，单击【开始】选项卡下【数字】选项组中【常规】右侧的下拉按钮，在弹出的下拉列表中选择【货币】选项。

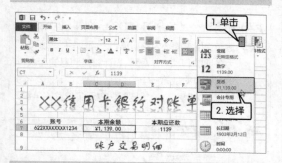

1. 单击

2. 选择

❹ 使用同样的方法，设置其他单元格数字的格式为"货币"。

设置数字格式

第 4 步：设置单元格格式

本节主要涉及设置单元格格式的内容。

❶ 选择 A6:G6 单元格区域，单击【开始】选项卡下【样式】选项组中的【单元格样式】按钮，在弹出的下拉列表中选择一种单元格样式。

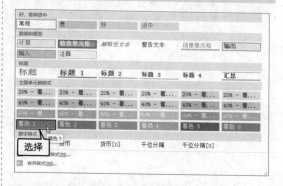

选择

❷ 使用同样的方法设置 A10:G10 单元格区域的样式。

设置单元格样式

❸ 为工作表添加边框，保存制作好的工作表，最终效果如下图所示。

添加边框

至此，一张简单的信用卡银行对账单就制作完成了。

22.4 设计住房贷款速查表

本节视频教学录像：6分钟

在日常生活中，越来越多的人选择申请住房贷款来购买房产。制作一份详细的住房贷款速查表能够帮助用户了解自己的还款状态，提前为自己的消费做好规划。

【案例效果展示】

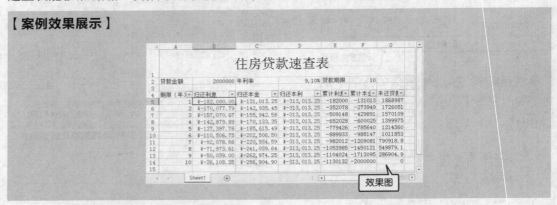

效果图

【案例涉及知识点】

- 计算每年的归还利息
- 计算每年的归还本金和归还本利
- 计算累计利息、累计本金和未还贷款
- 筛选数据

【操作步骤】

第1步：计算每年的归还利息

本节主要涉及输入公式、填充数据等内容。

❶ 打开随书光盘中的"素材\ch22\住房贷款速查表.xlsx"文件。

素材文件

❷ 选择单元格B5，在编辑栏中输入公式"=IPMT（$D$2,A5,$F$2,$B$2）"，按【Enter】键即可计算出第一年的归还利息。

输入公式

提示 公式"=IPMT（$D$2,A5,$F$2,$B$2）"表示返回定期数内的利息归还额。其中，"$D$2"为各期的利息；"A5"为计算其利息的期次，这里计算的是第一年的归还利息；"$F$2"为"贷款的期限"；"$B$2"表示了贷款的总额。

❸ 使用快速填充功能，计算每年的归还利息。

填充数据

第2步：计算每年的归还本金和归还本利

本节主要涉及输入公式计算结果、填充单元格等内容。

❶ 选择单元格 C5，输入公式"=PPMT（$D$2,A5,$F$2,$B$2）"，按【Enter】键即可算出第一年的归还本金。

> **提示** 公式"=PPMT（$D$2, A5,$F$2, $B$2）"表示返回定期数内的归还本金。其中，"$D$2"为各期的利息；"A5"为计算其利息的期次，这里计算的是第一年的归还利息；"$F$2"为"贷款的期限"；"$B$2"表示了贷款的总额。

❷ 选择单元格 D5，输入公式"=PMT（$D$2,$F$2,$B$2）"，按【Enter】键即可算出第一年的归还本利。

> **提示** 公式"=PMT（$D$2, $F$2, $B$2）"表示返回贷款每期的归还总额。其中"$D$2"为各期的利息，"$F$2"为"贷款的期限"，"$B$2"表示了贷款的总额。

❸ 使用快速填充功能，计算出每年的归还本金和归还本利。

第3步：计算累计利息、累计本金和未还贷款

本节主要涉及输入公式计算结果、填充单元格等内容。

❶ 选择单元格 E5，输入公式"=CUMIPMT（$D$2,$F$2,$B$2,1,A5,0）"，按【Enter】键即可算出第一年的累计利息。

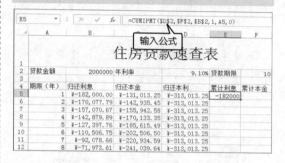

> **提示** 公式"=CUMIPMT（$D$2, $F$2, $B$2,1,A5,0）"表示返回两个周期之间的累计利息。其中，"$D$2"为各期的利息；"$F$2"为"贷款的期限"；"$B$2"表示了贷款的总额；"1"表示计算中的首期，付款期数从 1 开始计数；"A5"表示期次；"0"表示付款方式是在期末。

❷ 选择单元格 F5，输入公式"=CUMPRINC（$D$2,$F$2,$B$2,1,A5,0）"，按【Enter】键即可算出第一年的累计本金。

> **提示** 公式"=CUMPRINC（$D$2, $F$2, $B$2,1,A5,0）"表示返回两个周期之间的支付本金总额。其中"$D$2"为各期的利息；"$F$2"为"贷款的期限"；"$B$2"表示了贷款的总额；"1"表示计算中的首期，付款期数从 1 开始计数；"A5"表示期次；"0"表示付款方式是在期末。

❸ 选择单元格 G5，输入公式 "=$B$2+F5"，按【Enter】键即可算出第一年的未还利息。

❹ 使用快速填充功能，计算出每年的累计利息、累计本金和未还贷款。

填充数据

第 4 步：筛选数据

本节主要涉及设置数据筛选的内容。

❶ 选择任一单元格，单击【数据】选项卡下【排序和筛选】选项组中的【筛选】按钮。在每列标题的右侧会出现下拉按钮，单击【期限（年）】列右侧的下拉按钮，在弹出的下拉列表中撤消选中【全选】复选框，单击选中复选框【2】和【6】，单击【确定】按钮。

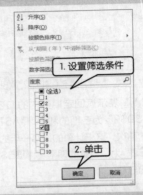

❷ 即可筛选出第 2 年和第 6 年的相关数据。

筛选结果

保存制作好的工作表，至此，住房贷款速查表就制作完成了。

22.5 建立会计报表系统

📹 本节视频教学录像：7 分钟

会计报表系统极大地方便了会计的工作，使繁杂的工作变得简单快捷。本节以利润表为例，根据输入的本期数据自动生成利润表的本期数和累计数。

【案例效果展示】

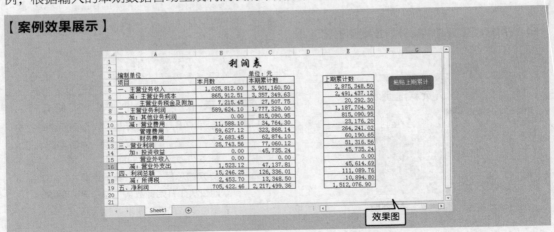

效果图

【案例涉及知识点】

- 🔷 计算本年累计数
- 🔷 美化工作表
- 🔷 使用 VBA 实现累计数的自动过渡
- 🔷 另存工作表

【操作步骤】

第 1 步：计算本年累计数

本节主要涉及输入公式、填充数据等内容。

❶ 打开随书光盘中的 "素材 \ch22\ 会计报表系统 .xlsx" 文件。选择单元格 C5，输入公式 "=B5+E5"，按【 Enter 】键计算出本期累计数。

❷ 使用快速填充功能填充其他单元格。

第 2 步：美化工作表

本节主要涉及添加边框、取消网格线显示等内容。

❶ 选择 A4:C19 单元格区域，单击【开始】选项卡下【字体】选项组中的【边框】按钮，在弹出的下拉列表中选择【所有框线】选项。

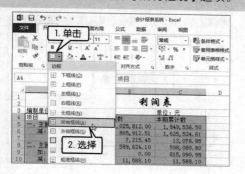

❷ 使用同样的方法为 E4:E19 单元格区域添加边框，如下图所示。

❸ 单击【视图】选项卡下【显示】选项组中撤消选中【网格线】复选框。

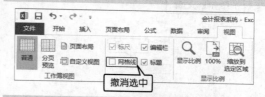

❹ 即可取消工作表中的网格线显示。

第 3 步：使用 VBA 实现累计数的自动过渡

本节主要涉及插入形状、指定宏、录制宏等内容。

❶ 单击【插入】选项卡下【插图】选项组中的【形状】按钮，在弹出的下拉列表中选择【圆角矩形】选项。

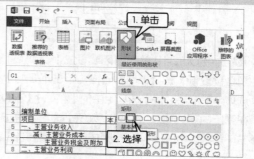

❷ 在工作表中绘制一个圆角矩形，并在形状上输入文字"粘贴上期数据"。

绘制圆角矩形输入文字

❸ 选中形状，单击鼠标右键，在弹出的快捷菜单中选择【指定宏】选项。

1. 单击鼠标右键

2. 选择

❹ 弹出【指定宏】对话框，在【宏名】文本框中输入"复制上期数据"，单击【录制】按钮。

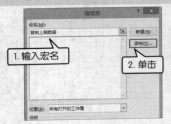

1. 输入宏名

2. 单击

❺ 弹出【录制宏】对话框，单击【确定】按钮即可开始录制宏。

单击

❻ 选中 C5:C19 单元格区域，按【Ctrl+C】组合键复制，选择 E5 单元格，单击【开始】选项卡下【粘贴板】选项组中的【粘贴】按钮，在弹出的下拉列表中选择【数值】选项。单击左下角状态中的【停止录制】按钮，停止录制宏。

【停止录制】按钮

❼ 单击【粘贴上期累计】按钮，此时将原本的【本期累计数】复制到【上期累计数】中，而在新的【本期累计数】中就会加上【上期累计数】。

复制本期累计数

第 4 步：另存工作表

本节主要涉及将工作表另存为其他格式等内容。

❶ 单击【文件】选项卡，在弹出的下拉列表中选择【另存为】选项，在【另存为】区域中单击【浏览】按钮。

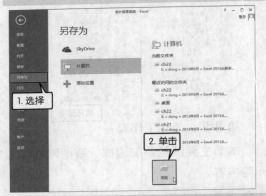

1. 选择

2. 单击

❷ 弹出【另存为】对话框，选择文件的存储位置，选择文件的存储类型为"Excel 启用宏的工作簿"，单击【保存】按钮。

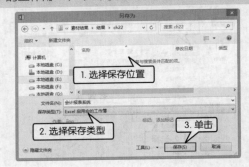

1. 选择保存位置

2. 选择保存类型

3. 单击

第 7 篇

高手秘籍篇

第 23 章

Excel 2013 与其他 Office 组件的协同应用

本章视频教学录像：20 分钟

高手指引

Excel 2013 和其他 Office 组件之间可以非常方便地协同处理数据。

重点导读

+ 掌握 Excel 与 Word 的协同应用
+ 掌握 Excel 与 PowerPoint 的协同应用
+ 掌握 Exce 与 Access 的协同应用

23.1 Excel 与 Word 的协同应用

 本节视频教学录像：5 分钟

在使用比较频繁的办公软件中，Excel 可以与 Word 文档实现资源共享和相互调用，从而达到提高工作效率的目的。

23.1.1 在 Excel 中调用 Word 文档

在 Excel 工作表中，可以通过调用 Word 文档来实现资源的共用，避免在不同软件之间来回切换，从而大大减少了工作量。

❶ 新建一个工作簿，单击【插入】选项卡下【文本】选项组中的【对象】按钮，弹出【对象】对话框。

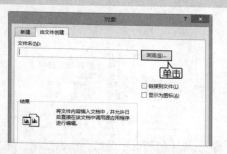

❷ 在【对象】对话框中选择【由文件创建】选项卡，单击【浏览】按钮，弹出【浏览】对话框，选择"素材 \ch23\ 考勤管理工作标准 .docx"文件，单击【插入】按钮。

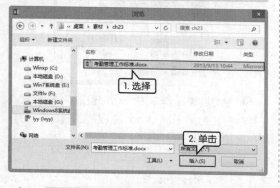

❸ 返回【对象】对话框，单击【确定】按钮。

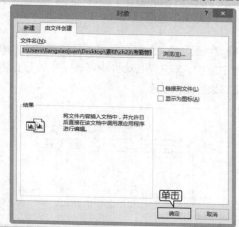

❹ 插入效果如图所示。

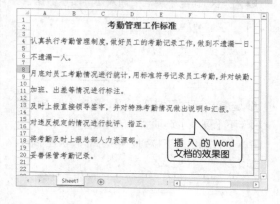

插入的 Word 文档的效果图

23.1.2 在 Word 中插入 Excel 工作表

当制作的 Word 文档涉及到报表时，我们可以直接在 Word 中创建 Excel 工作表，这样不仅可以使文档的内容更加清晰、表达的意思更加完整，而且可以节约时间，其具体的操作步骤如下。

❶ 打开随书光盘中的"素材 \ch23\ 创建 Excel 工作表 .docx"文件，将鼠标光标放在需要插入表格的位置，单击【插入】选项卡下【表格】选项组中的【表格】按钮，在弹出的下拉列表中选择【Excel 电子表格】选项。

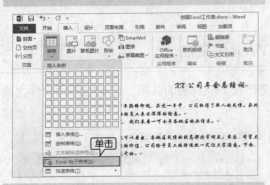

❷ 返回 Word 文档，即可看到插入的 Excel 电子表格，双击【Excel 电子表格】即可进入工作表的编辑状态。

❸ 在 Excel 电子表格中输入如图所示数据。

❹ 选择单元格区域 A1:D6，单击【插入】选项卡下【图表】选项组中的【插入柱形图】按钮，在弹出的下拉列表中选择【簇状柱形图】选项。

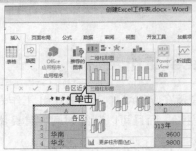

❺ 即可在图表中插入下图所示柱形图，当鼠标变为形状时，按住鼠标左键，拖曳图表区到合适位置。

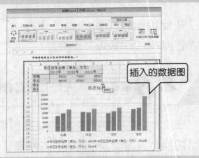

❻ 在图表区【图表标题】文本框中输入"近年净利润"，并设置其【字体】为"宋体"、【字号】为"14"，然后单击图表区的空白位置。

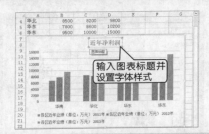

❼ 选择【绘图区】区域，单击鼠标右键，在弹出的快捷工具栏中单击【填充】按钮，在下拉菜单栏中选择【纹理】▶【画布】选项。

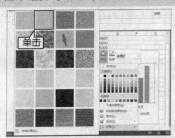

❽ 再次调整工作表的大小和位置，并单击文档的空白区域返回 Word 文档的编辑窗口，最后效果如图所示。

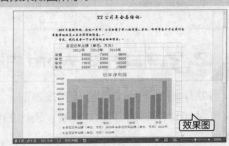

23.2 Excel 与 PowerPoint 的协同应用

本节视频教学录像：6 分钟

在使用比较频繁的办公软件中，Excel 可以与 Powerpoint 演示文稿相互调用，来减少工作量。

23.2.1 在 Excel 中调用 PowerPoint 演示文稿

在 Excel 中可以调用 PowerPoint 演示文稿，可以节省软件之间来回切换的时间，使我们在使用工作表时更加方便，具体的操作步骤如下。

❶ 新建一个 Excel 工作表，单击【插入】选项卡下【文本】选项组中【对象】按钮，弹出【对象】对话框，选择【由文件创建】选项卡，单击【浏览】按钮。

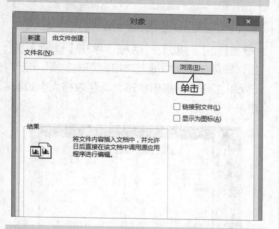

❷ 在打开的【浏览】对话框中选择将要插入的 PowerPoint 演示文稿，此处选择随书光盘中的"素材 \ch23\ 统计报告 .pptx"文件，然后单击【插入】按钮。

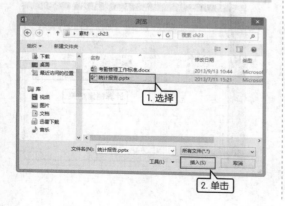

❸ 返回【对象】对话框，单击【确定】按钮，即可在文档中插入所选的演示文稿。插入 PowerPoint 演示文稿后，可以通过演示文稿四周的控制点来调整演示文稿的位置及大小。

插入的 PPT 演示文稿

❹ 选中幻灯片，单击鼠标右键，在弹出的快捷菜单中选择【演示文稿对象】➤【显示】选项。

❺ 弹出【Microsoft PowerPoint】对话框，然后单击【确定】按钮，即可播放幻灯片。

23.2.2 在 PowerPoint 中插入 Excel 工作表

用户可以将 Excel 中制作完成的工作表调用到 PowerPoint 演示文稿中进行放映，这样可以为讲解省去许多麻烦，具体的操作步骤如下。

❶ 打开随书光盘中的"素材 \ch23\ 调用 Excel 工作表 .pptx"文件，选择第 2 张幻灯片，然后单击【新建幻灯片】按钮，在弹出的下拉列表中选择【仅标题】选项。

❷ 在【单击此处添加标题】文本框中输入"各店销售情况"，并设置其文本颜色为"红色"。

❸ 单击【插入】选项卡下【文本】选项组中的【对象】按钮，弹出【插入对象】对话框，单击选中【由文件创建】单选项，然后单击【确定】按钮。

❹ 在弹出的【浏览】对话框中选择将要插入的 Excel 文件，此处选择随书光盘中的"素材 \ch23\ 销售情况表 .xlsx"文件，然后单击【确定】按钮。

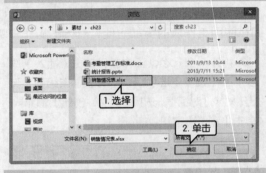

❺ 返回【对象】对话框，单击【确定】按钮，即可在文档中插入表格，双击表格，进入 Excel 工作表的编辑状态，调整表格大小如图所示。

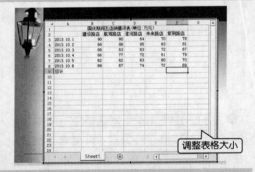

❻ 分别计算各店的销售总额，结果如图所示。

❼ 选择单元格区域 A2:F8，单击【插入】选项卡下【图表】选项组中的【插入柱形图】按钮，在弹出的下拉列表中选择【簇状柱形图】选项。

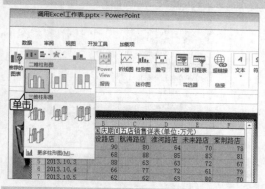

❽ 插入柱形图后，设置图表的位置和大小，在【图表标题】文本框中输入"各店销售情况"，设置其【字体】为"方正楷体简体"，【字号】为"12"，同时调整【绘图区】区域的大小，如图所示。

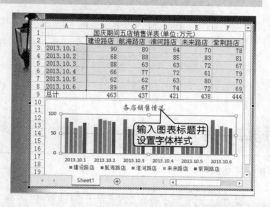

❾ 选择【图表区】，单击【图表工具】▶【格式】选项卡下【形状样式】选项组中的【形状填充】按钮，在弹出的下拉列表中选择【纹理】▶【蓝色面巾纸】选项。

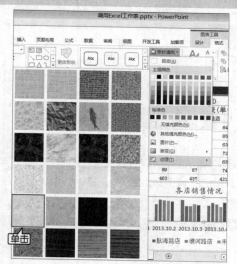

❿ 最终效果如图所示。

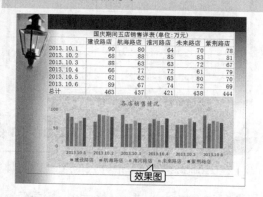

23.3 Excel 与 Access 的协同应用

本节视频教学录像：5 分钟

通过导入数据库，可以不必重复地在 Excel 中键入数据，也可以在每次更新数据库时，自动通过原始源数据库中的数据来更新 Excel 报表。

23.3.1 在 Excel 中导入 Access 数据库

在 Excel 中导入 Access 数据库的具体操作步骤如下。

❶ 打开随书光盘中的"素材 \ch23\ 导入 Access 数据库 .xlsx"文件，选择 A2 单元格，然后单击【数据】选项卡下【获取外部数据】选项组中的【自 Access 获取数据】按钮。

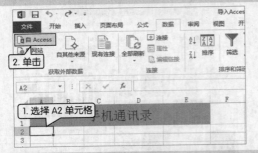

❷ 在弹出的【选取数据源】对话框中，选择"素材 \ch23\ 通讯录 .accdb"文件，单击【打开】按钮。

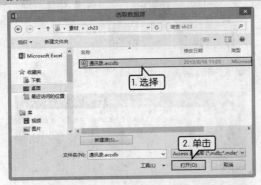

❸ 在打开的【导入数据】对话框中，各项设置为默认选项，然后单击【确定】按钮。

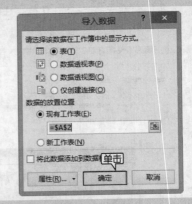

❹ 最终效果如图所示。

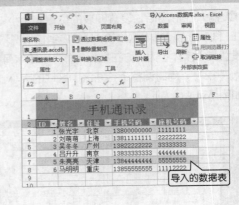

23.3.2 在 Access 数据库中导入 Excel

在 Access 数据库中导入 Excel 的具体操作步骤如下。

❶ 启动 Access，进入 Access 开始界面，单击【空白桌面数据库】选项。

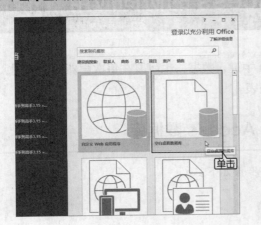

❷ 弹出【空白桌面数据库】创建页面，在【文件名】文本框中输入"在 Access 中导入 Excel 数据"字样，单击【创建】按钮。

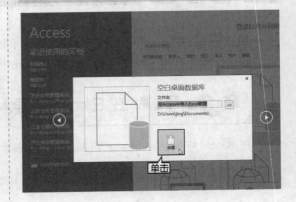

❸ 单击【外部数据】选项卡下【导入并链接】选项组中的【Excel】按钮。

❹ 弹出【选择数据源和目标】对话框,单击【导入结果】区域的【浏览】按钮。

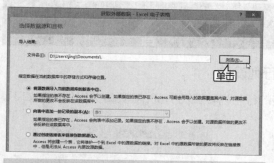

❺ 在弹出的【打开】对话框中,选择"素材\ch23\客户信息表"选项,然后单击【打开】按钮。

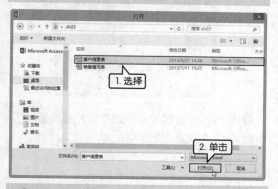

❻ 返回【选择数据源和目标】对话框,然后单击【确定】按钮。

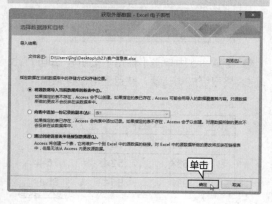

❼ 弹出【导入数据表向导】对话框,单击【下一步】按钮。

❽ 在弹出的对话框中,单击选中【让Access 添加主题】单选项,单击【下一步】按钮。

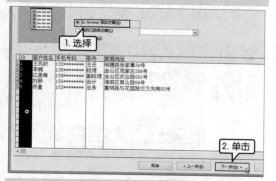

❾ 在弹出的对话框中,单击【完成】按钮。

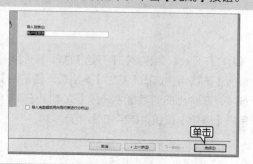

❿ 弹出【导入数据表向导】提示框,单击【是】按钮。

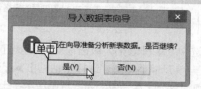

⓫ 弹出【获取外部数据】对话框,单击【关闭】按钮。

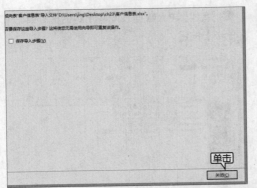

⑫ 插入数据后的效果如下图所示。

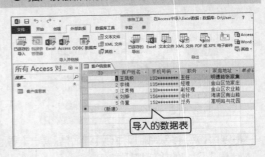

导入的数据表

高手私房菜

本节视频教学录像：4 分钟

技巧：用 Word 和 Excel 实现表格的行列设置

在用 Word 制作表格时，经常会遇到将表格的行与列转置的情况，其具体的操作步骤如下。

❶ 在 Word 中创建表格，然后选定整个表格，单击鼠标右键，在弹出的快捷菜单中选择【复制】命令。

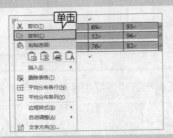

❷ 打开 Excel 表格，在【开始】选项卡下【剪贴板】选项组中选择【粘贴】▶【选择性粘贴】选项，在弹出的对话框中选择【文本】选项，单击【确定】按钮，结果如图所示。

复制后的表格

❸ 选中 Excel 表格，单击【复制】按钮，在任一单元格上单击，选择【粘贴】▶【选择性粘贴】选项，在弹出的对话框中单击选中【转置】复选框，然后单击【确定】按钮，如下图所示。

❹ 再将已经转置的表格选中，分别设置其内外边框，再次复制此表格。

	A	B	C	D
1	张三	77	69	93
2	李四	78	52	96
3	王五	88		
4				
5	张三	李四	王五	
6	77	78	88	
7	69	52	76	
8	93	96	82	

复制转置后的表格

❺ 在 Word 中单击【粘贴】按钮 即可，此时表格已经成功转置，并且还可任意编辑。

张三	李四	王五
77	78	88
69	52	76
93	96	8

插入的表格

第 24 章

Excel 2013 的辅助软件

本章视频教学录像：15 分钟

高手指引

除了自带功能外，网络中有许多 Excel 插件，可以使 Excel 的功能变得更加强大。本章主要介绍 Excel 的插件功能。

重点导读

✦ 了解 Excel 增强盒子的使用方法
✦ 了解 Excel 百宝箱的使用方法
✦ 了解集成工具箱的使用方法

24.1 用 Excel 增强盒子绘制斜线表头

本节视频教学录像：4 分钟

使用【增强盒子】选项卡，可以快速为表格制作斜线表头，具体的操作步骤如下。

❶ 从官方网站上下载"Excel 增强插件 ExcelBox 1.03"文件，并安装至本地计算机中，之后打开 Excel 2013 应用软件，可以看到 Excel 的工作界面中增加了一个【增强盒子】选项卡，其中包含了许多 Excel 的增强功能。

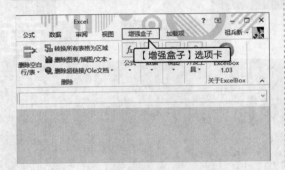

> **提示** 首次打开 Excel 工作簿，工作区中无工作表，需要新建工作表才会显示。

❷ 新建一个空白工作簿，单击【增强盒子】选项卡【开始】选项组中的【控制中心】按钮，在 Windows 桌面的右上角会出现一个控件中心图标，用鼠标右键单击该图标，在弹出的快捷菜单中，可以执行如图所示相关命令。

> **提示** 在 Excel 工作簿不关闭的情况下，双击该图标，可以隐藏 Excel 工作簿，再次双击该图标可以调出 Excel 工作簿。

❸ 单击【增强盒子】选项卡【开始】选项组中的【增强插入】按钮，在弹出的下拉列表中选择【插入斜线表头】选项。

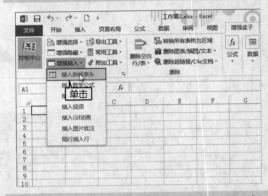

❹ 弹出【斜线表头】对话框，在【表头样式】下拉列表中选择【三分样式】选项，分别输入【行标题】、【列标题】和【中标题】名称，单击【确定】按钮。

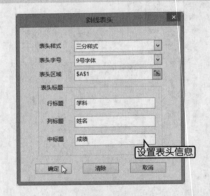

❺ 下图所示为插入的斜线表头。

24.2 用 Excel 增强盒子为考场随机排座

本节视频教学录像：2 分钟

在使用 Excel 的时候，可以通过编写函数的方法来生成随机数，为考生随机安排考试座位。在安装 Excel 增强盒子后，可以很轻松地生成任意数值范围内的随机数，具体的操作步骤如下。

❶ 启动 Excel 2013，单击【增强盒子】选项卡【数据】选项组中的【随机数】按钮。

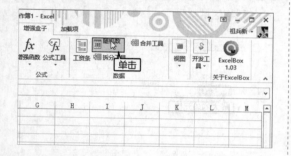

❷ 弹出【随机数生成】对话框。单击【请选择需要生成随机数的区域】文本框后面的按钮。

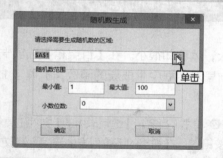

❸ 在工作表中选择随机数生成的区域，这里选择 B1:B20 单元格区域。

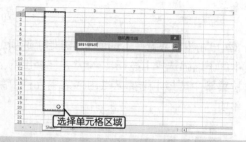

选择单元格区域

❹ 按【Enter】键，返回【随机数生成】对话框，然后根据需要设置【随机数范围】中的数值，这里设置【最小值】为"1"，【最大值】为"20"，【小数位数】为"0"。

设置随机数范围

❺ 单击【确定】按钮，即可生成随机数。

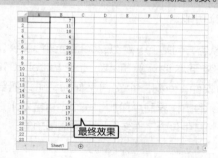

最终效果

24.3 用 Excel 增强盒子选择最大单元格

本节视频教学录像：2 分钟

使用 Excel 增强盒子可以方便快捷地选择单元格区域中数据最大的单元格，具体的操作步骤如下。

❶ 按照下图所示在 Excel 2013 中输入相关的数据。

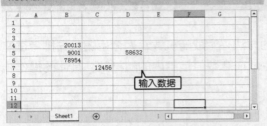

输入数据

❷ 单击【增强盒子】选项卡【开始】选项组中的【增强选择】按钮，在弹出的下拉菜单中选择【选择区域内最大单元格】菜单项。

单击

❸ 弹出【选择区域中最大单元格】对话框。在工作表中选择包含所有数据的单元格，这里选择 A1:E9 单元格区域。

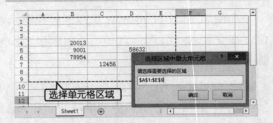

选择单元格区域

❹ 单击【确定】按钮，即可自动地选中最大的单元格区域。

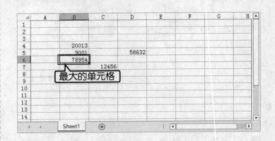

最大的单元格

24.4 用 Excel 百宝箱修改文件创建时间

本节视频教学录像：2 分钟

百宝箱是 Excel 的一个增强型插件，功能强大，体积却很小。在【百宝箱】选项卡中，根据功能特点对子菜单做出了分类，并且在函数向导对话框中生成新的函数，扩展了 Excel 的计算功能。

❶ 从官方网站上下载"Excel 百宝箱"文件，并安装至本地计算机中。打开 Excel 2013 应用软件，新建一个空白工作簿，可以看到 Excel 的工作界面中增加了一个【百宝箱】选项卡，其中包含了许多 Excel 的增强功能。

【百宝箱】选项卡

❷ 单击【百宝箱】选项卡中的【文件工具箱】按钮，在弹出的下拉列表中选择【修改文件创建时间】选项。

1. 单击

2. 单击

❸ 弹出【文件创建时间修改器】对话框，单击【获取文件及时间】按钮，选择目标文件，【时间选项】将变为【文件原始创建时间】，显示文件原始创建的具体时间。

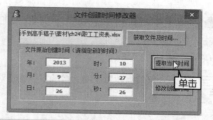

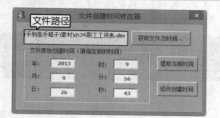

❺ 单击【修改创建时间】按钮，弹出提示对话框，显示了修改后的文件创建时间，单击【确定】按钮即可。

❹ 在白色的文本框中可以进行时间的修改，也可以单击【提取当前时间】按钮获取当前的时间。

24.5 用 Excel 集成工具箱生成员工工资条

本节视频教学录像：3 分钟

集成工具箱是 Excel 的另一个增强插件，具有强大的功能。在 Excel 2013 工作界面上，有【经典】和【集成工具箱】两个选项卡，集多种功能于一身，是一个很好的辅助工具。使用【集成工具箱】制作工资条的具体操作步骤如下。

❶ 打开随书光盘中的"素材 \ch24\ 职工工资表 .xlsx"文件。

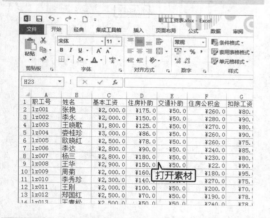

❷ 单击【集成工具箱】选项卡【高级工具】选项组中的【财务工具箱】按钮，在弹出的菜单中选择【制作工资条】菜单项。

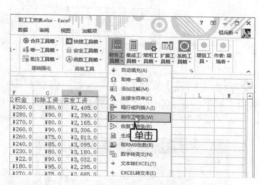

❸ 弹出【制作 & 恢复工资条】对话框，输入【开始行号】和【结束行号】的数据，单击【制作】按钮。

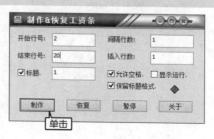

④ 这样工资条就制作完成了。只要稍微加工，就可以使用了。

制作的工资条

 提示 可根据要发工资人数的多少设定对话框中的数据。

高手私房菜

本节视频教学录像：2 分钟

技巧：设计个性化批注

使用 Excel 辅助工具——百宝箱，还可以设计个性化批注，具体的操作步骤如下。

❶ 选择要加入批注的单元格，单击【百宝箱】选项卡【图片工具箱】按钮，在弹出的下拉列表中选择【生成个性化批注】选项。

❷ 弹出【批注】对话框，输入批注内容，单击【OK】按钮，弹出【批注外型】对话框。

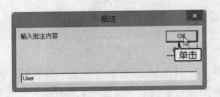

❸ 选择自己喜欢的批注外型，在文本框中输入数字，如"21"，然后单击【OK】按钮，即可显示设计的批注外型。

❹ 单击黄色区域，即可添加批注内容。

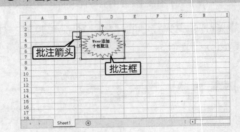

第

25

章

Excel 2013 的共享与安全

本章视频教学录像：18 分钟

高手指引

　　本章主要介绍 Excel 2013 的共享、保护和取消保护等内容，使用户能够进一步地了解 Excel 2013 的应用，掌握共享 Excel 2013 的技巧，并学会通过 Excel 2013 的安全设置来保护文档。

重点导读

+ 掌握 Excel 2013 的共享
+ 掌握 Excel 2013 的保护
+ 了解取消保护的方法

25.1 Excel 2013 的共享

本节视频教学录像：7 分钟

用户可以将 Excel 文档存放在网络或其他存储设备中，便于用户方便地查看和编辑 Excel 文档；还可以通过跨平台、设备与其他人协作，共同编写论文、准备演示文稿、创建电子表格等。

25.1.1 保存到云端 OneDrive

Windows OneDrive 是由微软公司推出的一项云存储服务，用户可以通过自己的 Windows Live 账户进行登录，上传图片、文档等到 OneDrive 中进行存储，无论身在何处，用户都可以访问 OneDrive 上的所有内容。将文档保存到云端 OneDrive 的具体操作步骤如下。

❶ 打开随书光盘中的"素材 \ch25\ 礼仪培训 .pptx"文件。单击【文件】选项卡，在打开的列表中选择【另存为】选项，在【另存为】区域选择【OneDrive】选项，单击【登录】按钮。

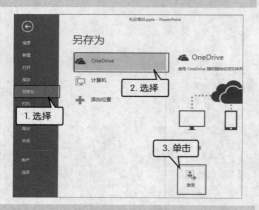

❷ 弹出【登录】对话框，输入与 Office 一起使用的账户的电子邮箱地址，单击【下一步】按钮。

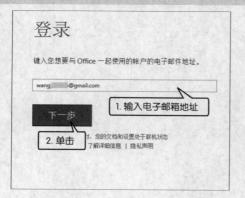

❸ 在弹出的【登录】对话框中输入电子邮箱地址的密码，单击【登录】按钮。

❹ 即可登录，在 PowerPoint 的右上角显示登录的账号名，在【另存为】区域选择【kk zhou 的 OneDrive】选项，单击【浏览】按钮。

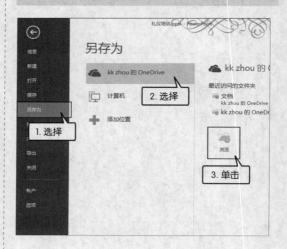

❺ 弹出【另存为】对话框，在对话框中选择文件要保存的位置，这里选择并打开【文档】文件夹，单击【保存】按钮。

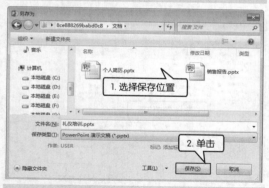

1. 选择保存位置

2. 单击

❻ 在浏览器中输入网址"https://onedrive.live.com/about/zh-cn/"，单击【登录】按钮，登录网站。

单击

❼ 登录后，单击【文档】选项，即可查看到上传的文档。

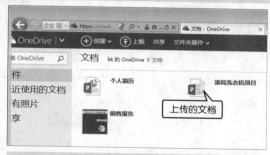

上传的文档

❽ 单击需要打开的文件，如图所示打开演示文稿。

打开演示文稿

25.1.2　电子邮件

　　Excel 2013 还可以通过发送到电子邮件的方式进行共享，发送到电子邮件主要有【作为附件发送】、【发送链接】、【以 PDF 形式发送】、【以 XPS 形式发送】和【以 Internet 传真形式发送】5 种形式。本节主要通过介绍以附件形式进行邮件发送的方法。

❶ 打开随书光盘中的"素材 \ch25\ 员工基本资料表 .xlsx"文件。单击【文件】选项卡，在打开的列表中选择【共享】选项，在【共享】区域选择【电子邮件】选项，然后单击【作为附件发送】按钮。

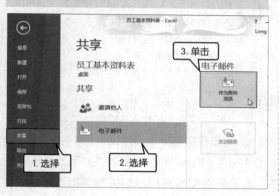

1. 选择　　2. 选择　　3. 单击

❷ 弹出【员工基本资料表 .xlsx- 邮件（HTML）】工作界面，在【附件】右侧的文本框中可以看到添加的附件，在【收件人】文本框中输入收件人的邮箱，单击【发送】按钮即可将文档作为附件发送。

1. 输入收件人邮箱

2. 单击　　添加的附件

提示　　使用其他邮箱发送办公文件，主要是以附件的形式发送给对方。

25.1.3 向存储设备中传输

用户还可以将 Excel 2013 文档传输到存储设备中，具体的操作步骤如下。

❶ 将存储设备 U 盘插入电脑的 USB 接口中，打开随书光盘中的"素材 \ch25\ 员工基本资料表 .xlsx"文件。

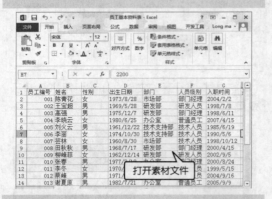

打开素材文件

❷ 单击【文件】选项卡，在打开的列表中选择【另存为】选项，在【另存为】区域选择【计算机】选项，然后单击【浏览】按钮。

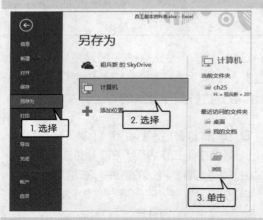

1. 选择　　2. 选择　　3. 单击

❸ 弹出【另存为】对话框，选择文档的存储位置为存储设备，这里选择【LYY（J:）】文件夹，单击【保存】按钮。

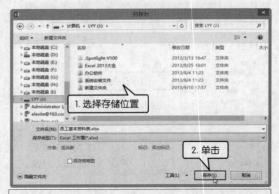

1. 选择存储位置　　2. 单击

提示 将存储设备插入到电脑的 USB 接口后，单击桌面上的【计算机】图标，在弹出的【计算机】窗口中可以看到插入的存储设备，本例中存储设备的名称为【LYY（J:）】。

本章使用的 U 盘

❹ 打开存储设备，即可看到保存的文档。

保存的文档

提示 用户可以复制该文档，通过粘贴也可以将文档传输到存储设备中。本例中的存储设备为 U 盘，如果使用其他存储设备，操作过程类似，这里不再赘述。

25.1.4 局域网中的共享

局域网是在一个局部的范围内（如一个学校、公司和机关内），将各种计算机、外部设备和数据库等互相联接起来组成的计算机通信网。局域网可以实现文件管理、应用软件共享、打印机共享、扫描仪共享、工作组内的日程安排、电子邮件和传真通信服务等功能。

局域网用户利用 Excel 可以协同工作，在局域网中共享 Excel 的具体操作步骤如下。

❶ 打开随书光盘中的"素材 \ch25\ 员工基本资料表 .xlsx"文件。单击【审阅】选项卡下【更改】选项组中的【共享工作簿】按钮。

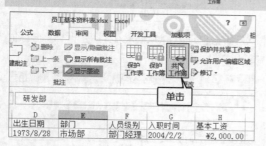

❷ 弹出【共享工作簿】对话框，在对话框中单击选中【允许多用户同时编辑，同时允许工作簿合并】复选框，单击【确定】按钮。

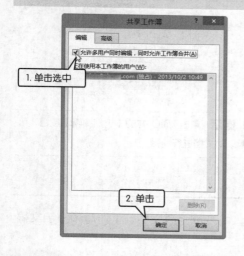

❸ 工作簿即处于在局域网中共享的状态，在工作簿上方显示"共享"字样。

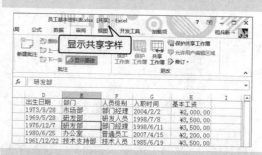

❹ 单击【文件】选项卡，在弹出的列表中选择【另存为】选项，单击【浏览】按钮，即可弹出【另存为】对话框。在对话框的地址栏中输入该文件在局域网中的位置，单击【确定】按钮。

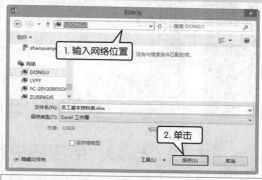

 提示 将文件的所在位置通过电子邮件发送给共享该工作簿的用户，用户通过该文件在局域网中的位置即可找到该文件。

25.2 Excel 2013 的保护

本节视频教学录像：6 分钟

如果用户不想制作好的文档被别人看到或修改，可以将文档保护起来。常用的保护文档的方法有标记为最终状态、用密码进行加密和限制编辑等。

25.2.1 标记为最终状态

"标记为最终状态"命令可将文档设置为只读，以防止审阅者或读者无意中更改文档。在将文档标记为最终状态后，键入、编辑命令以及校对标记都会禁用或关闭，文档的"状态"属性会设置为"最终"，具体的操作步骤如下。

❶ 打开随书光盘中的"素材 \ch25\ 员工基本资料表 .xlsx"文件。

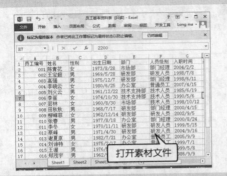

打开素材文件

❷ 单击【文件】选项卡，在打开的列表中选择【信息】选项，在【信息】区域单击【保护工作簿】按钮，在弹出的下拉菜单中选择【标记为最终状态】选项。

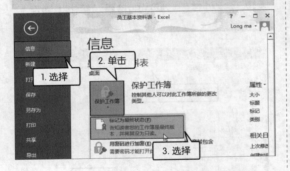

信息

1. 选择
2. 单击
3. 选择

❸ 弹出【Microsoft Excel】对话框，单击【确定】按钮。

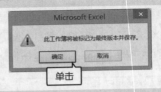

单击

❹ 弹出【Microsoft Excel】提示框，单击【确定】按钮。

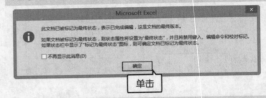

单击

❺ 返回 Excel 页面，该文档即被标记为最终状态，以只读形式显示。

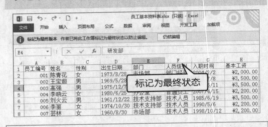

标记为最终状态

提示 单击页面上方的【仍然编辑】按钮，可以对文档进行编辑。

25.2.2 用密码进行加密

在 Microsoft Excel 中，可以使用密码阻止其他人打开或修改文档、工作簿和演示文稿。用密码加密的具体操作步骤如下。

❶ 打开随书光盘中的"素材 \ch25\ 员工基本资料表 .xlsx"文件，单击【文件】选项卡，在打开的列表中选择【信息】选项，在【信息】区域单击【保护工作簿】按钮，在弹出的下拉菜单中选择【用密码进行加密】选项。

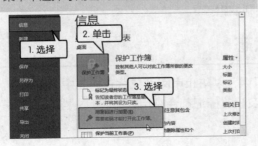

信息

1. 选择
2. 单击
3. 选择

❷ 弹出【加密文档】对话框，输入密码，单击【确定】按钮。

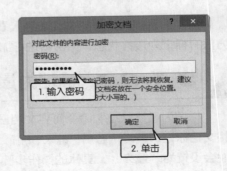

1. 输入密码
2. 单击

❸ 弹出【确认密码】对话框，再次输入密码，单击【确定】按钮。

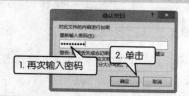

❹ 即可为文档使用密码进行加密。在【信息】区域内显示已加密。

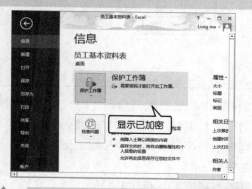

❺ 再次打开文档时，将弹出【密码】对话框，输入密码后单击【确定】按钮。

❻ 即可打开文档。

25.2.3　限制编辑

限制编辑指控制其他人对工作表进行哪些类型的更改。限制编辑提供了多种选项，格式设置限制可以有选择地限制格式编辑选项，用户可以单击其下方的"设置"进行格式选项自定义；编辑限制可以有选择地限制工作表编辑类型，包括"设置单元格格式"、"设置列格式"、"设置行格式"及"排序"、"筛选"等。为工作表添加限制编辑的具体操作步骤如下。

❶ 打开随书光盘中的"素材 \ch25\ 员工基本资料表 .xlsx"文件，单击【文件】选项卡，在打开的列表中选择【信息】选项，在【信息】区域单击【保护工作簿】按钮，在弹出的下拉菜单中选择【保护当前工作表】选项。

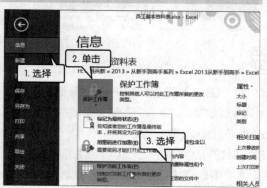

❷ 弹出【保护工作表】对话框，系统默认勾选【保护工作表及锁定的单元格内容】，也可以在【允许此工作表的所有用户进行】列表中选择允许修改的选项。

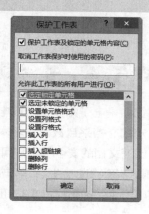

❸ 在【取消工作表保护时使用的密码】输入密码，单击【确定】按钮。

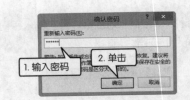

❹ 弹出【确认密码】对话框，在此输入密码，单击【确定】按钮。

❺ 返回 Excel 工作表中，双击任一单元格进行数据修改，则会弹出如下提示框。

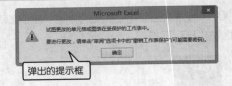

25.2.4 限制访问

限制访问指通过使用 Microsoft Excel 2013 中提供的信息权限管理（IRM）来限制对文档、工作簿和演示文稿中内容的访问权限，同时限制其编辑、复制和打印能力。用户通过对文档、工作簿、演示文稿和电子邮件等设置访问权限，可以防止未经授权的用户打印、转发和复制敏感信息，保证文档、工作簿、演示文稿等的安全。

设置限制访问的方法是：单击【文件】选项卡，在打开的列表中选择【信息】选项，在【信息】区域单击【保护工作簿】按钮，在弹出的下拉菜单中选择【限制访问】选项。

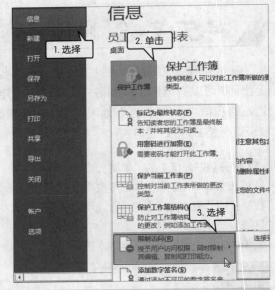

25.2.5 添加数字签名

数字签名是电子邮件、宏或电子文档等数字信息上的一种经过加密的电子身份验证戳。用于确认宏或文档来自数字签名本人且未经更改。添加数字签名可以确保文档的完整性，从而进一步保证文档的安全。用户可以在 Microsoft 官网上获得数字签名。

添加数字签名的方法是：单击【文件】选项卡，在打开的列表中选择【信息】选项，在【信息】区域单击【保护工作簿】按钮，在弹出的下拉菜单中选择【数字添加签名】选项。

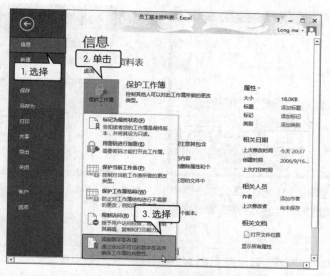

25.3 取消保护

本节视频教学录像：3 分钟

用户对 Excel 文件设置保护后，还可以取消保护。取消保护包括取消文件最终标记状态、删除密码等。

1. 取消文件最终标记状态

取消文件最终标记状态的方法是：打开标记为最终状态的文档，单击【文件】选项卡，在打开的列表中选择【信息】选项，在【信息】区域单击【保护工作簿】按钮，在弹出的下拉菜单中选择【标记为最终状态】选项即可取消最终标记状态。

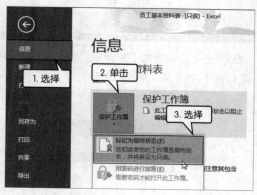

2. 删除密码

对 Excel 文件使用密码加密后还可以删除密码，具体的操作步骤如下。

❶ 打开设置密码的文档。单击【文件】选项卡，在打开的列表中选择【另存为】选项，在【另存为】区域选择【计算机】选项，然后单击【浏览】按钮。

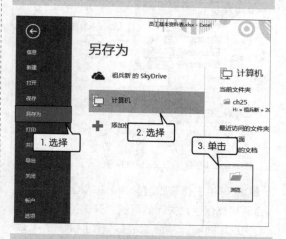

❷ 打开【另存为】对话框，选择文件的另存位置，单击【另存为】对话框下方的【工具】按钮，在弹出的下拉列表中选择【常规选项】选项。

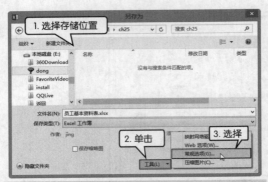

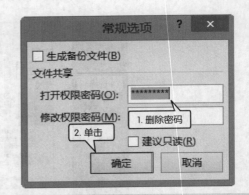

❸ 打开【常规选项】对话框，在该对话框中显示了打开文件时的密码，删除密码，单击【确定】按钮。

❹ 返回【另存为】对话框，单击【保存】按钮。另存的文档便删除了密码保护。

提示 用户也可以再次选择【保护文档】▶【用密码加密】选项，在弹出的【加密文档】对话框中删除密码，单击【确定】按钮即可删除文档设定的密码。

 高手私房菜

本节视频教学录像：2 分钟

技巧：将工作簿隐藏起来防止其他人查看

为了防止其他人查看并修改 Excel 工作簿中的数据，可以将整个工作簿隐藏起来。

❶ 打开随书光盘中的"素材\ch25\员工基本资料表.xlsx"文件，单击【视图】选项卡下【窗口】组中的【隐藏】按钮 ☐隐藏 。

❷ 即可将工作簿隐藏起来，按【Ctrl+S】组合键将其保存，关闭后再次打开该工作簿时，会出现如图所示界面，单击【视图】选项卡下【窗口】组中的【取消隐藏】按钮 ☐取消隐藏 。

提示 如果计算机中正在运行 Excel 2013 应用程序时，双击打开隐藏的工作簿，该工作簿将不显示。

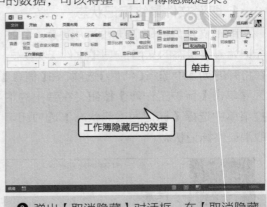

❸ 弹出【取消隐藏】对话框，在【取消隐藏工作簿】中选择隐藏的工作簿，单击【确定】按钮即可取消隐藏。

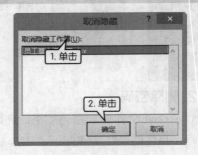

第 26 章

Office 的跨平台应用——移动办公

本章视频教学录像：20 分钟

高手指引

本章主要介绍如何通过移动设备实现随时随地进行办公，从而轻轻松松甩掉繁重的工作。

重点导读

+ 掌握将办公文件传入到移动设备中的方法
+ 学会使用不同的移动设备协助办公

26.1 移动办公概述

本节视频教学录像：4分钟

　　"移动办公"也可以称作"3A办公"，即任何时间（Anytime）、任何地点（Anywhere）和任何事情（Anything）。这种全新的办公模式，可以让办公人员摆脱时间和地点的束缚，利用手机和电脑互联互通的企业软件应用系统，随时随地地进行随身化的公司管理和沟通，大大提高了工作效率。

26.1.1 哪些设备可以实现移动办公

　　移动办公使得工作更简单、更省时，只需要一部智能手机或者平板电脑就可以随时随地进行办公。

　　无论是智能手机，还是笔记本电脑，或者平板电脑等，只要支持办公所使用的操作软件，均可以实现移动办公。

　　首先，了解一下移动办公的优势都有哪些。

1. 操作便利简单

　　移动办公并不需要台式电脑，只需要一部智能手机或者平板电脑就可实现。便于携带，操作简单，也不用拘泥于办公室里，即使下班也可以方便地处理一些紧急事务。

2. 处理事务高效快捷

　　使用移动办公，办公人员无论出差在外，还是正在上班的路上甚至是休假时间，都可以及时审批公文，浏览公告，处理个人事务等。这种办公模式将许多不可利用的时间有效利用起来，在不知不觉中就提高了工作效率。

3. 功能强大且灵活

　　由于移动信息产品的迅猛发展、移动通信网络的日益优化，导致很多要在电脑上处理的工作都可以通过移动办公的手机终端来完成，移动办公的功能堪比电脑办公。同时，针对不同行业领域的业务需求，可以对移动办公进行专业地定制开发，可以灵活多变地根据自身需求自由设计移动办公的功能。

　　移动办公通过多种接入方式与企业的各种应用进行连接，将办公的范围无限扩大，真正地实现了移动着的办公模式。移动办公的优势可以帮助企业提高员工的办事效率，还能帮助企业从根本上降低营运成本，进一步推动企业的发展。

　　能够实现移动办公的设备必须具有以下几点特征。

　　(1) 完美的便携性。移动办公设备如手机、平板电脑和笔记本（包括超级本）等均适合用于移动办公，由于设备较小，便于携带，打破了空间的局限性（即传统的办公室办公），在家里、车上都可以办公。

　　(2) 系统支持。要想实现移动办公，必须具有办公软件所使用的操作系统，如iOS操作系统、Windows Mobile操作系统、Linux操作系统、Android操作系统和BlackBerry操作系统等具有扩展功能的系统设备。现在流行的苹果手机、三星智能手机、iPad平板电脑以及超级本等都可以实现移动办公。

（3）网络支持。很多工作都需要在连接有网络的情况下进行，如将办公文件传递给朋友、同事或上司等，所以网络的支持必不可少。目前最常用的网络如 2G 网络、3G 网络及 WiFi 无线网络等。

 26.1.2 **如何在移动设备中使用 Office 软件**

在移动设备中办公，需要有适合的软件以供办公使用。如制作报表、修改文档等，则需要 Office 办公软件，有些智能手机中自带办公软件，而有些手机则需要下载第三方软件。下面介绍在三星手机中安装"WPS Office"办公软件，手机型号为 GT-S7572，系统为 Android 4.1.2，应用程序为金山 WPS Office 移动版，具体的安装方法如下。

❶ 在移动设备中搜索并下载"WPS Office 移动版"，在搜索结果中单击【安装】按钮。

❷ 安装完成之后，在手机界面中单击软件图标打开软件，则会弹出授权提示，单击【同意】按钮。

❸ 此时即可打开该软件，如图所示。

❹ 单击"欢迎使用 WPS Office"文档，可打开该文档，并查看使用该移动办公软件的说明，此时即可使用该软件了。

 提示　不同手机使用的办公软件可能有所不同，如 iPhone 中经常使用的是"Office^2 Plus"办公软件、iPad 使用 iWork 系列办公套件等，这里不再一一赘述。

26.2 将办公文件传输到移动设备中

本节视频教学录像：4 分钟

将办公文件传输到移动设备中，方便携带，还可以随时随地进行办公。

26.2.1 数据线传输

最常使用的方法是通过数据线将办公文件传输到移动设备中，这里以安卓手机为例进行介绍。

1. 安卓设备

Android 系统是目前主流的移动操作系统之一。它以其操作简单，丰富的软、硬件选择及开放性，得到不少用户青睐。下面以安卓系统的三星手机为例加以说明。

❶ 通过数据线将手机和电脑连接起来后，双击电脑桌面中的【计算机】图标，打开【计算机】对话框。

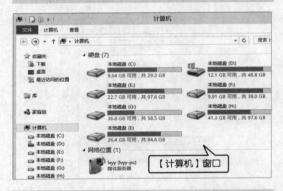

❷ 双击【便携设备】组中的手机图标（手机型号为 GT-S7572），打开手机存储设备，双击【Card】图标，即可打开手机中的内存卡。

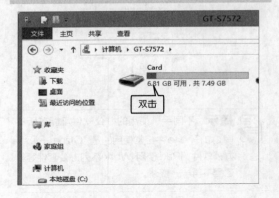

提示 "Card"为"卡"的意思，在这里表示内存卡，则"phone"代表手机存储。

❸ 将随书光盘中的"素材\ch26"复制粘贴至该手机内存设备中即可。

提示 不同的移动设备使用数据线连接电脑之后，在电脑中打开移动设备的方法可能有所不同，要根据移动设备的使用说明书打开使用。

2.iOS 设备

iOS 是由苹果公司开发的手持设备操作系统，主要应用于 iPhone、iPod touch、iPad 及 Apple TV 等苹果产品上。它以超强的稳定性、简单易用的界面和内置的众多技术等，使其和硬件配合得天衣无缝。下面以 iPad 为例加以说明。

❶ 在 iPad 中下载"USB Sharp"软件。使用数据线将 iPad 与电脑连接，在电脑中启动 iTunes，在 iTunes 中单击识别出的 iPad 名（My iPad），单击【应用程序】选项卡，并向下滚动到"文件共享"选项处。在应用程序下选择"USB Sharp"选项。直接拖曳电脑中的资料到"'USB Sharp'的文档"窗格中。

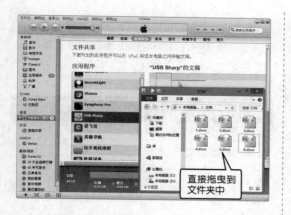

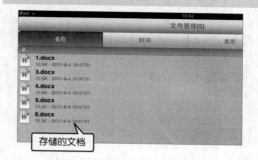

❷ 在 iPad 中单击【USB Sharp】图标，在打开的界面中即可看到刚刚存储的文档。

26.2.2　无线同步

无线同步，就是手机不用数据线和电脑进行连接，而是借由 Wi-Fi 网络在局域网中与电脑进行数据同步，或者通过移动网络等联网方式将电脑中的数据下载至手机中。

无线同步，主要有两种方法，即局域网内的无线传输和云端平台的同步。如局域网内的无线传输，安卓系统的手机较为常用的方法是使用豌豆荚手机精灵、360 手机助手及手机管家等；iOS 设备使用 iTunes 进行无线同步。云端平台同步，主要是通过安装云软件，使数据实现不同平台间的传输，如金山网盘、百度云、华为网盘、微云等。

下面以 QQ 微云为例，讲解如何实现无线同步。

❶ 在电脑上登录 QQ，单击 QQ 界面中的【打开应用管理器】按钮。

❷ 在【应用管理器】对话框中单击【微云】图标。

❸ 打开【微云】对话框，单击【上传】按钮。

❹ 弹出【打开】对话框，选择要上传的办公文件，单击【打开】按钮。

❺ 系统将自动上传文件至【微云】，上传完成后，在【微云】对话框中会出现所上传的办公文件。

上传的文件

❻ 在手机中登录 QQ，选择【动态】选项卡，在【动态】选项卡下单击【我的文件夹】选项，在【我的文件夹】界面单击【云端文件】选项。

2. 单击

1. 单击

提示 手机和电脑中 QQ 同时都在线时，单击【动态】选项卡下的【传文件到我的电脑】选项，可以快速将手机中的文件上传至电脑中。

❼ 在【云端文件】界面单击【文档】选项，在【文档】界面即可看到上传的文件，单击该文件。

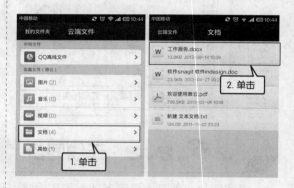

2. 单击

1. 单击

❽ 在弹出的【文件查看】界面单击【下载】按钮，可将文件下载至手机中。

单击

26.3 使用安卓设备协助办公

本节视频教学录像：7 分钟

现在，越来越多的上班族每天都要在公交或者地铁上花费大量的时间。如果可以将这段时间有效地利用，如修改最近制定的计划书，不仅可以加快工作的进度，还能够获得上司的赏识，何乐而不为呢？下面我们就讲解具体的操作方法，首先，需要在安卓手机中下载并安装"WPS Office"软件。

1. 修改文档

使用安卓设备修改文档的具体操作步骤如下。

❶ 使用数据线将手机和电脑连接，将随书光盘中的"素材 \ch26"文件夹放在手机中，然后打开手机中的 Office 软件，单击按钮，在弹出的快捷菜单中单击【浏览目录】选项。

② 在弹出的界面中单击【存储卡】选项,在【存储卡】中单击【ch26】选项。

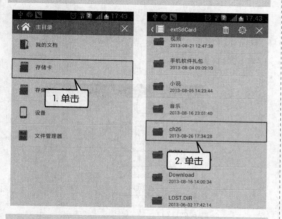

③ 如图所示,单击"工作报告 .docx"文件即可打开素材文件。

④ 在【编辑】组中单击【批注与修订】按钮,在弹出的下拉列表中选择【进入修订状态】选项,进入修订状态后,长按手机屏幕,在弹出的提示框中,单击【键盘】按钮。

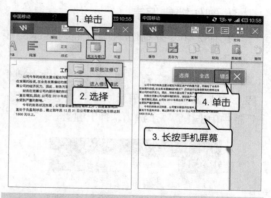

⑤ 弹出键盘,然后就可以对文本内容进行修改,修订完成后,关闭键盘,修订后如图所示,将其保存即可。

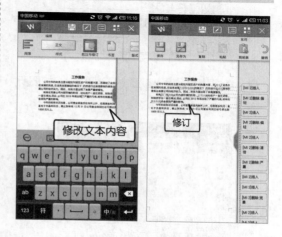

⑥ 若希望接受修订,单击【编辑】组中的【批注与修订】按钮,在弹出的下拉列表中选择【接受所有修订】选项即可。

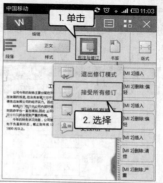

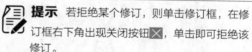
提示 若拒绝某个修订,则单击修订框,在修订框右下角出现关闭按钮☒,单击即可拒绝该修订。

329

2. 制作销售报表

使用安卓设备制作销售报表的具体操作步骤如下。

❶ 在手机中打开"素材 /ch26/ 销售报表 .xlsx"文件，双击单元格 C3，在弹出的提示框中单击【编辑】选项，弹出键盘。

❷ 将数据填入单元格区域 C2:C6 中，如图所示。

❸ 单击 F3 单元格，单击【数据】区的【自动求和】按钮，在弹出的下拉列表中选择【求和】选项。

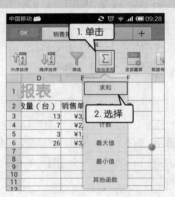

❹ 弹出如图所示公式，单击单元格 C2,C3,C4,C5 和 C6，单击【Tab】按钮求出 F3 的结果。

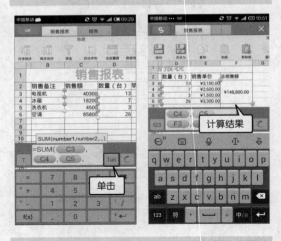

❺ 选中单元格区域 B2:C6，单击【编辑】区域中的【插入】按钮，在弹出的下拉列表中选择【图表】选项。

❻ 如图所示，选择一种图标，然后单击右上角的【确定】按钮。插入图标的效果如图所示，将其保存即可。

❼ 如图所示，选择一种图标，然后单击右上角的【确定】按钮。插入图标的效果如图所示，将其保存即可。

插入的图表

3. 制作培训 PPT

使用安卓设备制作培训 PPT 的具体操作步骤如下。

❶ 在手机中打开【WPS Office】软件，单击软件上方的 按钮，在【创建】组中单击【新建文档】按钮。如图所示，在【本地模版】选项卡下选择 PPT 空白演示。

1. 单击

2. 选择

❷ 新建一个演示文稿，双击【连按两次添加标题】文本框可进入编辑状态。

双击进入编辑状态

❸ 在标题文本框中输入标题内容，在【字体】选项组中设置【字号】为 "66"，【字体格式】为 "加粗、倾斜"，【颜色】为 "绿色"。

输入标题内容

❹ 在副标题框中输入如图所示内容，选中副标题文本内容，在【段落】选项组中设置【对齐方式】为 "右对齐"。

输入副标题

❺ 单击屏幕下方的 "+" 按钮，添加一张幻灯片，输入如图所示标题和副标题文本内容，设置其标题【字体格式】为 "加粗"，【颜色】为 "橙色"，选中副标题文本内容。

2. 输入标题和副标题

1. 单击

❻ 单击【段落】选项组中的【项目符号】按钮，在弹出的项目符号区中，单击【项目编号】选项，选择一种编号类型，如图所示。

❼ 添加并制作如下图所示幻灯片，单击【常用】选项组中的【插入】按钮，在弹出的下拉列表中选择【图片】选项。

❽ 插入素材中的"培训.jpg"，使用手指点击图片周围的移动点，将图片缩小，并长按图片不放，拖拽至合适位置。

❾ 添加一张幻灯片，将副标题文本框删除，在标题文本框中输入"谢谢！"，设置【字号】为"80"，【字体格式】为"加粗"，【颜色】为"紫色"。

26.4 使用 iOS 设备协助办公

本节视频教学录像：3 分钟

使用 iOS 设备查看文件需要首先在手机中下载 Office²Plus。然后使用 Office²Plus 来查看文档。

1. 在手机中查看文档

在手机中查看文档的具体操作步骤如下。

❶ 在 iPhone 上下载并安装 Office²Plus，单击【Office²Plus】图标，在【Office²Plus】界面单击【本地文件】选项。

❷ 在打开的【本地文件】界面中看到拖曳进去的文档，然后单击【目录要求】文档。

❸ 在 iPhone 中查看 Word 文档，单击【关闭】按钮，即可返回【本地文件】界面。

查看文档

❹ 在【本地文件】页面中单击【录像清单】文档。

单击

❺ 查看打开的 Excel 文档，拖动即可查看其他列或行的内容。

查看 Excel 文档

2. 使用 iPad 编辑 Word 文档

使用平板电脑编辑文档越来越被很多人接受，它的实用性远远要大于手机。平板电脑在办公中应用的范围越来越广，给人们带来了很大的便利。

❶ 在 iTunes 或 App Store 中搜索并下载"Pages"应用程序，完成安装。

❷ 单击 iPad 桌面上的【Pages】程序图标。

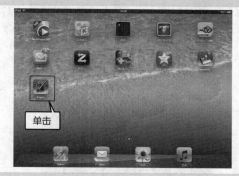

单击

❸ 此时，即可进入程序界面，单击【添加】按钮，弹出下拉菜单，选择【创建文稿】选项。

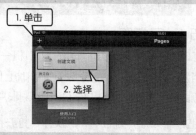

1. 单击

2. 选择

❹ 此时进入选取模版界面，单击【空白】模版，即可创建空白文档。

单击

❺ 在文档中输入标题，并长按编辑区屏幕弹出快捷菜单栏，选择【全选】菜单命令。

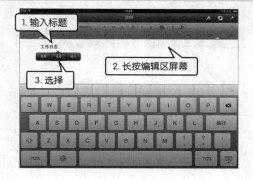

1. 输入标题

2. 长按编辑区屏幕

3. 选择

❻ 选中标题并弹出子菜单栏。设置标题【字体】为"黑体-简"，【字号】为"18"，【对齐方式】为"居中"。

设置字体格式

❼ 另起一行输入文档的正文内容，文档完成后，退出该应用程序，文档会自动保存。

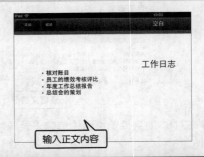

输入正文内容

高手私房菜

本节视频教学录像：2分钟

技巧 1：云打印

云打印是给予支持云打印的打印机一个随机生成的 12 位邮箱地址，用户只要将需要打印的文档发送至邮箱，就可以在打印机上将邮件或者附件打印出来，云打印需要建立一个 Google 账户，并将打印机与 Google 账户相连接。

❶ 使用安卓系统手机的 WPS 软件，打开需要打印的文档，单击▤按钮，在弹出的列表中选择【打印】选项。

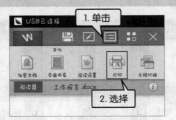

❷ 弹出【打印范围】界面，单击【云打印】按钮，即可将文档通过云打印打印出来。

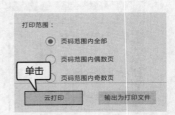

技巧 2：为文档添加星标，以方便查找

手机中文档较多时，有时不容易找到需要的文档，我们可以为重要的文档添加星标，这样就可以方便、迅速地找到需要的文档。

❶ 打开【WPS Office】软件，单击【星标和历史】界面。单击重要文件后方的五角星，如图所示。

❷ 所有标注过星标的文件将在【星标】选项卡★下显示出来。